21世纪高等院校教材

新编普通化学

徐端钧　陈恒武　李浩然　编著

科学出版社

北京

内 容 简 介

本书在化学一级学科的层面上向读者介绍化学学科。全书共7章，各章后均附有适量习题。内容包括化学热力学、化学动力学、电化学、物质结构、与生命现象相关的有机化学及配位化学等，并适当介绍X射线单晶结构分析原理以及色谱、光谱等仪器分析的基本知识。本书内容选择注重反映化学与生物学、物理学的相互渗透，内容编排注意各章节的内在联系，使读者学完本书后，对化学学科的全貌、现状及发展方向有尽可能准确的了解。

本书可作为理、工、医、农、师范类大学非化学化工专业学生的教材，也可作为高校化学化工专业化学平台（基础）课程的教材，并适于作为文管类各专业"化学与人类文明"课程的参考书。本书注意与高中新课程内容的衔接，因此也可用作中学教师继续学习的教材。

图书在版编目(CIP)数据

新编普通化学/徐端钧，陈恒武，李浩然编著. —北京：科学出版社，2004
(21世纪高等院校教材)
ISBN 978-7-03-013871-2

Ⅰ.新…　Ⅱ.①徐…　②陈…　③李…　Ⅲ.普通化学-高等学校-教材
Ⅳ.O6

中国版本图书馆CIP数据核字(2004)第080292号

责任编辑：丁　里　刘俊来　王志欣　吴伶伶 / 责任校对：钟　洋
责任印制：张克忠 / 封面设计：陈　敬

科学出版社　出版
北京东黄城根北街16号
邮政编码：100717
http://www.sciencep.com

新蕾印刷厂　印刷
科学出版社发行　各地新华书店经销

*

2004年8月第　一　版　　开本：B5(720×1000)
2011年5月第八次印刷　　印张：14
印数：14 001－15 000　　字数：272 000

定价：24.00元

（如有印装质量问题，我社负责调换）

序

普通化学是国内外大学普遍开设的一门基础课。为了适应科学技术和社会的发展，普通化学课程的内容一直在变换着，几乎每年都有一些视角不同、体系不同的普通化学教材问世，大概是所有化学教材中品种最多、更新速度最快的教材之一。尽管如此，普通化学课程却一直得不到应有的重视，在我国还曾有过短期停止开设的历史，且此问题至今还不能认为获得了完满解决。

美国在20世纪90年代曾经成立过专门的工作小组来研究普通化学教材和教学问题，我国在教育部理科和工科教学指导委员会的指导和组织下，也开展过类似的研讨活动，发表了不少有见地的文章。应当认为，经过历时数年的认真研讨，对普通化学课程的必要性和基础性的认识得到了进一步的深化，明确了原有课程中存在的一些主要问题。虽然问题的解决还有待于教学实践经验的积累，但是把普通化学列为大学教学计划中的必修基础课之一(至少在理、工、农、医科)，已经成为大学教育界的共识。

在我国的普通化学教学及教材建设工作中，浙江大学一直起着领头羊的作用。一大批高水平的教授几十年孜孜不倦地从事普通化学的教学和教材编写，而且允许几种风格不同的教材和课程同时进行教学实验。这在我国的其他学校中是不多见的，而像该书作者那样，以自身多年从事化学学科研究的体验，从一个全新的视角来编写普通化学教材并从事实际教学，则更有新意、更值得提倡。

该书作者深知，最能引发学生兴趣并能形成一种长期学习动力的，不是科学花边新闻，也不是隐含功利色彩的所谓“应用”，而是科学本身。要改变学生不重视普通化学的状态，同时使得普通化学真正成为学生可持续发展的基础之一，就要力求在学时有限的课程内，帮助学生建立比较全面而正确的化学观点与观念，了解并初步掌握化学对物质世界的认知、分辨和解决疑问的思路与方法。《新编普通化学》的主要内容，在过去两年浙江大学竺可桢学院的教学实践中获得学生的欢迎，证实了作者对教学内容所选择的改革方向是正确的。

《新编普通化学》的成功经验所给予我们的另一个启示在于：一门课程的改革，首先应该着力于学科本身的提炼，使其成为和学生认知水平及基本需求相适应的、符合少而精原则的教育体系。对基础学科来说，联系生活、联系社会的原则仍然是重要的，它应当对学科教育起到强有力的辅助作用，但是不能成为与学科知识并立的教育目标。

在离开大学基础课教学多年之后，能够有机会读到像《新编普通化学》这样一本有新意的教材,颇有耳目一新之感。从中深深感到浙江大学和该校化学系的领导对普通化学改革的支持。对于徐端钧等教授于繁忙的科研和专业教学工作中,悉心为改革普通化学所表现出来的教育家的热忱和成绩,表示敬佩,更为应邀为该书作序感到愉快和荣幸。

教材从编写、试教、修改到完善,往往需要一个比较长的过程,我衷心地希望在该书作者们的努力下,使《新编普通化学》尽快成为普通化学教材中的精品。我期待它的问世。

宋心琦

2004 年 7 月 7 日于清华园

目　　录

第 1 章　气体、液体和固体

化学所研究的物质，通常以气态、液态或固态的形式存在。物质在这三种状态下的运动规律，以及三种状态相互转变的规律，虽然属于物理学的研究范畴，但同样也是化学家非常关心的问题。作为以后几章学习的基础，本章简单讨论物质三态的变化规律。

1.1　气体的状态方程

温度 T、体积 V 和压强 p（本书以后称之为压力，以与其他化学教材相一致），是描述气体状态的物理量，也被称作状态变量。描述这些状态变量之间关系的方程，称为气体的状态方程。

1.1.1　理想气体的状态方程

人们对多种低压气体研究后发现，p、V、T 数值满足以下关系

$$pV = nRT \tag{1-1}$$

式中：n——该气体的物质的量；

R——摩尔气体常量（$R = 8.314\mathrm{J \cdot mol^{-1} \cdot K^{-1}}$）。

如果一种气体，在任何状况下（不论压力多高，温度多低）都能满足式(1-1)，则这种气体就被称为理想气体，式(1-1)被称为理想气体状态方程。

气体的体积是指气体分子所能到达的空间，所以气体体积应该等于气体分子之间的空隙与气体分子本身的体积两者之和。由于分子本身是难以压缩的，所以增加压力而压缩的气体体积，只是分子间隙。在非常高的压力下，分子间隙非常小，则气体体积主要就是分子的体积。这时如果再增加压力，气体的体积几乎不会改变。可见，由于气体分子具有一定的体积，高压下的气体不满足式(1-1)。

另外，分子表层是带负电的电子云，当气体分子互相非常接近时，电子云的相互排斥作用也会使得气体难以压缩；当气体分子相距很远（气体体积很大）时，分子间的相互作用小到可以忽略不计的程度。由此可见，如果气体分子间存在相互作用力，则气体在低压下近似满足式(1-1)，而在高压下不满足式(1-1)。

因此，理想气体是分子间没有相互作用力、分子本身没有体积的气体。显然，这样的气体客观上是不存在的。

通常，压力低于一个大气压、温度高于室温的气体，分子间隙较大，分子本身体

积和分子间作用力都几乎可忽略不计,近似满足式(1-1)。因此,低压高温的气体近似具有理想气体的性质。

物质的量 $n=1\text{mol}$ 的气体,其体积称为摩尔体积,记作 V_m。由此,理想气体状态方程也可写作

$$pV_m = RT \tag{1-1a}$$

如果温度保持恒定不变,则理想气体的 pV_m 乘积就具有恒定的数值,该数值不随压力的变化而变化。理想气体的这一性质,可以用图1-1所示恒温下气体的 pV_m-p 的关系图中的实线表示。

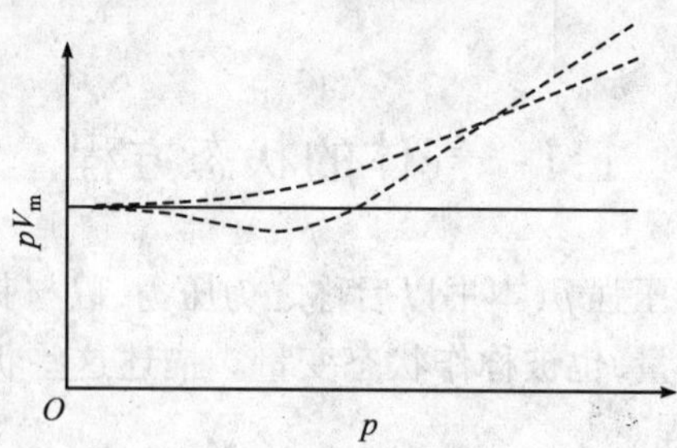

图1-1　恒温下气体的 pV_m-p 的关系

混合气体中含有两种或多种化学组分,各组分的分子碰撞容器壁而产生一定的压力,称为各组分的分压。由一定量的A、一定量的B……组成的混合气体,其中组分A的分压,就是这些量的A单独存在且占有与混合气体相同空间情况下的压力。

气体的压力是气体分子因热运动对容器壁碰撞所产生的,对于理想气体,由于分子间不存在相互作用力,上述碰撞作用与气体的种类无关。所以,由A和B组成的 $n$mol的混合理想气体与 $n$mol的纯理想气体A,在温度相同、体积相同的情况下,压力显然也是相同的。所以,混合气体的压力等于其中各组分的分压之和。若混合理想气体中组分A和B的分压分别为 p_A 和 p_B,混合气体的压力为 p,则有

$$p = p_A + p_B \tag{1-2}$$

$$p = n_A \frac{RT}{V} + n_B \frac{RT}{V}$$

$$p = (n_A + n_B) \frac{RT}{V}$$

即

$$pV = n_{总} RT \tag{1-3}$$

式(1-2)为道尔顿分压定律,适用于低压下的气体。

混合气体中某组分A单独存在并具有与混合气体相同温度和压力时的体积,称为混合气体中组分A的分体积 V_A。容易证明,理想气体混合物的体积等于各组分的分体积之和。

1.1.2　真实气体的状态方程

真实气体的分子具有一定的体积,分子间存在相互作用力,所以真实气体必定偏离图1-1中的实线,如图1-1中虚线所示。

描述真实气体 p、V、T 数值关系的方程,称为真实气体状态方程。迄今为止,人们已经提出200多个真实气体状态方程。其中,范德华方程(1-4)较具代表性。

$$\left(p+\frac{a}{V_m^2}\right)(V_m-b)=RT \tag{1-4}$$

式中:a,b——范德华常数(可以由实验确定,不同的气体其数值不尽相同。b 相当于1mol气体分子本身所具有的体积。a 近似表示了气体分子间的作用力。如果 a 和 b 的数值都接近零,则该气体可近似当成理想气体)。

V_m——通过实验可以测得的摩尔体积;

(V_m-b)——可以被压缩的气体体积。

由于气体分子之间的相互作用力非常复杂,分子本身的结构又并不一定球形对称,所以分子间作用力不仅与分子间的距离有关,还与分子的相对取向有关。分子本身的体积,其实也是一个模糊的概念,由于分子的外围是电子云,电子云没有明确的边界,因而分子的边界也无法确定。气体分子是不断运动着的,相互间的位置关系也不停地变化着,我们只能统计地讨论它们对时间的平均位置,以及分子间相互作用力的平均数值。这一切都使得要从理论上严格地描述气体压力、体积和温度之间的关系显得很困难。

真实气体状态方程都是通过实验而总结出来的。首先对选定的真实气体,在不同温度下测量一系列压力与体积的数值;然后假设一个可以描述 p、V、T 关系的数学关系式(即选定一个数学模型),根据测量所得的大量 p、V、T 数据,推算上述数学关系式中的待定常数的数值,从而得到一个符合本实验结果的数学方程,也就是描述 p、V、T 关系的真实气体状态方程。这样得到的新的状态方程,是否适用于其他真实气体,还需要对多种真实气体进行大量的实验测量。如果许多种气体都符合这个新的状态方程,即新的状态方程有较广泛的适用性,那就是一个比较有意义的研究成果。

【例1-1】　忽略分子本身的体积因素,仅考虑分子间作用力,试推导出 CO_2 气体的状态方程。

取1mol CO_2 气体,在293K下测量得到气体体积 V_m 与压力 p 的数据见下

表:

p/kPa	100	125	150	175	200
V_m/L	24.25	19.38	16.13	13.81	12.07

解 根据题意,可假设真实气体 CO_2 的状态方程的形式为

$$\left(p + \frac{a}{V_m^2}\right)V_m = RT$$

即

$$pV_m = -\frac{a}{V_m} + RT$$

p/kPa	100	125	150	175	200
V_m/L	24.25	19.38	16.13	13.81	12.07
pV_m	2425	2422.5	2419.5	2416.75	2414
$1/V_m$	0.041 237	0.0516	0.061 996	0.072 411	0.082 85

根据上表换算后的数据,以 pV_m 对 $1/V_m$ 作图,得近似的直线如下图所示:

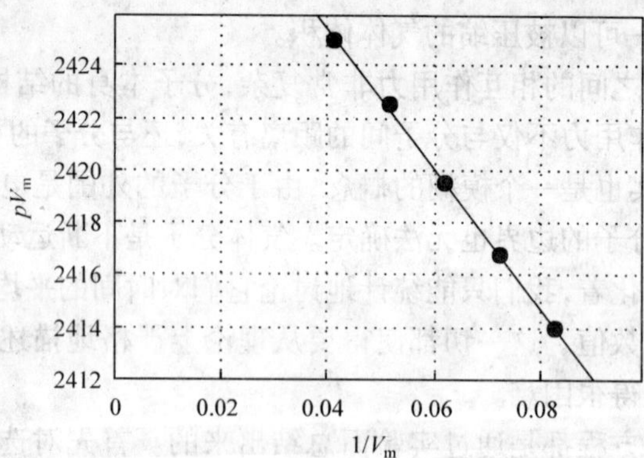

该直线的斜率就是待定常数 a 的负值。用计算机进行线性回归的方法计算 a 值,得到 $a = 266.7\text{kPa}\cdot\text{L}^2\cdot\text{mol}^{-2}$($a$ 的文献值为 $363.96\text{kPa}\cdot\text{L}^2\cdot\text{mol}^{-2}$,同时考虑了分子的体积和分子间作用力两个因素)。

所以,根据以上 293K 下实验测量的 p、V、T 数据,CO_2 气体在高压下(10~100atm[①])的状态方程可以近似地表示为

$$\left(p + \frac{266.7}{V_m^2}\right)V_m = RT$$

① atm 为非法定单位,1atm = $1.013\ 25 \times 10^5$Pa,下同。

事实上,任何状态方程都不会适于所有的真实气体,所以历史上科学家们才会提出 200 多个不同的真实气体状态方程。每个方程都有自己的适用范围。符合范德华方程的气体,通常称为范德华气体。

1.2　气体的液化

大家可能认为,增加气体压力,使分子间的距离变得很近,气体就会液化成为液体。但事实上,只增加压力并不一定能使气体转变成液体。

要理解这一点,需要认识什么是液体。

通常认为气体和液体的根本区别在于分子间距大小不同。但是,人们无法确定多大的分子间距是液体和气体的分界。因此,分子间距的数值并不能作为液体和气体的区分标准。也就是说,压缩气体使得分子间距渐渐变近的过程,并不能认为是气体液化的过程。

我们用物相的概念来说明液体和气体的本质区别。物相又称为相,是指化学性质和物理性质均匀一致的宏观的分子聚集体。冰、水和水蒸气是人们熟悉的三种物相。如果我们所讨论的物质不处在重力场中,则一杯温度均匀的水的各部分具有相同的压力、摩尔体积、密度、传热系数等物理性质和相同的化学性质,所以,一杯温度均匀的水是一个相。浮着 3 块冰块的一杯水,有固相和液相两个相。其中 3 块冰块具有相同的硬度、熔点、密度等物理性质和相同的化学性质,所以属于同一个相。

现在以 CO_2 气体恒温压缩的实验(图 1－2)为例,讨论气体的液化过程。

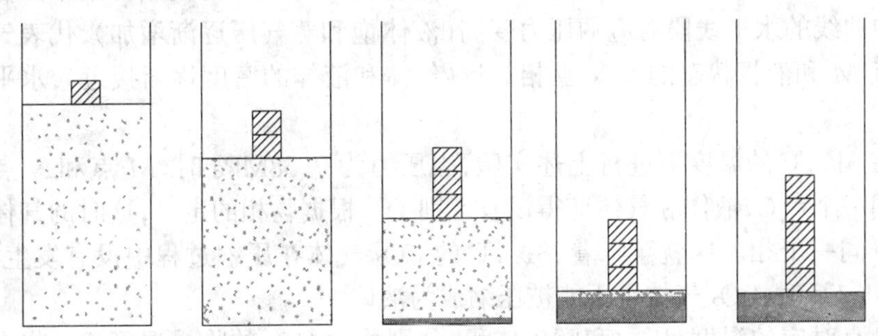

图 1－2　CO_2 气体恒温压缩过程

(1) 在 15℃ 的恒定温度下,逐渐压缩汽缸中的 1mol CO_2 气体。

(2) 当压力增大到液体 CO_2 的饱和蒸气压时,气体开始液化,汽缸中出现气相和液相两个相。

(3) 不断移去气体液化所产生的热量,使汽缸内 CO_2 温度保持恒定,则气体不断转变成液体，汽缸内 CO_2 的总体积逐渐变小，但压力始终不变（等于 CO_2 在 15℃ 的饱和蒸气压）。

(4) 所有的 CO_2 都转变成液体后，再增加压力，液体体积几乎不再改变。

上述实验过程中 CO_2 总体积 V_m 随压力 p 的变化情况，可以用图1-3所示的曲线表示。曲线水平段的压力，就是该温度下液体 CO_2 的饱和蒸气压；水平线段两端的 M 和 N 点，分别表示气体和液体共存时的气相和液相。M 点的纵坐标和横坐标分别为 CO_2 气体的压力和摩尔体积，N 点的纵坐标和横坐标分别为 CO_2 液体的压力和摩尔体积。共存的液体和气体，压力虽然相同，但是密度和摩尔体积差别很大，属于两个不同的相。

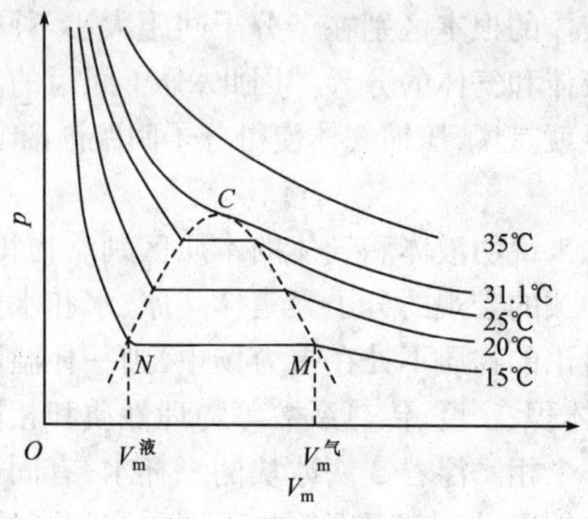

图 1-3　CO_2 液化过程

在 20℃ 和 25℃ 的温度下分别进行上述实验，可以得到相似的结果。但是图1-3中曲线的水平线段对应的压力变高（液体饱和蒸气压逐渐增加），代表气相状态的点 M 和液相状态的点 N 互相靠近（气体和液体的密度逐渐接近），水平线段变短。

在 31.1℃ 的温度下进行上述实验，当压力为 7.38MPa 时，M 点和 N 点靠近成为同一个点 C，液体和气体变得没有区别了。根据物相的定义，这时的气体和液体属于同一个相。这就意味着，31.1℃ 的 CO_2 气体在压缩过程中没有发生液化。高于 31.1℃ 时，CO_2 气体也不能被压缩成为液体。

C 点对应的温度、压力和摩尔体积，分别称为 CO_2 的临界温度 T_c、临界压力 p_c 和临界体积 V_c。在临界温度以下，可以通过压缩使气体液化；在临界温度以上，气体就不能被压缩成为液体。

不同的气体具有不同的临界参数，部分气体的临界参数列于表 1-1 中。

丙烷的临界温度为 96.6℃，所以在室温下可以被压缩成液体。液化石油气钢瓶中装的主要就是液化了的丙烷，打开钢瓶阀门，随着液态丙烷气化成气体释放出来，瓶内压力几乎不变，只要还有液态丙烷存在，压力就一直都是丙烷液体的饱和蒸气压(实际上钢瓶内除了丙烷以外,还有丁烷等成分,所以随着丙烷减少,瓶中气体压力稍有下降)。氧气的临界温度为-118.5℃,远比室温低,因此在室温下氧气不能被液化。平常看到的氧气钢瓶里面的O_2是以气体状态存在的,打开钢瓶阀门,随着氧气的释放,瓶内压力会连续下降。只有当温度在低于-118.5℃时,才有可能通过压缩使氧气液化。

表1-1　部分气体的临界参数

物质		临界温度/℃	临界压力/kPa	临界密度/($kg\cdot m^{-3}$)
H_2	氢	-239.9	1297	31.0
Cl_2	氯	144.0	7701	573
O_2	氧	-118.5	5043	436
N_2	氮	-147.0	3394	313
HCl	氯化氢	51.5	8309	450
H_2O	水	373.9	22 048	320
NH_3	氨	132.3	11 313	236
CO_2	二氧化碳	31.1	7375	468
CH_4	甲烷	-82.6	4596	163
C_2H_4	乙烯	9.2	5002	215
C_2H_2	乙炔	35.2	6139	231
C_3H_8	丙烷	96.6	4253	214

在临界温度以上气体不能被压缩为液体,其根本原因是因为这时不存在气相和液相的区别。我们也可以把这一现象说成是临界温度以上的液体降低压力也不会气化。为了避免临界温度以上究竟是气体还是液体的争辩,我们不妨把它称之为流体。

温度超过临界温度、压力超过临界压力的状态,称为超临界状态。超临界状态下,分子间距很近,与通常液体中的情况相仿。因此,超临界状态下的流体也可以当作溶剂使用。由于超临界状态下流体同时具备液体高密度和气体低黏度的双重特性,溶质在超临界流体中扩散速率很快,所以超临界状态的流体对许多化学成分有很强的溶解性。

利用超临界状态下的流体对天然植物中的有用物质进行萃取,是近年来发展起来的新型提取技术。它具有高效、快速及污染小等优点。超临界萃取的基本原理是:在高于临界温度和临界压力的条件下,用超临界流体溶解出植物原料中的有用化学成分,当压力和温度恢复到常温常压时,超临界流体变成普通状态的气体而离去,只留下有用的化学成分。

常用二氧化碳、氧化亚氮、乙烷、乙烯、甲苯等物质作为超临界流体来提取天然产物,其中CO_2备受青睐。CO_2的临界温度接近室温(31.1℃),这样的温度对易挥发的或具有生理活性的物质破坏很少,因此特别适于天然活性物质的萃取分离;

CO_2 安全无毒,萃取分离一次完成,且无溶剂残留,适用于食品和药物的提取;CO_2 是不易燃的惰性气体,液化压力仅为 4～6MPa,操作安全,价廉易得,便于储存和运输;CO_2 的临界压力适中(7.37MPa),容易达到超临界的状态。

超临界萃取的技术虽然发现得较晚,但已经在油脂、天然药物、香精香料等物质的萃取分离上得到广泛应用。

1.3 饱和蒸气压

液态物质和固态物质统称为凝聚态物质。与液体(或固体)平衡共存的蒸气的压力是凝聚态物质的饱和蒸气压。我们以液体为例讨论饱和蒸气压,所有结论也同样适用于固体。

饱和蒸气压简称蒸气压,用 p_s 表示(下标 s 是 saturated 的缩写)。蒸气压是液体的基本性质,我们讨论液体的蒸气压时,并不一定要有蒸气存在。

液体的饱和蒸气压和液体的温度有关。可以用图 1－4 所示的饱和蒸气压测定实验装置来测定饱和蒸气压与温度的关系。用真空泵抽走烧瓶内的部分气体,并加热烧瓶内的液体,使之沸腾。沸腾时液体内部会产生气泡,液体内部气泡中的蒸气就是液体的饱和蒸气。气泡内气体的压力,等于气泡所受到的液体对它的压力,也就是液体高度造成的静压力和液面上方气体压力之和。若忽略液体的静压力,则气泡中蒸气的压力就等于烧瓶内液面上方的气体的压力。测量烧瓶外的大气压以及 U 形管两侧汞柱的高度差,容易计算出烧瓶内气体的压力,它就等于该

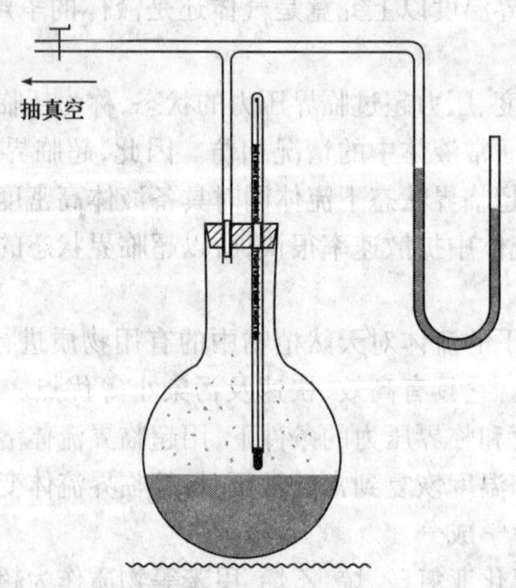

图 1－4　饱和蒸气压测定实验装置

沸腾温度下液体的饱和蒸气压。

根据热力学的理论,可以推导得到蒸气压 p_s 和温度 T 的关系如下

$$\frac{\mathrm{d}\ln p_s}{\mathrm{d}T} = \frac{\Delta H_{vap}}{RT^2} \tag{1-5}$$

式(1-5)称为克劳修斯-克拉贝龙方程(克-克方程),其中 ΔH_{vap}是液体的摩尔蒸发焓(下标 vap 是 vaporization 的缩写)。

式(1-5)表示饱和蒸气压对数与温度的导数的关系。包含导数的方程称为微分方程。分离变量 p_s 和 T,然后对微分方程两边同时积分,可以得到微分方程的解。

为了解上述微分方程,对式(1-5)两边同乘以 $\mathrm{d}T$

$$\mathrm{d}\ln p_s = \frac{\Delta H_{vap}}{RT^2}\mathrm{d}T$$

对上式两边同时进行不定积分

$$\int \mathrm{d}\ln p_s = \int \frac{\Delta H_{vap}}{RT^2}\mathrm{d}T$$

得

$$\ln p_s = -\frac{\Delta H_{vap}}{RT} + B \tag{1-6a}$$

式中,B 为积分常数,可以通过某些已知条件求得 B 的数值。

式(1-6a)即为微分方程式(1-5)的解,这是饱和蒸气压 p_s 对温度 T 的函数关系式。

如果对式(1-5a)两边同时进行定积分

$$\int_{p_s(T_1)}^{p_s(T_2)} \mathrm{d}\ln p_s = \int_{T_1}^{T_2} \frac{\Delta H_{vap}}{RT^2}\mathrm{d}T$$

得

$$\ln\frac{p_s(T_2)}{p_s(T_1)} = -\frac{\Delta H_{vap}}{R}\left(\frac{1}{T_2} - \frac{1}{T_1}\right) \tag{1-6b}$$

式(1-6b)是微分方程式(1-5)的定积分形式的解。从式(1-6b)可以看到,如果知道了 T_1 温度下的饱和蒸气压 $p_s(T_1)$,就可以计算出 T_2 温度下的饱和蒸气压 $p_s(T_2)$。当然计算时还需要知道液体的摩尔蒸发焓 ΔH_{vap}。

若将 ΔH_{vap}换成 ΔH_{sub}(升华焓),则式(1-6b)同样适用于固-气两相平衡。

【例 1-2】 已知水在 373.15K 下的饱和蒸气压等于 101 325Pa, 水的摩尔蒸发焓为 40 670J·mol^{-1}。

(1) 计算 298.15K 下水的饱和蒸气压。

(2) 在 95 000Pa 的气压下，水的沸点是多少开？

解 (1) 已知 $T_1=373.15\mathrm{K}$，$p_s(373.15\mathrm{K})=101\ 325\mathrm{Pa}$，$\Delta H_{vap}=40\ 670\mathrm{J\cdot mol^{-1}}$，代入

$$\ln\frac{p_s(T_2)}{p_s(T_1)}=-\frac{\Delta H_{vap}}{R}\left(\frac{1}{T_2}-\frac{1}{T_1}\right)$$

得

$$\ln\frac{p_s(298.15\mathrm{K})}{101\ 325}=-\frac{40\ 670}{8.314}\left(\frac{1}{298.15}-\frac{1}{373.15}\right)$$

$$\ln\frac{p_s(298.15\mathrm{K})}{101\ 325}=-3.2977$$

$$p_s(298.15\mathrm{K})=3746\mathrm{Pa}$$

(2) 已知 $T_1=373.15\mathrm{K}$，$p_s(373.15K)=101\ 325\mathrm{Pa}$，$p_s(T_2)=95\ 000\mathrm{Pa}$，$\Delta H_{vap}=40\ 670\mathrm{J\cdot mol^{-1}}$

$$\ln\frac{95\ 000}{101\ 325}=-\frac{40\ 670}{8.314}\left(\frac{1}{T_2}-\frac{1}{373.15}\right)$$

$$\left(\frac{1}{T_2}-\frac{1}{373.15}\right)=0.000\ 013\ 176$$

$$T_2=371.33\mathrm{K}$$

如果测量出液体在不同温度下的饱和蒸气压，根据式(1-6b)便可以求得液体摩尔蒸发焓的数值。

【例 1-3】 通过测量不同温度下水的饱和蒸气压，计算水的蒸发热。

实验测得不同温度下水的饱和蒸气压的数值如下表：

温度 T/℃	0	10	25	50	80	100
p_s/Pa	610.47	1227.7	3167.7	12 333	47 342	101 325

解 根据公式 $\ln p_s=-\dfrac{\Delta H_{vap}}{RT}+B$，可以将 $\ln p_s$ 对 $1/T$ 作图

温度 T/℃	0	10	25	50	80	100
T/K	273.15	283.15	298.15	323.15	353.15	373.15
$(1/T)/\mathrm{K^{-1}}$	0.003 661	0.003 531 7	0.003 354	0.003 094 5	0.002 831 7	0.002 679 9
p_s/Pa	610.47	1227.7	3167.7	12 333	47 342	101 325
$\ln p_s$	6.414 229	7.112 898	8.060 761	9.420 034	10.765 15	11.526 09

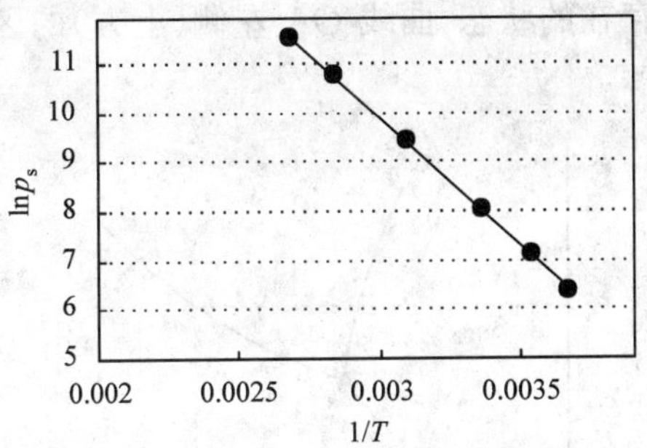

由作图得到直线的方程为　$\ln p_{\mathrm{s}}=-\dfrac{5210.2}{T}+25.52$

因此，水的蒸发热　$\Delta H_{\mathrm{vap}}=5210.2\times 8.314=43\,287\mathrm{J\cdot mol^{-1}}$

液体的饱和蒸气压与液体的种类有关。通常，室温下饱和蒸气压高的液体，称为易挥发液体。显然，易挥发液体的沸点较低。

液体的饱和蒸气压不仅仅与液体的温度有关，而且还与液体的压力有关。液体的压力越高，液体的饱和蒸气压也越高。根据热力学理论可以推导得到以下结论

$$\frac{\mathrm{d}p_{\mathrm{s}}}{\mathrm{d}p(\mathrm{l})}=\frac{V_{\mathrm{m}}(\mathrm{l})}{V_{\mathrm{m}}(\mathrm{g})} \tag{1-7}$$

由于气体的摩尔体积 $V_{\mathrm{m}}(\mathrm{g})$是液体摩尔体积 $V_{\mathrm{m}}(\mathrm{l})$的上千倍，所以液体饱和蒸气压随液体压力 $p(\mathrm{l})$的变化很小，一般可忽略不计。

1.4　水的相图

式(1－6a)所表示的水的饱和蒸气压与温度的函数关系可以用图 1－5 所示的曲线 OA 表示。曲线上点的坐标表示水与饱和蒸气两相平衡共存时的温度和压力。曲线上任意一点都代表了水和水蒸气两相平衡的状态；水和水蒸气两相平衡的状态都能用曲线上的点来表示。例如，点 M 代表了压力为标准压力 $p^{\ominus}$、温度为 373.15K 时沸腾的水与水蒸气共存的状态。

恒定压力下加热汽缸内的水使之沸腾，在水全部蒸发完之前，温度总是恒定在沸点。当液态水全部蒸发成气体后，再继续加热，气体的温度才会上升。这时，汽缸中不再是两相平衡共存的状态，而只有气体一个相。表示这一个气相状态的点，不再处于曲线 OA 上，而是落在曲线 OA 的右侧。如果保持液体和气体平衡共存体系的温度不变，压缩气体使气体液化，等气体全部变成液体之后，表示体系状态的点也就离开曲线 OA 而落到曲线 OA 的上方。

可见，曲线 OA 表示水和水蒸气两相平衡共存的状态，曲线 OA 右侧(下方)

的区域表示只有气相存在的状态，曲线 OA 左侧(上方)的区域表示只有液相存在的状态。

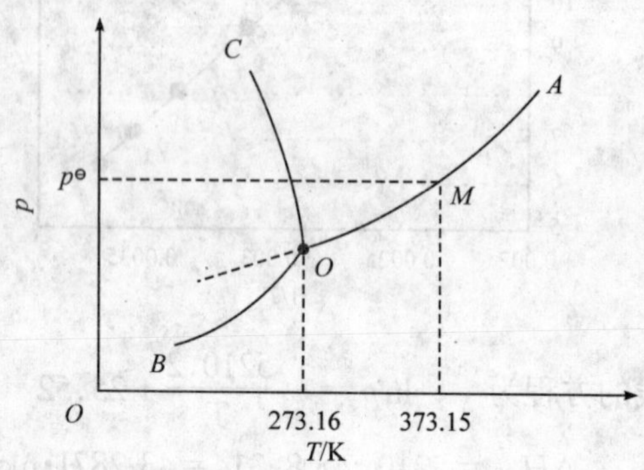

图 1－5 水的相图

图 1－5 这种表示物相状态的图，称为相图。相图中的点与实际的状态存在一一对应的关系。相图通常都是根据实验数据绘制的。相图可以帮助我们分析体系平衡时存在的物相的状态，以及物相变化的规律。

例如，图 1－5 中曲线 OA 表示水和蒸气两相平衡共存的状态，即水沸腾时的状态(温度和蒸气压)。根据曲线 OA，饱和蒸气压越高(即液体受到的压力越高)，液体的沸点也越高。因此，密闭加压的容器(例如压力锅)内，液体的沸点比敞口容器中液体的沸点要高。

冰的饱和蒸气压与温度的关系，也可以用式(1－6a)表示，只是需要将 ΔH_{vap} 改成 ΔH_{sub}(下标 sub 表示 sublimation)。

冰的饱和蒸气压与温度的函数关系，可用图 1－5 中的曲线 OB 来表示。由于冰的升华热大于水的蒸发热，所以曲线 OB 的斜率大于曲线 OA 的斜率。曲线 OB 上的点代表了冰与蒸气平衡共存的状态。曲线 OB 的下方区域，代表只有蒸气的状态，曲线 OB 的上方，代表了只有冰的状态。曲线 OA 和 OB 的交点 O，则代表了水和冰平衡共存的状态。在这个状态下，液相和固相具有相同的温度和相同的饱和蒸气压。

图 1－5 中曲线 OC 代表了水和冰两相平衡共存的状态。从曲线 OC 可以知道，增加压力，冰水平衡共存的温度会降低，即冰的熔点会下降。溜冰时冰刀压迫冰面，产生很大的压力，使受压处冰的熔点下降，部分冰融化成水起到润滑的作用。做雪球、堆雪人时，用手紧紧压迫雪团，产生的压力使雪(小冰晶)的熔点下降，部分雪融化成水；当手不再紧压雪球时，这部分水重新结成冰，将原先分离的雪颗粒聚集成雪球。

1.5　溶液的饱和蒸气压

溶液中的溶剂分子和溶质分子都能蒸发进入蒸气相。当溶液和蒸气达到平衡时，蒸气中的溶剂分子和溶质分子都会碰撞容器壁而产生压力，溶液的蒸气压等于与之平衡的蒸气中的溶剂分压和溶质分压之和。用 p_A 和 p_B 分别表示溶液中溶剂 A 和溶质 B 的分压，则溶液的饱和蒸气压

$$p = p_A + p_B$$

如果溶质是不容易挥发的物质，如蔗糖等，则溶液的饱和蒸气压

$$p = p_A$$

由溶剂 A 和溶质 B 组成的溶液的饱和蒸气中，组分 A 的分压与纯溶剂 A 的饱和蒸气压不相同。可以用溶剂的蒸发与冷凝(图 1-6)来定性说明这一概念。

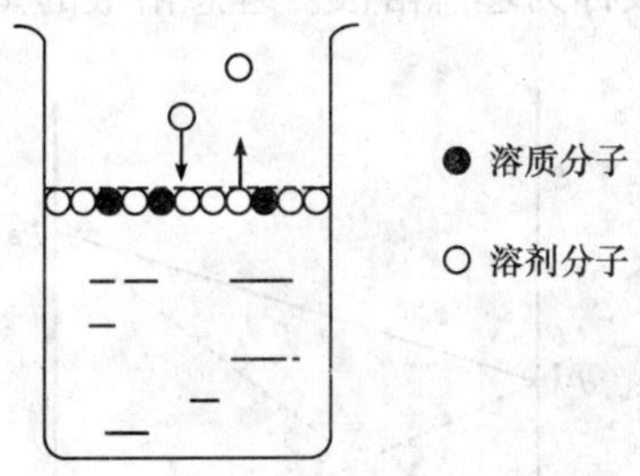

图 1-6　溶剂的蒸发与冷凝

当液体和蒸气达到平衡时，液体分子的蒸发速率等于气体分子的冷凝速率。溶液中溶质分子占据了部分液体表面，所以溶液中溶剂分子的蒸发速率小于纯溶剂的蒸发速率。同样，与溶液平衡的蒸气中的溶剂，其冷凝速率也小于纯溶剂的蒸气的冷凝速率。显然，在与溶液平衡的蒸气中，溶剂气体比较稀薄；纯溶剂的蒸气中的溶剂气体比较稠密。为了区别于溶液蒸气中溶剂 A 的分压 p_A，我们用 p_A^* 表示与纯溶剂平衡的蒸气中 A 的压力。那么有

$$p_A < p_A^*$$

容易想像，溶液越浓，即溶质含量越多，p_A 与 p_A^* 的差别越大；溶液越稀，两者差别就越小。实验表明，对于稀溶液，满足以下关系

$$p_A = p_A^* x_A \tag{1-8}$$

式中，x_A 是溶液中溶剂的摩尔分数。

在溶液浓度较大的情况下，p_A 与 x_A 的关系不再像式(1-8)表示的那么简单。原因是溶剂-溶剂分子间的作用力与溶剂-溶质分子间作用力很不相同。

有些溶剂和溶质的性质相近,溶剂-溶剂分子间作用与溶剂-溶质分子间作用的差别很小,如甲苯和苯。由性质相近的溶质与溶剂组成的溶液,即使浓度较大,也依然符合式(1-8),即

$$p_A = p_A^* x_A, \quad p_B = p_B^* x_B \tag{1-9}$$

这种溶液的饱和蒸气压 p 处于纯溶剂饱和蒸气压 p_A^* 和纯溶质饱和蒸气压 p_B^* 之间。

$$p = p_A + p_B = p_A^* x_A + p_B^* x_B$$

由于

$$x_A + x_B = 1$$

所以

$$p = p_A^* + (p_B^* - p_A^*) x_B \tag{1-10}$$

符合式(1-10)的溶液称为理想溶液。理想溶液的蒸气压如图1-7所示。

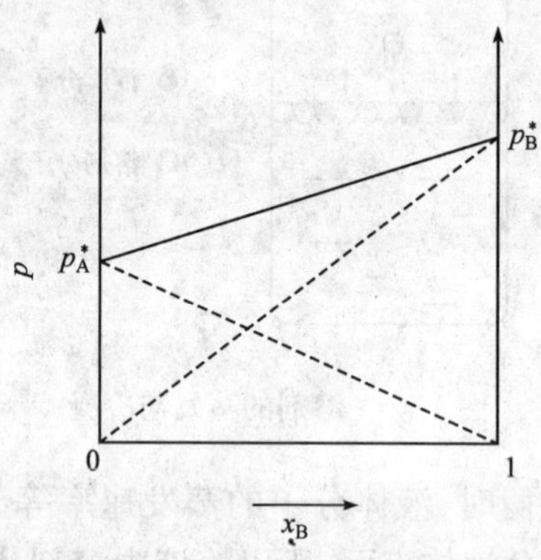

图1-7 理想溶液的蒸气压

当液体的蒸气压等于液体所受到的外压时,液体内部也发生气化,液体就会沸腾。由于溶液和纯溶剂的蒸气压不相同,所以,在相同的外压下,溶液的沸点和纯溶剂的沸点不相同。

对于溶质不挥发的溶液,其饱和蒸气压小于纯溶剂的饱和蒸气压。图1-8所示蔗糖水溶液的蒸气压曲线位于纯水的蒸气压曲线的下方。如果纯水和蔗糖水溶液都处于标准压力 $p^{\ominus}$ 下,则纯水在100℃时沸腾,而蔗糖水溶液的沸点要高于100℃。这就是稀溶液的沸点升高现象。

可以证明,溶质不挥发的稀溶液,其沸点与纯溶剂沸点的差 ΔT_b 与溶液的浓度成正比,即

$$\Delta T_b = K_b m_B \tag{1-11}$$

式中，K_b 称为沸点升高常数。沸点升高常数的数值与溶剂性质有关，与溶质无关。一些常用溶剂的沸点升高常数的数值列于表 1-2(其中浓度 m_B 用 1kg 溶剂中溶质的物质的量来表示)。

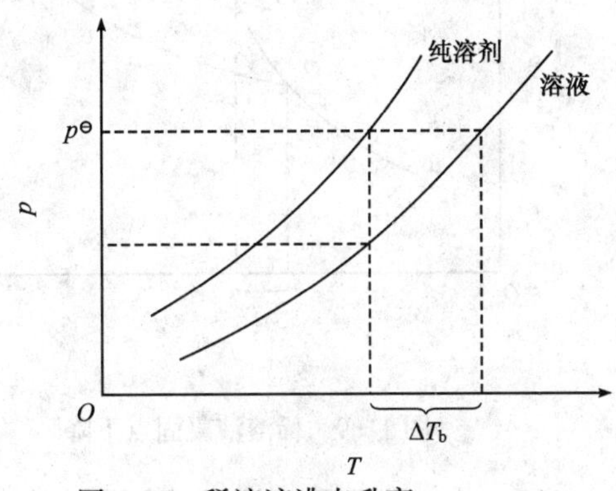

图 1-8　稀溶液沸点升高

需要注意的是，式(1-11)的结论只适于溶质不挥发的情况。

表 1-2　一些常用溶剂的沸点升高常数 K_b 值

溶剂	水	甲醇	乙醇	丙酮	苯	氯仿
$K_b/(K\cdot kg\cdot mol^{-1})$	0.52	0.80	1.20	1.72	2.57	3.88

如果溶质也是容易挥发的，溶液的蒸气压就等于溶剂蒸气压与溶质蒸气压之和，其数值可能比纯溶剂的饱和蒸气压更大。这样，与纯溶剂的沸点相比，溶液的沸点可能是降低的。

溶液饱和蒸气压不同于纯溶剂饱和蒸气压的现象，对溶液的凝固温度也有影响。

图 1-9 中曲线 OB 是冰的饱和蒸气压曲线。蔗糖水溶液在结冰时，固相冰的晶体中并不含蔗糖分子。在蔗糖水溶液的凝固温度下，溶液与冰及饱和水蒸气平衡共存。此时的冰的状态仍然用曲线 OB 表示，但是，蔗糖水溶液的状态是由曲线 $O'A'$ 而非曲线 OA 表示。所以，蔗糖水溶液的凝固温度是 O' 所表示的温度，比 O 点的温度下降了一些。这就是稀溶液凝固点下降现象。可以证明，稀溶液凝固点下降的数值 ΔT_f 与溶液的浓度成正比，即

$$\Delta T_f = K_f m_B \tag{1-12}$$

式中，K_f 为凝固点下降常数。凝固点下降常数的数值与溶剂的性质有关，与溶质无关。一些常用溶剂的凝固点下降常数 K_f 值列于表 1-3。

需要指出的是，以上结论只有当固相中不包含溶质时才成立。

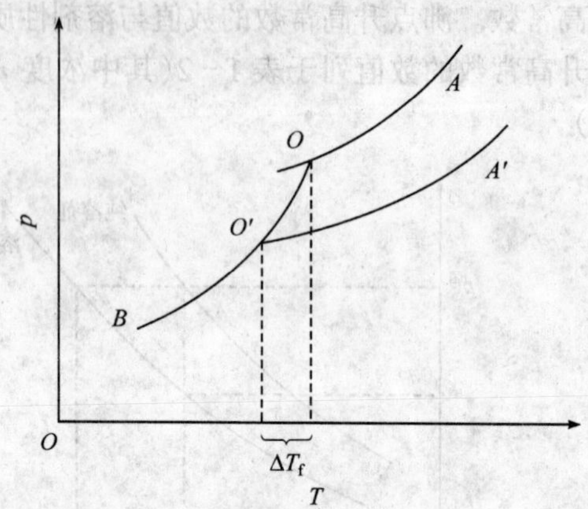

图 1-9　稀溶液凝固点下降

表 1-3　一些常用溶剂的凝固点下降常数 K_f 值

溶剂	水	乙酸	苯	环己烷	萘	三溴甲烷
$K_f/(K\cdot kg\cdot mol^{-1})$	1.86	3.90	5.12	20	6.9	14.4

稀溶液沸点升高和凝固点下降的性质，称为稀溶液的依数性。这是因为沸点和凝固点的改变，与溶液中溶质的粒子(分子或离子)数有关。1mol 蔗糖或 1mol 食盐溶解在相同量的溶剂中，沸点升高的数值并不相同。

稀溶液的依数性常被应用于相对分子质量的测定。例如，不同聚合度的高分子化合物的相对分子质量不同，称量一定质量的高分子化合物，配制成溶液后测定凝固点下降的数值，就可以推算其平均相对分子质量。

【例 1-4】 将 0.245g 苯甲酸溶解在 25g 苯中，测得溶液的凝固点下降 $\Delta T_f=0.205K$。试求苯甲酸在苯中的相对分子质量。

解　已知苯的凝固点下降常数 $K_f=5.12K\cdot kg\cdot mol^{-1}$，溶液的凝固点下降 $\Delta T_f=0.205K$，代入公式 $\Delta T_f=K_f m_B$，得

$$m_B=0.04mol\cdot kg^{-1}$$

由此可以得到苯甲酸在苯中的相对分子质量

$$M_B=\frac{0.245}{0.04\times 25\times 10^{-3}}=245$$

推断苯甲酸在苯中为二聚体。

1.6　液体的表面张力

1.6.1　表面张力

液体表面的分子和液体内部的分子,所受到周围分子的作用力是不相同的。处在液体内部的分子,受到四周均匀对称的作用力,而在液体和气体的分界面处(图 1-10),液体分子所受到的来自下方液体分子的作用力,与来自上方气体分子的作用力显然不相同。所以,在气-液分界面处,液体分子受到指向液体内部的拉力,分子倾向于钻入液体内部,液体的表面积有缩小的倾向。

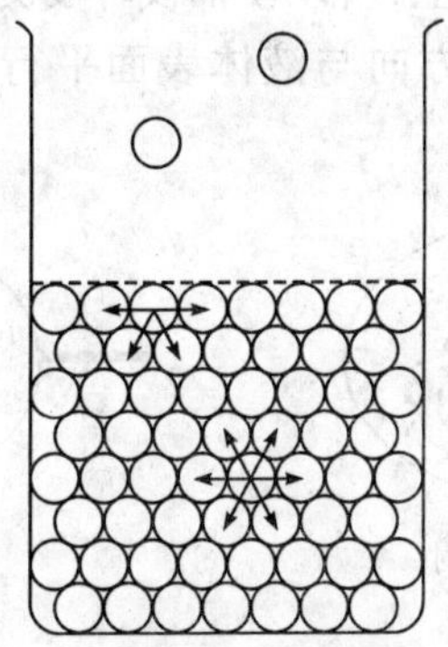

图 1-10　气-液分界面上的分子受力情况

我们用实验来认识气-液分界面上的表面张力(图 1-11)。把一根光滑的铁丝放在 U 字形框架上,把框架放入肥皂液中后取出,在框架上留下一层肥皂液膜。如图 1-11 所示,轻轻向外拉动铁丝,使铁丝在 U 字形框架上缓慢地匀速滑动一小段。由于液体有缩小表面的倾向,当撤去拉动铁丝的力时,铁丝就会向内滑动。可见,液体与气体的分界面上存在着可以缩小其表面积的紧缩力。图 1-11 中拉动铁丝的力 F 等于液体表面紧缩的力,由于这个力作用于铁丝与液膜之间长度为 $2l$ 的界线上,所以,单位长度的线段上液体表面的张紧力为 $F/2l$。这个力称为表

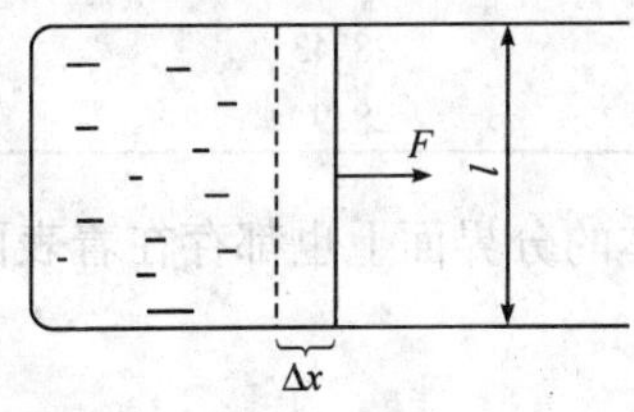

图 1-11　气-液分界面上的表面张力

面张力，记为 σ，即

$$\sigma = \frac{F}{2l} \tag{1-13}$$

表面张力 σ 的单位是 $N \cdot m^{-1}$。

把一根环形棉线放在图 1-12 的肥皂膜上，用一根烧红了的针接触棉线环内的肥皂膜，随着肥皂膜破裂，原先形状不规则的棉线环立即变成圆形。这是因为在棉线环内外都有肥皂膜时，内外液膜的表面张力同时作用在棉线的两侧。作用在任意一小段棉线上的来自内外两侧的表面张力，大小相同，方向相反（都垂直于棉线段），所以棉线环可采取任意的形状。当棉线环内部的液膜破裂以后，只有外侧液膜的表面张力作用在棉线环上，所以使棉线环变为圆形。可见，液体表面上处处存在着表面张力，表面张力的方向与液体表面平行（或相切）且与所考虑的线段垂直。

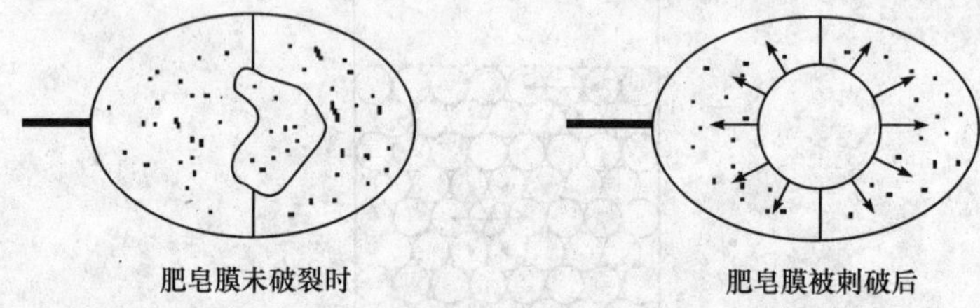

图 1-12　表面张力验证实验

因为表面张力是分子间作用力的结果，所以表面张力与液体的种类和温度有关。一些常见液体在不同温度下的表面张力数据列于表 1-4 中。

表 1-4　一些常见液体在不同温度下的表面张力（单位：$\times 10^3 N \cdot m^{-1}$）

物　质	20℃	40℃
水	72.75	69.56
乙醇	22.27	20.60
甲醇	22.6	20.9
四氯化碳	26.8	24.3
丙酮	23.7	21.2
甲苯	28.43	26.13
苯	28.9	26.3

固体与气体、固体与液体的分界面上也都存在着表面张力，情况和液体与气体的分界面上的情况相似。

1.6.2　弯曲液面上的附加压力

如果液体表面是一个曲面，则表面张力的方向与曲面相切，如图 1-13 所示。

大气中漂浮的雨、雾等小水滴，沸水中存在的蒸气泡等，都具有弯曲的表面。这些弯曲液面上的表面张力，对液体的沸腾、蒸气的冷凝等物相变化过程有着重要的影响。为了理解这一概念，我们先讨论图 1－13 中球形小水滴的表面张力情况。

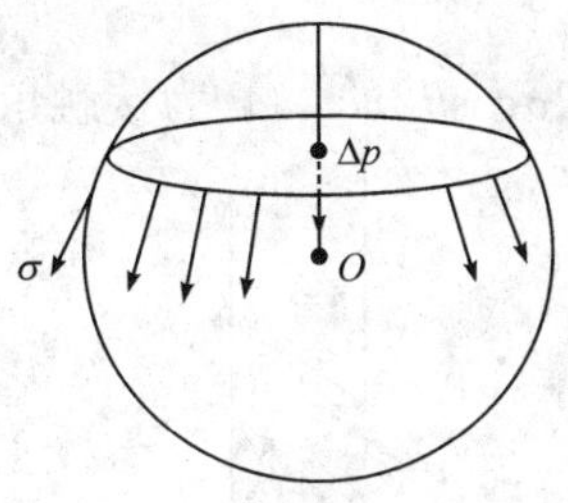

图 1－13　弯曲液面的附加压力

假设水滴表面为球面，分析一个闭合圆环上受到的表面张力。圆环由非常多的小线段组成，每一条小线段上都受到线段两侧液面的表面张力，表面张力的方向如图 1－13 中箭头所指。这些表面张力都想把线段拉向自己这一方，以减小自己一方的液体表面积。事实上，这些作用在每一条小线段上的表面张力大小相等，方向相反，两两抵消，闭合圆环的位置并不会变化。但是，作用在各小线段上的向下方的表面张力，其合力方向指向小水滴的球心，合力则作用在闭合圆环上方的球冠上，因此其效果就是圆环上方的液面对液滴产生一个指向球心的合压力。对水滴表面的任意闭合圆环都可以进行以上这样的分析。所以，水滴表面张力的合力，对水滴产生一个附加压力。可以证明，附加压力 $\Delta p=\dfrac{2\sigma}{r}$，其中 r 为球半径。水滴周围的大气压力本来就能够传递到水滴内部，现在再加上附加压力，小水滴内的压力就等于两者之和。

如果液体表面是平面，则其表面张力的合力为零。所以，放置于大气中的平液面液体(例如盆中的水)，若忽略液体的重力，其内部压力就等于外界大气的压力。这样，我们就得到以下结论：液面弯曲的水滴，其内部压力大于平液面水内部的压力；水滴的半径越小，压力的差别越大。

下面讨论沸水中与气泡接触的液体表面的情况。与小气泡接触的液体表面，也是一个曲面。水滴的表面是凸的曲面，而与小气泡接触的液体表面是凹的曲面。因此，与小气泡接触的液体，其表面张力的合力不是指向液体，而是指向气泡内部，即附加压力数值是负的。所以，我们通常认为凹液面的曲率半径 r 数值为负(图 1－15)。凹液面液体内部的压力，小于平液面液体内部的压力。

用量筒量取液体时，常常可以观察到液面弯曲的现象。如果把一根毛细玻璃管伸进水中，可以观察到毛细管内的水面高于管外的水面，并且水柱顶部的液面是凹的。如果把玻璃毛细管垂直伸进汞中，可以观察到管内汞面低于管外的汞面，并且汞柱顶部液面是凸的。这种毛细现象,可以用以上讨论的附加压力来解释。

毛细现象如图 1-14 所示,玻璃毛细管中水面上升高度为 h 且液面呈凹形,上升水柱产生的静压强 ρgh 与表面张力造成的附加压力 $\Delta p = 2\sigma / r$ 相抵消,达到力的平衡。

$$\rho gh = -\Delta p = -2\sigma / r = 2\sigma\cos\theta / r' \quad (\theta \text{ 为接触角}, r' \text{为毛细管半径})$$

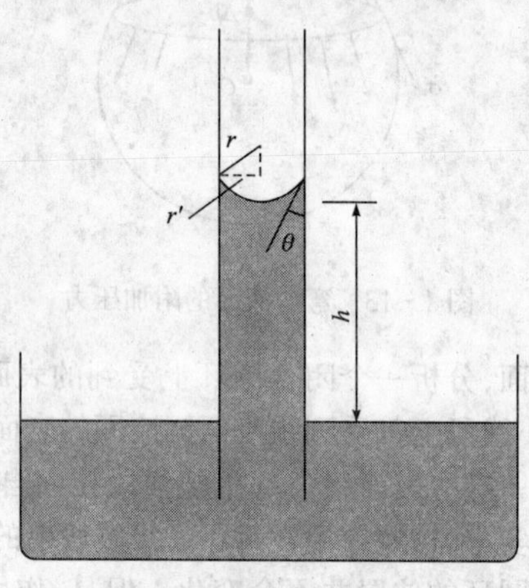

图 1-14 毛细现象

【例 1-5】 298K 时,把一根半径为 1.2×10^{-4}m 并且完全浸润($\cos\theta = 1$)的毛细管插入水中,求管内水面上升的高度。

解 已知 298K 时,水的表面张力 $\sigma = 72.75\times10^{-3}\,\text{N}\cdot\text{m}^{-1}$,水的密度 $\rho = 0.9982\times10^{-3}\,\text{kg}\cdot\text{m}^{-3}$,把已知条件代入公式 $\rho gh = 2\sigma\cos\theta / r'$,可得

$$h = \frac{2\sigma}{r'}\left(\frac{1}{\rho g}\right) = \frac{2\times72.75\times10^{-3}}{1.2\times10^{-4}} \times \frac{1}{0.9982\times10^{3}\times9.8} = 0.124\text{m}$$

1.6.3 弯曲液面液体的蒸气压

在本章 1.3 节中曾经提到,液体的饱和蒸气压不仅与液体的温度有关,而且还与液体的压力有关。

具有弯曲表面的液体,其表面张力的合力所造成的附加压力,改变了液体压力的大小,因此也改变了该液体的饱和蒸气压。具有凸液面的液体,如微小的水滴,其压力大于具有平液面的液体,所以微小水滴的饱和蒸气压高于具有平液面的水的饱和蒸气压;水滴的半径越小,蒸气压越高。凹液面液体的饱和蒸气压,则低于平液面液体的饱和蒸气压。

可以证明,具有弯曲液面的液体的饱和蒸气压 $p_s^{曲}$,与具有平液面的液体的饱和蒸气压 $p_s^{平}$ 之间,存在以下关系

$$\ln \frac{p_s^{曲}}{p_s^{平}} = \frac{2M\sigma}{RT\rho}\left(\frac{1}{r}\right) \tag{1-14}$$

式(1-14)称为开尔文公式,其中 M 为液体的摩尔质量;ρ 为液体的密度;σ 为液体的表面张力;r 为液体表面的曲率半径,凸液面液体的曲率半径取正值,凹液面液体的曲率半径取负值(图 1-15)。

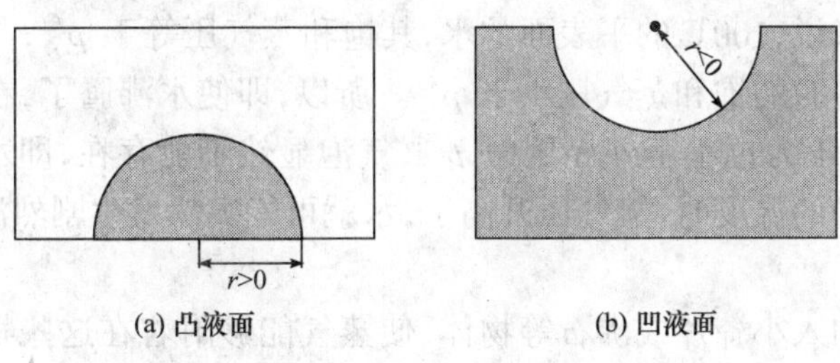

图 1-15　凸液面、凹液面液体的曲率半径

【例 1-6】　已知 293K 时,水的表面张力 $\sigma = 72.75 \times 10^{-3}\text{N}\cdot\text{m}^{-1}$,密度 $\rho = 0.9982 \times 10^{-3}\text{kg}\cdot\text{m}^{-3}$,饱和蒸气压 p_s 为 2.338kPa。试分别计算半径为 10^{-6}m、10^{-7}m、10^{-9}m 的小液滴的饱和蒸气压 p_s。

解　将已知条件代入开尔文公式

$$\ln \frac{p_s^{曲}}{p_s^{平}} = \frac{2M\sigma}{RT\rho}\left(\frac{1}{r}\right)$$

当 $r = 10^{-6}$m 时,有

$$\ln \frac{p_s^{曲}}{2338} = \frac{2 \times 72.75 \times 10^{-3} \times 18 \times 10^{-3}}{0.9982 \times 10^{3} \times 8.314 \times 293} \times \frac{1}{10^{-6}}$$

$$p_s^{曲} = 2340\text{Pa}$$

同理可得

当 $r = 10^{-7}$m 时,　　$p_s^{曲} = 2364\text{Pa}$

当 $r = 10^{-9}$m 时,　　$p_s^{曲} = 6864\text{Pa}$

弯曲液面液体饱和蒸气压不同于平液面液体饱和蒸气压的这一性质,对液体的沸腾、蒸气的冷凝等物相变化过程都有重要的影响。例如,对于压力为 $p^{\ominus}$、温度为 110℃ 的水蒸气,在恒定的压力下逐渐降低温度,当温度降到 100℃ 或更低一点的温度时,水蒸气往往还不能凝结成液态水。这是因为,如果水蒸气能够凝结的话,开始时一定凝结成半径非常小的水滴。半径越小的水滴,其饱和蒸气压越高。100℃ 的平表面的水,饱和蒸气压等于 $p^{\ominus}$,但该温度下微小水滴的饱和蒸气压却要大于 $p^{\ominus}$。因此,压力为 $p^{\ominus}$ 的蒸气,虽然是 100℃ 平表面水的饱和蒸气,但对于

半径很小的100℃的水滴来说，并不是饱和蒸气。所以，压力为 $p^{\ominus}$ 的蒸气在100℃时并不能凝结成微小的水滴。如果水蒸气中存在灰尘等颗粒，则水蒸气可以在这些颗粒表面凝结，形成曲率半径较大的水滴。人工降雨就是根据这一原理进行的。

液体的暴沸是实验中常见的现象，可以用弯曲表面液体的饱和蒸气压来解释这一现象。例如，在 $p^{\ominus}$ 压力下将水加热到100℃，水沸腾产生蒸气泡。根据以上讨论可知，与蒸气泡接触的液体是凹表面的，其饱和蒸气压小于平表面液体的饱和蒸气压。对水来说，100℃的平表面的水，其饱和蒸气压等于 $p^{\ominus}$；与气泡接触的凹液面的水，100℃时的饱和蒸气压小于 $p^{\ominus}$。所以，即使水沸腾了，在水中产生出蒸气泡，蒸气泡的压力也小于外界压力 $p^{\ominus}$，气泡显然不能存在，即水不能沸腾。当水被加热到更高的温度时，蒸气压升高了，水就可能突然发生剧烈沸腾即暴沸的现象。

在溶液中加入小瓷片或沸石等物体，使蒸气能够附着在这些物体上而形成曲率半径较大的气泡，可以防止液体的暴沸。

习　题

1. 一个体积为50.0m^{3}的氧气钢瓶，在20℃时，使用前的压力为12MPa，使用后压力变为10MPa。试计算用掉的氧气的质量。

2. 将压力为400kPa的 O_2 5.0L和100kPa的 H_2 20.0L充入一个40L的密闭容器中。试求该温度下混合气体的总压力以及两种气体的分压力。

3. 在20℃、标准大气压下，用排水法收集氢气0.10g。若此温度下水的蒸气压为2.70kPa，求 H_2 的体积。

4. 300K的温度下，在体积为1.00L的密闭容器中加入1.00mol CO_2。试分别用理想气体状态方程和范德华方程计算其压力。（已知 $a = 364\text{kPa}\cdot\text{L}^2\cdot\text{mol}^{-2}$，$b = 0.0427\text{L}\cdot\text{mol}^{-1}$）

5. 试计算外压为670kPa时水的沸点。（已知水的摩尔蒸发焓为40.67 $\text{kJ}\cdot\text{mol}^{-1}$）

6. 20℃时，苯和甲苯的蒸气压分别为9.96kPa和2.98kPa，将等物质的量的苯和甲苯在该温度下混合。分别计算两者的分压。

7. 将12.20g苯甲酸溶于100g乙醇中，溶液沸点升高了1.13K；若将12.20g苯甲酸溶于100g苯中，溶液沸点升高了1.39K。分别计算苯甲酸在两种溶剂中的相对分子质量。

8. 将内径为0.1mm的毛细管插入水银中，试求管内液面和管外液面的高度差。（已知此温度下水银的表面张力为 $0.48\text{N}\cdot\text{m}^{-1}$，密度为 $13.5\text{g}\cdot\text{cm}^{-3}$，接触角约180°）

9. 标准大气压下，水中含有直径为0.001mm的蒸气泡，试问这样的水在什么温度下才开始沸腾。（已知100℃的水的表面张力为 $0.059\text{N}\cdot\text{m}^{-1}$，摩尔蒸发焓为 $40.67\text{kJ}\cdot\text{mol}^{-1}$）

第 2 章　化学热力学基础

从古代炼丹术开始,化学学科在漫长的发展过程中不断探索着物质的奥秘,其中最吸引化学家的问题莫过于利用化学反应制备新物质。从给定的原料出发,能否通过化学反应生成预期的目标物质?如果能够生成预期物质的话,是否可能把原料全部转变成目标物质?这两个问题显然是最受化学家关注的基本问题。化学热力学能够回答这两个问题。

一个由分子、原子等颗粒物质构成的体系,在一定的条件下,听其自然,不去管它,这个体系会发生一些变化。我们称这样的变化为自发变化。

在指定的某高温下,把一定量的氢气、氧气和水蒸气混合放置在一密闭的容器内。听其自然,不去管它,这个体系中发生的自发变化是什么样的变化?是水蒸气分解,还是氢气和氧气化合?或者说,自发变化将朝着什么方向进行?

如果上述自发变化是朝着水蒸气分解的方向进行的,那么,水蒸气会完全分解吗?分解到某一程度就会停顿下来,不再分解吗?或者说,自发变化进行的限度是什么?

化学热力学是由物理学家和化学家共同创立的一门科学,这门科学研究的主要问题是自发变化的方向以及自发变化所能够进行的程度(限度)。

顾名思义,化学热力学是从热和功(力)入手研究化学反应自发进行的方向及限度的。

2.1　热力学第一定律

2.1.1　热与功

热与功是两类不同形式的能量。

由于体系和它所处环境的温度不同而导致在二者间交换的能量,称为热量,简称热,用符号 Q 表示。本章约定,如果体系在热交换过程中是吸热的,则 Q 数值为正;如果体系是放热的,则 Q 数值为负。

体系与环境之间交换的除热以外的能量,都称为功,用符号 W 表示。例如,受到环境压力,密闭在气缸中的气体体积变小,在这个过程中,环境对体系做了功。本章约定,如果体系对环境做功,W 取正值;如果环境对体系做功,W 取负值。

根据功的定义,容易想像,功可以表现为不同的形式。例如,压缩气体过程中环境对体系做机械功;原电池放电过程中原电池对环境做电功。压缩气体做功的过程中,体系的体积发生了变化,我们称这类功为体积功。原电池放电做功过程中,体系(原电池)体积不变化,我们称这类功为非体积功。

电功是非体积功的典型代表,我们将在第 4 章讨论。这里先讨论体积功的计算。

体积功的计算如图 2-1 所示,密闭在气缸中的气体的压强(以后称为压力)为 p,活塞上重物对气缸内气体的压力为 p_a。活塞与气缸壁紧密接触,但无摩擦。活塞面积为 A。若气缸内气体压力 p 大于重物造成的压力 p_a,气体膨胀而对环境(重物)做功,体系所做的体积功为

$$W = \int_{l_1}^{l_2} p_a A \mathrm{d}l = \int_{V_1}^{V_2} p_a \mathrm{d}V \tag{2-1a}$$

如果体系体积改变非常小,则式(2-1a)可用微分代替,即

$$\delta W = p_a \mathrm{d}V \tag{2-1b}$$

式中,V_1 和 V_2 分别为体系始态和终态的体积。

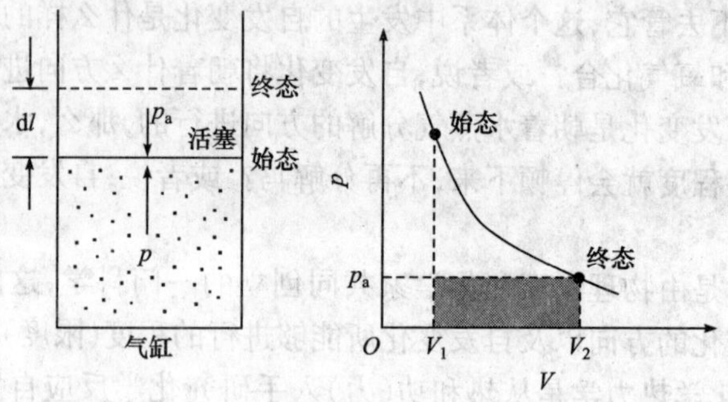

图 2-1 体积功的计算

如果体系压力与环境压力不相同,应该使用环境压力来计算体积功。这是因为功是在体系与环境之间“交换”的能量,对于环境不接受的那部分能量,仍然留在体系中。

如果膨胀(或压缩)过程中,环境压力始终不变,则

$$W = \int_{V_1}^{V_2} p_a \mathrm{d}V = p_a \int_{V_1}^{V_2} \mathrm{d}V = p_a (V_2 - V_1) \tag{2-2a}$$

即

$$W = p_a \Delta V \tag{2-2b}$$

式中,$\Delta V = V_2 - V_1$,符号 Δ 是希腊字母,相当于英语字母 d,在这里的意思是 difference(差)。

如果体系压力和环境压力相同,则

$$W = \int_{V_1}^{V_2} p\mathrm{d}V \tag{2-3}$$

这时的膨胀过程进行得无限缓慢，在有限的时间内，实际上并未膨胀。如果体系压力与环境压力相差一无限小的量，则上述膨胀过程可以非常缓慢地进行。

【例 2-1】 在 298K 的恒定温度下，1mol 理想气体由 101.325kPa 的始态，分别经历以下三种不同途径，膨胀到 50.663kPa 的终态。求三种不同途径中体系所做的体积功。

(1) 对真空膨胀。

(2) 体系反抗恒定的环境压力 50.663kPa。

(3) 第一阶段，体系反抗恒定的环境压力 75.0kPa 膨胀，然后再反抗 50.663kPa 的恒定压力膨胀。

解　按照式(2-1)分别计算三种不同变化途径的体积功。

(1) 由于环境是真空，压力为零，所以

$$W = \int_{l_1}^{l_2} p_{\mathrm{a}} A\mathrm{d}l = \int_{V_1}^{V_2} p_{\mathrm{a}}\mathrm{d}V = 0$$

(2) 根据 $pV = nRT$ 方程，算出体系始态和终态体系的体积分别为

$$V_1 = \frac{8.314 \times 298}{101\ 325} = 24.45 \times 10^{-3}\mathrm{m}^3$$

$$V_2 = \frac{8.314 \times 298}{50\ 663} = 48.90 \times 10^{-3}\mathrm{m}^3$$

体系反抗恒定环境压力膨胀，根据式(2-2a)，得

$$W = p_{\mathrm{a}}(V_2 - V_1) = [50\ 663 \times (48.90 - 24.45) \times 10^{-3}] = 1238.7\mathrm{J}$$

(3) 因为体系分阶段膨胀，所以需要分阶段计算体积功。根据 $pV = nRT$ 方程，算出各对应状态体系的体积。始态、终态的体积与(2)中相同；中间状态的体积为

$$V' = \frac{8.314 \times 298}{75\ 000} = 33.03 \times 10^{-3}\mathrm{m}^3$$

第一阶段膨胀过程所做的功为

$$W_1 = 75\ 000 \times (33.03 - 24.45) \times 10^{-3} = 643.5\mathrm{J}$$

第二阶段膨胀过程所做的功为

$$W_2 = 50\ 663 \times (48.90 - 33.03) \times 10^{-3} = 804.0\mathrm{J}$$

所以，整个过程体系所做的功为

$$W = W_1 + W_2 = 643.5 + 804.0 = 1447.5\mathrm{J}$$

以上结果表明，体系在确定的始态和终态之间，因体积变化而对环境做功，所做功的多少与做功过程所经历的途径有关。在以上(2)与(3)两个不同途径中，体

系所做的功可以用下图中矩形的面积来表示。显然,途径(3)的面积大,做功多。

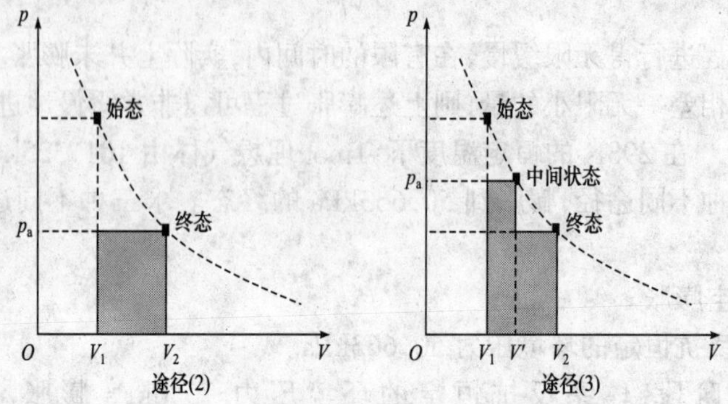

如果把途径(3)细分成更多的阶段,体系是否能做更多的功?

【例 2-2】 按照图 2-2 那样,在活塞上加上一堆细砂,然后一粒一粒地移走细砂,使得气缸中 1mol 理想气体在 298K 的恒定温度下进行多步骤膨胀。体系的始态和终态与例 2-1 相同,计算体系在整个膨胀过程中所做的体积功。

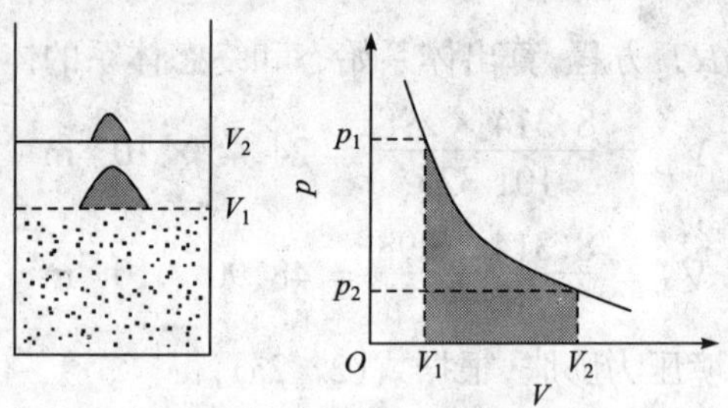

图 2-2　可逆体积功

解　根据例 2-1 可知,体系所做的功可以看成非常多的小矩形面积的加和。所以,应该用式(2-1)的积分来计算体系所做的功。被积函数

$$p_a = \frac{RT}{V}$$

所以

$$W = \int_{V_1}^{V_2} p_a \mathrm{d}V = \int_{V_1}^{V_2} \frac{RT}{V}\mathrm{d}V = RT\ln\frac{V_2}{V_1}$$

$$= RT\ln\frac{48.90\times10^{-3}}{24.45\times10^{-3}} = 1717.3\mathrm{J}$$

结果显示,体系所做的体积功确实更多了。

如果例 2-2 中的气体到达终态之后,重新把细砂一粒一粒地加回到活塞上,则细砂(环境)对体系做体积功(压缩功)。显然,当体系回到最初 101.325kPa 的始

态时，环境对体系所做的功为

$$W = \int_{V_2}^{V_1} p_a \mathrm{d}V = \int_{V_2}^{V_1} \frac{RT}{V} \mathrm{d}V = -1717.3\mathrm{J}$$

这就是说，借用细砂对体系实施一个先膨胀再压缩的循环做功过程，在膨胀过程中体系对环境所做的功，与压缩过程中环境对体系所做的功，绝对值相等，符号相反。所以，当体系经历循环过程回复到原先状态时，体系与环境之间就没有功的交换，或者说没有留下功的“痕迹”。

如果例 2－1 中的膨胀过程，在膨胀到达终态之后，也设法压缩，使体系回复到原先的始态。由于压缩过程中，环境压力不能小于体系压力，所以容易理解，为了对例 2－1 的体系进行压缩，环境对体系所做的功，必然比体系在膨胀过程中所做的功的绝对值更大。所以，当体系经历一个先膨胀再压缩的循环过程回复到始态后，体系与环境之间仍然保留着一部分交换了的功，或者说留下了功的“痕迹”；这部分“保留功”的多少，与膨胀和压缩所经历的途径有关。

例 2－1 中的膨胀过程与例 2－2 中的膨胀过程有很大的不同，后者的膨胀过程结束后可以回复到始态而不留痕迹；前者在膨胀过程结束之后，虽然也可以回复到始态，但是一定会留下痕迹。

体系经历一个过程，在过程结束后，如果能设法使体系回复到原状态而且不留痕迹，那个原过程就称为可逆过程；如果体系虽然回复到原状态，但留了痕迹，那个原过程就是不可逆过程。

例 2－2 中移走细砂的膨胀过程，如果每粒细砂的质量都是无限小的话，该膨胀过程就是一个可逆过程。严格地说，在有限时间内，可逆过程中体系的状态实际上是不发生变化的。因此，经历可逆过程的体系，事实上处于平衡状态，这时体系的状态不再随时间而发生改变。例 2－1 中的膨胀过程都是不可逆过程。

在化学热力学中，把过程可逆和体系平衡看成是等价的。这就是说，如果一个体系正在经历一个可逆过程，该体系必定处于平衡状态；如果体系处于平衡状态，则体系中所发生的过程必定是可逆过程。根据以上分析，自发过程都是不可逆过程。

从例 2－1 和例 2－2 可知，恒温条件下，如果体系在确定的始态和终态之间膨胀做功，可逆膨胀所做的功最多；如果环境对体系在确定的始态和终态之间压缩做功，则可逆压缩所做的功最少(绝对值最小)。

2.1.2　热力学第一定律

2.1.2.1　热力学能

体系的热力学能是体系中所有粒子的各种运动形式能量之和，但不包括体系整体的运动能。对于气体分子构成的体系,热力学能包括分子的平动能、分子的转动能、分子内部的振动能、原子中电子运动的能量、原子核内存在的能量以及分子之间的相互作用而造成的分子间势能。

一个体系如果与环境发生了功和热的交换,体系本身的热力学能就会改变。对于一个封闭体系[①],热力学能的增量 ΔU 显然等于热和功之和,即

$$\Delta U = Q - W \tag{2-4}$$

式(2-4)就是热力学第一定律的数学表达形式,其中 ΔU 表示体系终态热力学能与始态热力学能的差。

热力学第一定律、热力学第二定律和热力学第三定律构成了化学热力学的基础。热力学三定律是人们在长期生活经验中体会到的;这些定律相当于数学上的公理,虽然无法严格证明,但是大家都认为是正确的。热力学第一定律无疑也是正确的。

体系的热力学能显然与体系的状态有关,体系在确定的状态下热力学能具有确定的数值。状态改变了,热力学能数值也会改变;状态确定了,热力学能数值也就确定了。可见,热力学能是状态的函数。像热力学能这样数值取决于体系状态的物理量,称为状态函数。

热力学能是状态函数。表示气体状态的 p、V、T 也都是状态函数。本章中我们还会学到其他一些状态函数。状态函数是化学热力学中的重要概念。

状态函数的数值取决于状态;其实,状态也取决于状态函数。例如,当气体的 p、V、T 数值都确定了,气体体系的状态就确定了,体系的 U、H 等状态函数的数值也确定了。

由此可见,体系的状态确定之后,体系中所有状态函数的数值都确定了;但事物上,体系的状态函数中只要有一部分确定,体系的状态就能确定。

究竟需要多少个状态函数才能确定体系的状态,这是一个不容易回答的问题。一般而言,一个物质的量确定的体系,如果体系中只含有一种组分和一个相,那么,两个状态函数就可以确定体系的状态。例如,含 1mol 分子的单组分理想气体体系,如果温度和压力这两个状态函数确定,则体系的状态就确定,体积、热力学能等状态函数都随之确定。如果体系是多组分或(和)多相的,那么需要多于 2 个状态函数才能确定体系的状态。

由于状态函数的数值仅与状态有关,所以状态函数具有以下很重要的性质:状态函数的增量与途径无关(图 2-3)。

如果体系经历一个变化过程,其状态从始态变为终态,则体系状态函数的增量

---

① 化学热力学讨论中经常涉及几种特殊的体系。如果体系和环境之间只有能量交换,但无原子、分子等颗粒物质的交换,这类体系称为封闭体系。如果体系与环境之间既无能量交换,也无颗粒物质交换,这类体系称为孤立体系。

显然就等于终态与始态下该状态函数数值的差；不论体系经历什么样的变化，只要始态和终态确定，状态函数的增量就是确定的。

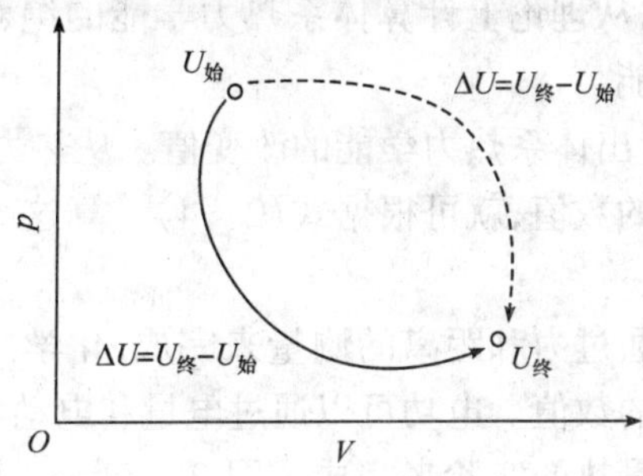

图2-3　热力学能是状态函数，增量与途径无关

例如，如图2-3所示，用U_1、U_2分别代表体系在始态和终态的热力学能，则

$$\Delta U = U_2 - U_1$$

无论体系沿着实线所示的途径发生变化，还是沿着虚线所示的途径发生变化，由于两次变化的始态相同、终态也相同，体系热力学能的增量就相同。

状态函数增量与途径无关，但是体积功与途径有关，所以，功不是状态函数，也不是状态函数的增量。那么，热是状态函数吗？以下以理想气体为例，讨论这个问题。

物质的量确定的单组分气体，热力学能可看成温度和体积的函数，即

$$U = U(T, V)$$

容易理解，温度与气体分子的平动能大小有关，改变温度可改变分子动能；体积与分子间距离有关，改变体积能改变分子间距离，从而改变分子间势能。理想气体没有分子间势能，改变体积虽然会改变分子间距离，但不会改变势能。所以，对于理想气体，体积的改变不会改变体系的热力学能。这就是说，理想气体的热力学能只是温度的函数，与体积无关；容易推想，理想气体的热力学能也与压力无关，即

$$U = U(T) \tag{2-5}$$

对于例2-1中讨论的理想气体的三个恒温膨胀过程，途径不同，体系做功也不同。由于恒温膨胀过程理想气体的热力学能不变，功与热的绝对值相同，所以，在三个不同途径的膨胀过程中，体系与环境交换的热也是不同的。这就是说，热与途径有关，不是状态函数。

2.1.2.2　化学反应热

虽然在确定的状态下，体系的热力学能有确定的数值，但是人们无法知道这个确定的数值是多少。人们如果想要知道某个物理量的数值，只能通过两个方法：实

验测量和理论计算。由于热力学能是体系中所有粒子各种运动的能量之和,人们不知道体系中分子相互作用的势能有多大,也不知道原子核内质子相互作用的能量有多大,所以人们无法从理论上计算体系热力学能的绝对值。人们也无法通过实验测量体系的热力学能。

但是,人们可以测量出体系热力学能的改变值。从热力学第一定律可知,只要测量变化过程的热与功的数值,就可根据式(2-4)计算这个过程中体系热力学能的变化值。

体积功的测量可以通过力和距离的测量来完成,化学中经常通过压力和体积的测量来推算出体积功的数值。电功可以通过电量和电动势的测量来完成。

热的数值可以通过量热的实验来完成。图 2-4 是一个测量化学反应热的弹式量热计装置图。

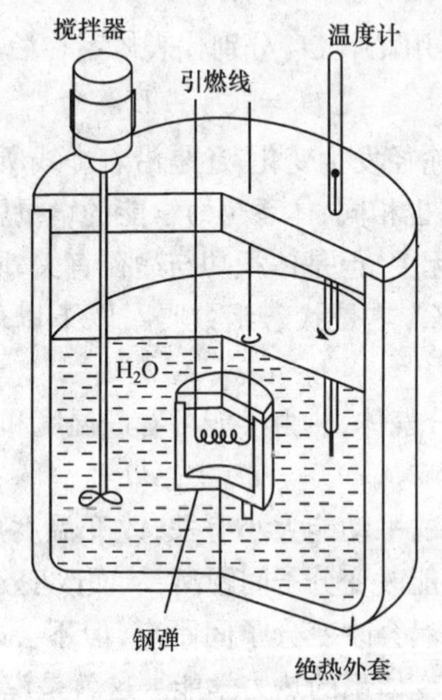

图 2-4　弹式量热计装置图

弹式量热计(氧弹)不向空气传热,反应过程释放的热全部被氧弹装置吸收,通过测量氧弹装置的温度的变化值 ΔT,结合装置的热容 C,可以计算出反应热 Q

$$Q = C\Delta T$$

化学反应热是反应过程中体系与环境之间交换的热。为了使化学反应热有确定的数值,显然应该再加上“反应前后体系温度相同”这个条件。如果没有这个条件,反应体系终态的温度就得不到限定。假设一放热反应的体系,终态温度比始态温度高很多,那么反应时体系释放的化学能中有很大一部分用于升高体系温度,而交换给环境的热就减少了。如果反应体系终态温度不限定,则反应过程体系交换给环境的热的数值也就不确定了。在实际的量热实验中,为了测量 ΔT 的需要,不得不让反应体系的始态温度与终态温度有一微小的差值。

反应热的数值还与反应过程中体系是否向环境做功有关。化学反应中体系释放的化学能,如果部分转变成体积功,则释放的热就少了。如果限定反应过程中体系的体积不变,即让体系进行恒容反应,那么就没有体积功了。如果规定反应过程中体系的压力始终与环境压力相同且恒定不变,即让体系进行恒压反应,体系所做体积功的数值也就可以计算,这样,反应热也就有明确的数值了。

根据以上讨论可知,我们需要分别讨论恒容反应与恒压反应这两类化学反应的热。这两类反应热都是可以测量的。这两类反应热数值可能是不相同的。

恒容反应过程中体系体积不变,所以没有体积功;如果反应过程中体系不做非体积功,则根据热力学第一定律容易知道,恒容反应热 Q_V 等于体系热力学能的增量 ΔU,即

$$Q_V = \Delta U \tag{2-6}$$

恒压反应过程中体系与环境压力相等且恒定不变,所以体系做体积功等于 $p\Delta V$。根据热力学第一定律容易知道,恒压反应热 Q_p 为

$$\begin{aligned} Q_p &= \Delta U + p\Delta V \\ &= (U_2 - U_1) + (p_2 V_2 - p_1 V_1) \\ &= (U_2 + p_2 V_2) - (U_1 + p_1 V_1) \end{aligned} \tag{2-7}$$

我们定义一个新的热力学函数 H,称为焓

$$H = U + pV \tag{2-8}$$

由于 U、p、V 都是状态函数,所以焓 H 也是状态函数;其增量 ΔH 只与反应体系的始态和终态有关,与反应途径无关。

对于物质的量确定的单组分理想气体,由于 pV 乘积只是温度的函数,同时 U 也只是温度的函数,所以焓 H 也只是温度的函数,即

$$H = H(T) \tag{2-9}$$

把式(2-8)代入式(2-7),得

$$Q_p = H_2 - H_1$$

$$Q_p = \Delta H \tag{2-10}$$

式(2-6)和式(2-10)告诉我们,恒容反应热等于体系热力学能的增量,恒压反应热等于体系焓的增量。

【例2-3】 1.00g 火箭燃料联氨(N_2H_4)恒容条件下完全氧化,放热 20.7kJ (25℃)。试求 1mol 的联氨在 25℃ 氧化的热力学能变化和等压反应热。

解 反应方程式

$$N_2H_4(g) + O_2(g) = N_2(g) + 2H_2O(l)$$

$$Q_V = -20.7 \times 32.0 = -662\text{kJ} \cdot \text{mol}^{-1}$$

体系热力学能变化 ΔU 等于 Q_V，因此 $\Delta U = Q_V = -662\text{kJ}\cdot\text{mol}^{-1}$。

在本反应中水是液态，它的体积与气体相比可以忽略不计，所以反应前后体积的变化可以单从气态物质考虑。假设气体均为理想气体，则

$p\Delta V = \Delta n \times RT$（$\Delta n$ 为反应前后气体物质的量的改变，$\Delta n = -1$）

$$\begin{aligned} \Delta H &= \Delta U + p\Delta V \\ &= \Delta U + \Delta n \times RT \\ &= -662 + (-1) \times 8.314 \times 298 \times 0.001 \\ &= -665\text{kJ} \cdot \text{mol}^{-1} \end{aligned}$$

由于恒压反应热等于体系焓的增量 ΔH，而 ΔH 与途径无关，所以恒压条件下进行的化学反应，反应热与反应途径无关。这个规律称为盖斯定律。盖斯在 100 多年前通过对大量实验数据的分析发现了这个规律。现在看来，这个规律反映了状态函数是状态的函数这个事实。

利用盖斯定律，可以推算从一些反应的反应热推算出另一些反应的反应热。

【例 2-4】 已知 $C + \frac{1}{2}O_2 = CO$ 的恒压摩尔反应热① 和 $CO + \frac{1}{2}O_2 = CO_2$ 的恒压摩尔反应热。求 $C + O_2 = CO_2$ 的恒压摩尔反应热。

解 把三个反应的途径用下图表示。

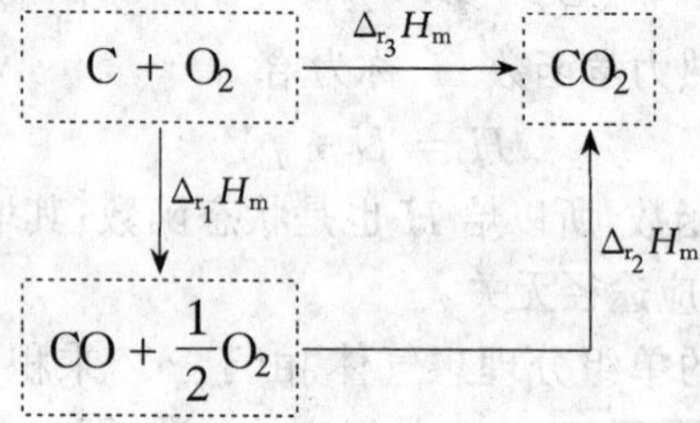

把 $C + O_2$ 看作始态，CO_2 看作终态。从上图看出，始态到终态有两个不同的变化途径，一个途径是直接转变成 CO_2；另一个途径是先转变成 CO，然后再转变成 CO_2。前一途径的恒压反应热等于 $\Delta_{r_3}H_m$，后一途径的恒压反应热等于 $\Delta_{r_1}H_m + \Delta_{r_2}H_m$。因为 H 是状态函数，其增量与途径无关，所以

$$\Delta_{r_3}H_m = \Delta_{r_1}H_m + \Delta_{r_2}H_m$$

只要把已知的两个反应热相加，就得到反应 $C + O_2 = CO_2$ 的恒压反应热。

---

① 一个化学反应，如果发生反应的组分的物质的量等于计量系数，这个反应就称为摩尔反应。例如，对于反应 $H_2 + \frac{1}{2}O_2 = H_2O$，摩尔反应是消耗掉 1mol H_2 的反应；对于反应 $2H_2 + O_2 = 2H_2O$，摩尔反应则是消耗掉 2mol H_2 的反应。

像这种根据“状态函数增量与途径无关”的结论来进行计算的方法，称为状态函数法。在化学热力学中，状态函数法是很常用的方法。

化学反应吸热放热现象与生产生活紧密相关。了解各种反应的反应热对生产生活是有帮助的。反应热可以通过量热的实验来测量。但是，化学物质种类繁多，物质互相组合所得到的化学反应更是多得不计其数，难以对反应逐一量热。从例 2－4 可以知道，其实只要测量一部分反应的反应热，然后就可以根据状态函数法推算出其他反应的反应热。

化学家们在标准压力下测量了由最稳定相态的单质生成 1mol 物质 i 的恒压反应热，这样的反应热称为标准摩尔生成焓，用符号 $\Delta_f H_m^\ominus(i)$表示。

需要注意最稳定相态的规定。碳单质的最稳定相态是石墨而非金刚石、C_{60}；氧单质的最稳定相态是氧气而非液态氧。根据定义，最稳定相态的单质的 $\Delta_f H_m^\ominus$ 为零。所以石墨的 $\Delta_f H_m^\ominus$ 为零，但是金刚石的 $\Delta_f H_m^\ominus$ 不为零。

标准摩尔生成焓与化合物的状态有关。例如，$H_2O(g)$、$H_2O(l)$、$H_2O(s)$的 $\Delta_f H_m^\ominus$ 互不相同；它们之间的差，显然与相变过程焓的增量有关。

部分化合物的标准摩尔生成焓(298K 的数据)列于附录Ⅲ中。根据附录Ⅲ表中 $\Delta_f H_m^\ominus$ 数据，结合状态函数法，可以计算不同化合物之间发生的化学反应的恒压热，即反应焓变。

【例 2－5】 根据标准生成焓计算以下反应的恒压标准反应热 $\Delta_r H_m^\ominus$

$$CO(g) + H_2O(g) = CO_2(g) + H_2(g)$$

解　从附录Ⅲ表中知道各相关反应组分的 $\Delta_f H_m^\ominus$ 为

	CO(g)	$H_2O(g)$	$CO_2(g)$	$H_2(g)$
$\Delta_f H_m^\ominus/(kJ \cdot mol^{-1})$	－110.5	－241.8	－393.5	0

$$CO(g) + H_2O(g) \xrightarrow{\Delta_r H_m^\ominus} CO_2(g) + H_2(g)$$

根据状态函数法

$$\Delta_r H_m^\ominus = \Delta_f H_m^\ominus[CO_2(g)] + \Delta_f H_m^\ominus[H_2(g)] - \Delta_f H_m^\ominus[CO(g)] - \Delta_f H_m^\ominus[H_2O(g)]$$

所以

$$\Delta_r H_m^\ominus = [-393.5+0] - [(-110.5)+(-241.8)] = 412.0 kJ \cdot mol^{-1}$$

需要特别指出的是，以上 $\Delta_f H_m^\ominus[CO(g)]$是由最稳定相态单质生成 1mol“纯净”的、标准压力(101 325Pa)下的 CO(g)物质的焓增量。$\Delta_f H_m^\ominus[CO_2(g)]$和 $\Delta_f H_m^\ominus[H_2O(g)]$也是生成“纯净”化合物的焓增量。因此，以上 $\Delta_r H_m^\ominus$ 是从“纯净”“标压”反应物转变成“纯净”“标压”产物的反应焓变。对于气体反应，可以理解为始态是装在不同钢瓶中的纯净气体，终态也是经分离后装入各钢瓶的纯净气体。

如果反应组分是混合的，或者压力不是 101 325Pa，那么反应焓变计算将更为复杂。可以想像,这时反应焓变的数值应该与混合体系中各组分的浓度有关。

2.2 热力学第二定律

2.2.1 熵和熵增

自发的变化朝着什么方向进行,这是化学热力学最基本的理论问题。

我们可以通过实验来观测自发变化朝什么方向进行。我们已经有不少从实验观测获得的经验性结论。例如,如果气体的压力大于环境压力,则气体膨胀是自发的;把 Zn 片放入 $CuSO_4$ 水溶液中,析出 Cu 是自发的。化学热力学要回答的是这些自发变化的理论解释是什么。

也许有人会想到,自发的变化应该朝着体系能量(热力学能或焓)降低的方向进行。但事实上,自发的压缩过程,环境对体系做体积功,体系的热力学能增加了;吸热的化学反应,体系的焓(或热力学能)也往往是增加的。显然,不能用体系焓或热力学能的增加减少来判断变化是否自发进行。

为了说明什么物理量可用于过程自发性的判断,让我们再回到对功和热的讨论。

通过对理想气体恒温膨胀做功的讨论,结合热力学第一定律和热力学能的概念,我们已经知道,恒温条件下理想气体可逆膨胀所做的功比不可逆膨胀做的功更多,即

$$W_r > W_{ir}$$

式中:r ——可逆(reversible);

ir ——不可逆(irreversible)。

由于理想气体在恒温过程中热力学能不变,所以 $W = Q$。因此,在温度 T 恒定的条件下,理想气体可逆膨胀所吸收的热比不可逆膨胀吸收的热更多,即

$$Q_r > Q_{ir} \tag{2-11a}$$

所以

$$\frac{Q_r}{T} > \frac{Q_{ir}}{T} \tag{2-11b}$$

按式(2-12a)定义一个新的状态函数 S,称为体系的熵

$$\Delta S = \frac{Q_r}{T} \tag{2-12a}$$

或

$$dS = \frac{\delta Q_r}{T} \tag{2-12b}$$

也可以这样用文字来描述熵的定义:在一个恒温变化过程中,体系熵的增量等

于过程中可逆的热与温度的商。所以，熵又称为可逆过程热温商。这样的定义，熵的物理意义还不很清晰。稍后我们还会对熵的物理意义加以说明。

需要特别指出的是，在熵的定义中，Q_r 是可逆过程的热。

根据式(2-11b)，可以得到以下重要结论

$$\Delta S \geqslant \frac{Q}{T} \tag{2-13}$$

在式(2-13)中，如果用可逆热 Q_r，则取等于号；如果用不可逆热 Q_{ir}，则取大于号。

式(2-13)称为克劳修斯不等式，是热力学中最基本的公式。从克劳修斯不等式可以看出，如果体系的熵增 ΔS 等于热温商，则过程是可逆过程；如果体系的 ΔS 大于热温商，则过程是不可逆过程，即自发过程。

如果我们能够计算体系的熵增 ΔS，又能够计算过程的热温商，就可以根据式(2-13)比较二者大小，判断过程是否自发。

实际上，热温商的计算是困难的，所以式(2-13)的应用有困难。

如果过程是绝热的，即过程中体系与环境之间没有热交换，$Q=0$，则式(2-13)变为

$$\Delta S \geqslant 0 \tag{2-14}$$

式(2-14)中等于号、大于号分别对应于可逆的绝热过程和自发的绝热过程。

式(2-14)虽然避免了计算热温商的麻烦，但是在大多数情况下，体系和环境间存在热的交换，式(2-14)并不成立。

如果把体系和它所处的环境合并一起考虑，作为一个大的合并体系，则大的合并体系就是一个孤立体系。例如，氧弹量热计中的反应体系是氧弹中的反应物，环境是氧弹体和量热筒，在体系和环境之间存在热交换；把它们合并考虑，就可以当作一个孤立体系。

所有孤立体系与环境没有热交换，所以式(2-14)适用于所有孤立体系。如果孤立体系由体系和环境所组成，则孤立体系的 $\Delta S_{(孤立)}$ 等于体系的 ΔS 和环境的 $\Delta S_{(环境)}$，即

$$\Delta S_{(孤立)} = \Delta S + \Delta S_{(环境)}$$

所以

$$\Delta S + \Delta S_{(环境)} \geqslant 0 \tag{2-15}$$

式(2-15)是热力学第二定律的一种表达形式。热力学第二定律也可以用文字表达，孤立体系自发过程是朝着熵增大的方向进行的。所以，热力学第二定律也被称为熵增原理。

在计算出体系和环境的熵增 ΔS 和 $\Delta S_{(环境)}$ 之后，就可以利用式(2-15)判断过程能否自发进行。

2.2.2　熵增的计算

利用式(2－15)判断过程自发性时,需要先计算体系和环境的熵增。由于熵是状态函数,其增量只与始态和终态有关,与变化途径无关,通常按照可逆的途径来计算熵增。

根据体系发生的变化是物理变化或化学变化,采用不同的方法来计算体系的熵增。

2.2.2.1　物理变化过程体系的熵增

体系发生物理变化时的熵增,可以根据熵的定义式(2－12a)进行计算。其中,可逆热 Q_r 可以利用热力学第一定律计算。所以

$$dS = \frac{\delta Q_r}{T} = \frac{dU + \delta W_r}{T} \tag{2-16}$$

式中,W_r 是可逆的功。

如果过程中只有体积功,则

$$\delta W_r = p dV$$

热力学能增量 ΔU 可以通过恒容热来计算,即

$$dU = \delta Q_V = C_V dT$$

式中,$C_V = \frac{\delta Q}{dT}$,称为恒容热容,是体系在保持体积恒定的条件下吸收的热与温升的比值。所以

$$dS = \frac{C_V dT + p dV}{T} = \frac{C_V}{T} dT + \frac{p dV}{T} \tag{2-17a}$$

两边积分

$$\Delta S = \int_{T_1}^{T_2} \frac{C_V}{T} dT + \int_{V_1}^{V_2} \frac{p dV}{T} \tag{2-17b}$$

【例 2－6】　体积为 25L 的 2mol 理想气体从 300K 加热到 600K,100L。计算 ΔS。(已知 $C_{V,m} = 19.37 + 3.39 \times 10^{-3} T\ J \cdot K^{-1} \cdot mol^{-1}$)

解　由式(2－17b)和 $pV = nRT$,有

$$\Delta S = 2 \times 8.318 \times \ln \frac{100}{25} + 2 \times \int_{300K}^{600K} \frac{19.37 + 3.39 \times 10^{-3} T}{T} dT = 51.96 J \cdot K^{-1}$$

从例 2－6 可知,发生物理变化时,体系熵增的计算并不困难。物理变化过程中体系的熵增,将在物理化学课程中进行更详细的讨论。

2.2.2.2　化学反应中体系的熵增

与物理过程 ΔS 计算方法不同,化学反应中体系熵增计算,利用 ΔS 等于终态

S 与始态 S 之差的概念，即

$$\Delta S = S(\text{产物}) - S(\text{反应物})$$

因此，如何计算各种物质熵的绝对值，就成为解决问题的关键。物理化学家用所谓“混乱度”的概念，巧妙地解决了这个问题。

混乱度是指分子(原子)等微粒在体系中分布的混乱程度。例如，考虑由一粒蔗糖晶体和一杯水构成的体系，把蔗糖晶体放入水中，整齐地聚集在晶体中的糖分子就会离开原先的位置，通过扩散作用，混乱地分布在整杯水中。这样，体系的混乱度就增加了。

要用混乱度概念定量地计算熵，需要先说明体系的“微观状态”。

体系是由大量分子、原子等微观粒子构成的，如果每个微粒都确定了自己的状态，则整个体系的状态也就确定了。这样的状态称为体系的微观状态，其含义是由微观粒子确定的状态。如果一个或多个微粒改变了自己的状态，则体系也就改变了微观状态。

化学体系中微粒数很多，1mol 物质的微粒数多达 10^{23} 个。容易想像，体系一定具有很多不同的微观状态。以下是三个简单而能说明问题的例子。

【例 2-7】 4 个互不相同的分子构成一个体系，体系中只有 2 个可容纳分子的位置 A 与 B，这样的体系有多少种不同的微观状态？

解 4 个互相可区分的分子，分布在 A 和 B 两个位置上，可能的分布方式和该分布方式对应的微观状态数目分别为

分布	微观状态数
(4,0)(A 上 4 个，B 上 0 个)	1
(3,1)	4
(2,2)	6
(1,3)	4
(0,4)	1

这样的体系有(4,0)、(3,1)等 5 种不同的分布方式；总共有(1+4+6+4+1)=16种不同的微观状态。其中，(4,0)分布和(0,4)分布都是最不混乱的，相当于蔗糖分子全都聚集在晶体中的情况；(2,2)分布是最混乱的情况，相当于蔗糖分子扩散到水中的情况。这就是说，微观状态数多的分布是混乱的分布。对于整个体系来说也是这样，微观状态的总数目越多，体系就越混乱。

【例 2-8】 一个由 7 个可区分的分子构成的体系，体系由甲、乙两个区域构成。甲区域中 4 个分子可分布在 2 个不同的位置上，乙区域中 3 个分子可分布在 2 个不同的位置上。这样的体系有多少种不同的微观状态？

解 按照例 2-7 的方法，分布方式和微观状态数表示如下表：

甲区域		乙区域	
分布	微观状态数	分布	微观状态数
(4,0)	1	(3,0)	1
(3,1)	4	(2,1)	3
(2,2)	6	(1,2)	3
(1,3)	4	(0,3)	1
(0,4)	1		
甲区微观状态数　$\Omega_1=16$		乙区微观状态数　$\Omega_2=8$	

整个体系的微观状态是由甲乙两区域的微观状态决定的,所以,整个体系中微观状态的总数是

$$\Omega = \Omega_1 \times \Omega_2 = 16 \times 8 = 128$$

本例中体系的微观状态总数目比例 2-7 中的更多,混乱度也更大。

【例 2-9】 体系由 3 个可分辨的分子构成,体系的总能量为 3 个单位。假设能量是量子化的,只能取 0,1,2,3…整数值。试计算体系的微观状态数。

解　用(2,0,1,0)这样的记号表示能量为 0,1,2,3 的状态上分别有 2 个、0 个、1 个和 0 个分子。

体系可能的分布方式和对应的微观状态数目为

分布	微观状态数
(0,3,0,0)(3 个分子都在能量为 1 的状态)	1
(2,0,0,1)	3
(1,1,1,0)	6

微观状态的总数目 $\Omega=(1+3+6)=10$。

可以想像,体系中分子数目(N)越多、能容纳分子的空间(V)越大、体系的热力学能(U)越大,体系微观状态的数目(Ω)就越多。所以,微观状态数 Ω 可以看成是 N、V、U 的函数,即

$$\Omega = \Omega(N, V, U) \tag{2-18a}$$

另外,熵作为状态函数,在单相单组分体系中,如果体系中物质的量是可以改变的,则确定体系状态以及体系熵需要 3 个状态函数,如 N、V、U。所以

$$S = S(N, V, U) \tag{2-18b}$$

对比式(2-18a)和式(2-18b),容易理解熵是微观状态数 Ω 的函数,即

$$S = f(\Omega) \tag{2-19}$$

我们需要讨论式(2-19)中的函数关系是什么。

由例 2-8 知道,甲乙 2 个区域构成的体系的微观状态总数目

$$\Omega = \Omega_1 \times \Omega_2$$

式中,Ω_1 和 Ω_2 分别表示甲区和乙区的微观状态数。

如果用 S_1 和 S_2 表示甲区和乙区的熵，则体系总的熵

$$S = S_1 + S_2$$

所以

$$f(\Omega) = f(\Omega_1 \times \Omega_2) = f(\Omega_1) + f(\Omega_2)$$

由此可见，上述函数 f 只能是对数函数，即

$$S = \log\Omega$$

玻耳兹曼证明了

$$S = k\ln\Omega \tag{2-20}$$

式(2-20)称为玻耳兹曼熵定理，式(2-20)中常数 k 称为玻耳兹曼常量。

一个含1mol分子的体系，其微观状态总数 Ω 极为巨大，且难以计算。所以，我们难以用玻耳兹曼熵定理直接计算出一个体系的熵的绝对值。但是，玻耳兹曼熵定理给出了一个解决问题的好思路。

由于体系微观状态数 Ω 越大，体系的混乱度越大，熵也越大，所以孤立体系(或绝热过程)中，自发过程朝着混乱度增加的方向进行。

1903年，能斯特提出了热力学第三定律，在0K下任何完美晶体的熵都等于零。

热力学第三定律的正确性，容易被玻耳兹曼熵定理验证。因为0K下体系具有最低的热力学能值，体系中所有微粒都处在最低能级上；完美晶体中的微粒，其几何排列也是整齐划一的。所以，0K时的完美晶体，微观状态数为1。因此

$$S = k\ln 1 = 0$$

在热力学第三定律的基础上，可以确定任何状态体系的熵的绝对值。例如，1mol液态水在300K和标准压力下的熵可以按以下方法计算。

$$0\text{K 的晶体} \xrightarrow{\Delta S_1} \text{熔点温度的晶体} \xrightarrow{\Delta S_2} \text{熔点温度的液态} \xrightarrow{\Delta S_3} 300\text{K 的液态}$$

S(0K晶体)=0　　　　S(300K液体)=?

$$S(300\text{K 液体}) - 0 = \Delta S_1 + \Delta S_2 + \Delta S_3$$

上式中，ΔS_1、ΔS_2、ΔS_3 分别是晶体升温、晶体熔化及液体升温三个物理变化过程的熵增。在知道了晶体的热容、晶体的熔化热和液体的热容之后，这些物理过程的熵增都是可以计算的。所以，300K液态水的熵的绝对值也可以求得。

用以上方法测定得到的298K和标准压力下1mol物质i的熵，称为物质i的标准摩尔熵，用符号 $S_m^\ominus$(i)表示。一些常见物质的 $S_m^\ominus$(i)列于书末附录Ⅲ中。根据各种物质的标准摩尔熵，可以计算这些物质间发生的反应的标准熵增。

【例2-10】 根据附录中标准摩尔熵的数据，计算298K和标准压力下甲醇合成反应的标准熵增 $\Delta_r S_m^\ominus$。

$$CO(g) + 2H_2(g) = CH_3OH(g)$$

解 $$\Delta_r S_m^\ominus = S(\text{产物}) - S(\text{反应物})$$

$$\Delta_r S_m^\ominus = S_m^\ominus[CH_3OH(g)] - S_m^\ominus[CO(g)] - 2\times S_m^\ominus[H_2(g)]$$

查附录Ⅲ得到

$$S_m^\ominus[CH_3OH(g)] = 239.7J\cdot mol^{-1}\cdot K^{-1}$$

$$S_m^\ominus[CO(g)] = 197.56J\cdot mol^{-1}\cdot K^{-1}$$

$$S_m^\ominus[H_2(g)] = 130.57J\cdot mol^{-1}\cdot K^{-1}$$

所以

$$\Delta_r S_m^\ominus = 239.7 - (197.56 + 2\times 130.57) = -219.0J\cdot mol^{-1}\cdot K^{-1}$$

需要指出,这样得到的 $\Delta_r S_m^\ominus$ 是以纯净的反应物为始态,纯净的产物为终态时的反应熵变。如果以混合的反应物为始态,则反应熵变计算时还需要考虑纯净物"混合过程"的熵的增量。

2.2.2.3 环境的熵增问题

根据熵增原理判断过程自发性时,前提是过程是绝热的,或者体系是孤立的。对于非绝热过程或非孤立体系,需要计算体系熵增和环境熵增,才能判断过程是否自发。

大多数变化过程都不是绝热过程,大多数体系也不是孤立体系,所以,环境熵增的计算,对于自发性判断起着关键作用。但是,环境熵增的计算,实际上是相当困难的。

因此,熵增原理在判断过程自发性方面,虽然可以发挥原则指导作用,但实际应用却不大。

2.3 自 由 能①

2.3.1 自由能判据

因为环境熵增计算的困难性,熵增原理在过程自发性判断的实际应用上受到很大的限制。物理化学家创立了另一个状态函数——自由能,用自由能来判断过程是否自发时,只需要计算体系的自由能增量,而不需要计算环境的自由能增量。

自由能 G 定义为

$$G = H - TS \tag{2-21a}$$

即

① 1875 年,吉布斯(J. W. Gibbs)首先提出一个把焓和熵归并在一起的热力学函数——自由能,现称为吉布斯自由能或吉布斯函数。

$$G = U + pV - TS \tag{2-21b}$$

由于 p, V, T, S, U, H 都是状态函数,所以自由能 G 也是状态函数。

对于恒温、恒压条件下发生的变化过程,可以用自由能增量 ΔG 来判断过程的自发性。

因为$\mathrm{d}S \geqslant \dfrac{\delta Q}{T}$(可逆过程用等于号,自发过程用大于号,下同),所以

$$T\mathrm{d}S \geqslant \delta Q = \mathrm{d}U + \delta W = \mathrm{d}U + p\mathrm{d}V + \delta W_{\mathrm{f}}$$

式中,δW_{f} 为微小的非体积功。

$$\mathrm{d}U + p\mathrm{d}V - T\mathrm{d}S \leqslant -\delta W_{\mathrm{f}} \tag{2-22a}$$

而

$$\mathrm{d}G = \mathrm{d}U + p\mathrm{d}V + V\mathrm{d}p - T\mathrm{d}S - S\mathrm{d}T$$

对于恒温恒压过程,$\mathrm{d}T = 0, \mathrm{d}p = 0$,所以

$$\mathrm{d}G_{T,p} = \mathrm{d}U + p\mathrm{d}V - T\mathrm{d}S \tag{2-22b}$$

式中,$\mathrm{d}G_{T,p}$表示恒温恒压过程中自由能的微小增量。

把式(2-22a)代入式(2-22b)中,得

$$\mathrm{d}G_{T,p} \leqslant -\delta W_{\mathrm{f}} \tag{2-23a}$$

若非体积功为零,即 $\delta W_{\mathrm{f}} = 0$,则

$$\mathrm{d}G_{T,p} \leqslant 0 \tag{2-23b}$$

对式(2-22b)两边同时积分,得

$$\Delta G_{T,p} \leqslant 0 \tag{2-23c}$$

式(2-23a)、式(2-23b)和式(2-23c)是自由能判据的三种形式。对于不做非体积功的恒温恒压过程,$\mathrm{d}G_{T,p} = 0$,则过程可逆,或者说体系处于平衡状态;$\mathrm{d}G_{T,p} < 0$,则过程不可逆,或者说过程能自发进行。这就意味着,不做非体积功的恒温恒压过程,总是朝着自由能减少的方向自发进行。

由于自由能是状态函数,$(G_2 - G_1)$和$(G_1 - G_2)$的数值相反。对于不做非体积功的过程,如果 $\mathrm{d}G_{T,p} > 0$,则该过程不能自发进行,而其反方向过程能够自发进行。

如果变化过程中有非体积功,由式(2-23a)可知,应该将 $\Delta G_{T,p}$ 与 W_{f} 比较来判断过程是否能自发进行。

注意:自由能判据只对恒温恒压下进行的过程才适用。

2.3.2 自由能增量计算

体系自由能增量的计算,也按物理过程和化学过程分别讨论。自由能是状态函数,所以其增量与途径无关。在始态和终态之间,想像或设计一个可逆的途径,

按此途径计算 ΔG 比较方便。

2.3.2.1　物理过程的自由能增量

根据自由能 G 的定义，可以得到自由能增量的计算公式。

$$G = U + pV - TS$$

$$dG = dU + pdV + Vdp - TdS - SdT \tag{2-24}$$

$$dU = \delta Q - \delta W = TdS - pdV - \delta W_f$$

如果 $\delta W_f = 0$，则

$$dU = \delta Q - \delta W = TdS - pdV$$

代入式(2-24)，得

$$dG = (TdS - pdV) + pdV + Vdp - TdS - SdT$$

所以

$$dG = Vdp - SdT \tag{2-25a}$$

积分得

$$\Delta G = \int_{p_1}^{p_2} Vdp - \int_{T_1}^{T_2} SdT \tag{2-25b}$$

从式(2-25b)可知，如果体系发生了压力、温度的变化，容易计算出体系自由能的增量。

【例 2-11】 1mol 水蒸气在 373K 下进行恒温膨胀，始态压力为 101kPa，终态压力为 50kPa。计算膨胀过程体系自由能的增量。

解　由于是恒温过程，所以

$$\Delta G = \int_{p_1}^{p_2} Vdp$$

把水蒸气当作理想气体，则

$$V_m = \frac{RT}{p}$$

所以

$$\Delta G = \int_{p_1}^{p_2} \frac{RT}{p} dp = RT\ln\frac{p_2}{p_1} = 8.314 \times 373\ln\frac{50 \times 10^3}{101 \times 10^3} = -2.180\text{kJ}$$

请思考：计算结果 $\Delta G < 0$，是否说明该膨胀过程能自发进行？

【例 2-12】 把一个密闭的真空玻璃瓶放置在 100℃ 的恒温水浴中，往该玻璃瓶中注入一些 100℃，101 325Pa 的液态水。控制注入的水量，使其气化后产生的蒸汽在瓶中形成的压力为 101 325Pa。显然，注入的水会立即气化成为水蒸气，这一气化过程无疑是一个自发的过程。试通过计算说明上述气化过程能自发进行。

解　利用自由能判据判断蒸发过程是否自发，需要先计算过程的 ΔG。

根据式(2－25b)

$$\Delta G = \int_{p_1}^{p_2} V\mathrm{d}p - \int_{T_1}^{T_2} S\mathrm{d}T$$

由于始态和终态温度相同(都是 100℃),压力也相同(都是 101 325Pa),所以

$$\Delta G = 0$$

因此,上述蒸发过程不是自发过程(?)。这一结论显然是错误的。请思考,什么原因导致了这一错误结论?

关于物理变化过程中的自由能增量,还有很多值得深思的问题。我们将在物理化学课程中进行深入的讨论。

2.3.2.2　化学反应过程的自由能增量

如果化学反应在恒温下进行,根据自由能的定义可知

$$\Delta_r G_m = \Delta_r H_m - T\Delta_r S_m \tag{2-26}$$

如果反应的焓增和熵增已经按本章第 2.1.2.2 节和 2.2.2.2 节中讨论的方法求得,则恒温下反应的自由能增量容易根据式(2－26)计算。

但是,并非必须先求得反应的焓增和熵增,才能计算自由能的增量。化学反应过程的自由能增量,通常直接从标准生成自由能计算得到。

在标准压力下由最稳定相态的单质生成 1mol 物质 i 的恒压反应的自由能增量,称为该物质的标准摩尔生成自由能,用符号 $\Delta_f G_m^{\ominus}(i)$表示。这一定义与标准摩尔生成焓的定义相似。

部分物质的标准摩尔生成自由能(298K 的数据)列于附录Ⅲ中。最稳定相态单质的 $\Delta_f G_m^{\ominus}(i)$显然等于零;但其他相态的单质,$\Delta_f G_m^{\ominus}(i)$并不等于零。

根据附录Ⅲ表中 $\Delta_f G_m^{\ominus}(i)$数据,结合状态函数法,可以计算不同化合物之间发生的化学反应的自由能增量。

【例 2－13】　根据标准生成自由能计算以下反应在 298K 时的 $\Delta_r G_m^{\ominus}$。

$$CO_2(g) + CaO(s) == CaCO_3(s)$$

解　从附录Ⅲ表中知道各相关反应组分在 298K 的 $\Delta_f G_m^{\ominus}(i)$为

$CO_2(g)$	$CaO(s)$	$CaCO_3(s)$	
－394.36	－604.2	－1128.8	$(kJ\cdot mol^{-1})$

用下图表示稳定相单质和各化合物的联系。

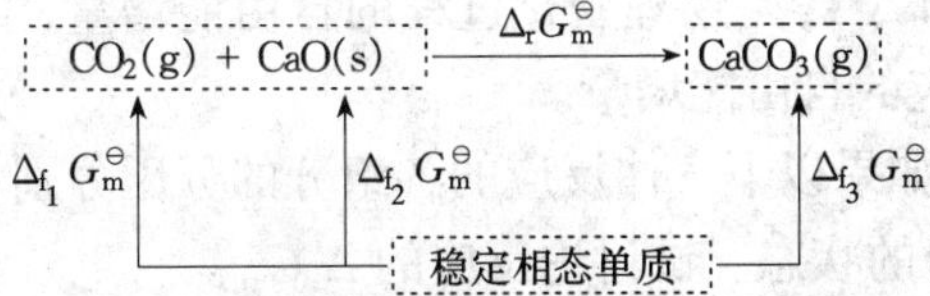

上图中 $\Delta_{f_1}G_m^{\ominus}$ 代表 $\Delta_f G_m^{\ominus}[CO_2(g)]$,余同。

根据状态函数法

$$\Delta_r G_m^{\ominus} = \Delta_{f_3} G_m^{\ominus} - \Delta_{f_1} G_m^{\ominus} - \Delta_{f_2} G_m^{\ominus}$$

$$\Delta_r G_m^{\ominus} = -1128.86 - (-394.36) - (-604.2) = -130.30\text{kJ} \cdot \text{mol}^{-1}$$

所以,上述反应在 298K 和恒定的标准压力下能够自发地进行,而与之反方向的 $CaCO_3(s)$分解反应,在 298K 温度和恒定的标准压力(101 325Pa)下,不能够自发地进行。

但是,如果升高温度,减小压力,上述分解反应是否能够自发进行呢?根据已学过的化学知识,高温下石灰石的分解肯定能自发进行。另外,如果把反应体系抽真空,使得 $CO_2(g)$的压力降到非常低,不用太高的温度,石灰石也应该可以自发分解。或者,往压力恒定为 101 325Pa 的体系中充入大量其他气体,使体系中 CO_2 气体的浓度降得非常低,那样,也可能让石灰石在不太高的温度下自发分解。

用 $\Delta_f G_m^{\ominus}(i)$计算所得的 $\Delta_r G_m^{\ominus}$,是始态物质、终态物质都处于非混合状态,压力都为 101 325Pa 时的反应自由能增量。由于附录Ⅲ中 $\Delta_f G_m^{\ominus}(i)$都是 298K 时的数据,所以,反应的 $\Delta_r G_m^{\ominus}$ 也是 298K 的数值,可表示为 $\Delta_r G_m^{\ominus}(298K)$。

如果反应不在 298K 进行,或者反应组分处于混合状态时,压力不等于 101 325Pa,则反应自由能增量 $\Delta_r G_{m,T,p}$的计算更复杂。

【例 2-14】 以碳酸钙生成反应为例,试讨论反应的 $\Delta_r G_{m,T,p}$与反应温度的关系。

解 分别在 298K 和 1000K 下讨论反应。

$$\begin{array}{ccccc} \boxed{CO_2(g) + CaO(s)} & \xrightarrow{\Delta_r G_{m,T,p}(298K)} & \boxed{CaCO_3(s)} & & (298K) \\ \Delta G_1 \downarrow \quad \Delta G_2 \downarrow & & \uparrow \Delta G_3 & & \\ \boxed{CO_2(g)} + \boxed{CaO(s)} & \xrightarrow{\Delta_r G_{m,T,p}(1000K)} & \boxed{CaCO_3(s)} & & (1000K) \end{array}$$

把 298K 下的$\boxed{CO_2(g)+CaO(s)}$看作始态,$\boxed{CaCO_3(s)}$看作终态。体系从始态变化到终态有两个途径:直接变化到终态;或是先变化到 1000K 的状态然后再变为终态。由于自由能是状态函数,两个途径的增量相同。

$$\Delta_r G_{m,T,p}(298K) = \Delta G_1 + \Delta G_2 + \Delta_r G_{m,T,p}(1000K) + \Delta G_3$$

所以

$$\Delta_r G_{m,T,p}(1000K) = \Delta_r G_{m,T,p}(298K) - (\Delta G_1 + \Delta G_2 + \Delta G_3)$$

式中,ΔG_1、ΔG_2 和 ΔG_3 是物理变化过程的自由能增量,求得它们的数值后,就可计算 1000K 下反应的自由能增量。

【例 2-15】 如果以下气体反应的各组分的分压分别为 p_A、p_B、p_M,反应始态和终态都是非混合的状态。试讨论反应的 $\Delta_r G_m$。

$$2A + B = M$$

解　利用状态函数法分析。

p_A压力的2A ＋ p_B压力的B $\xrightarrow{\Delta_r G_m}$ p_M压力的M

ΔG_A（↓）　ΔG_B（↓）　ΔG_M（↑）

$p^\ominus$压力的2A ＋ $p^\ominus$压力的B $\xrightarrow{\Delta_r G_m^\ominus}$ $p^\ominus$压力的M

从上图容易看出

$$\Delta_r G_m = \Delta_r G_m^\ominus + (\Delta G_A + \Delta G_B + \Delta G_M)$$

式中,ΔG_A、ΔG_B 和 ΔG_M 为物理过程的自由能增量。

若反应温度为 T

$$\Delta G_A = \int_{p_A}^{p^\ominus} V\mathrm{d}p = \int_{p_A}^{p^\ominus} \frac{2RT}{p}\mathrm{d}p = RT\ln\left(\frac{p^\ominus}{p_A}\right)^2$$

$$\Delta G_B = RT\ln\frac{p^\ominus}{p_B}$$

$$\Delta G_M = RT\ln\frac{p_M}{p^\ominus}$$

所以

$$\Delta_r G_m = \Delta_r G_m^\ominus + RT\ln\frac{p_M/p^\ominus}{(p_A/p^\ominus)^2 p_B/p^\ominus} \tag{2-27}$$

可见,反应的 $\Delta_r G_m$ 与各组分的分压有关。

2.3.2.3　反应组分浓度对 $\Delta_r G_m$ 的影响

用 $\Delta_f G_m^\ominus(\mathrm{i})$计算所得的 $\Delta_r G_m^\ominus$ 是反应组分都处于纯净状态时的反应自由能增量。实际所要讨论的反应,反应物和生成物往往处于混合的状态,所以反应 $\Delta_r G_m$ 计算时,需要考虑混合的因素。

以下根据状态函数法的思想,考虑反应组分的混合对反应 $\Delta_r G_m$ 有什么影响。

纯净 A ＋ 纯净 B $\xrightarrow{\Delta_r G_m(纯净)}$ 纯净 M ＋ 纯净 N

ΔG_1（↓）　ΔG_2（↑）

混合的 A 与 B $\xrightarrow{\Delta_r G_m}$ 混合的 M 与 N

显然　$$\Delta_r G_m = \Delta_r G_m(纯净) - (\Delta G_1 + \Delta G_2)$$

式中,ΔG_1 和 ΔG_2 分别是混合过程和分离过程的自由能增量。

可以想像,混合物中组分的浓度(分压)与 ΔG_1 和 ΔG_2 的数值有关,因而与反应 $\Delta_r G_m$ 有关。

以下用反应箱(图 2－5)来说明混合物浓度对反应 $2A + B \longrightarrow M$ 的 $\Delta_r G_m$ 的

影响。

图 2-5 中反应箱与气缸之间用三个想像的半透膜隔开，三个半透膜分别允许气体 A、B、M 的分子自由通行，但不允许其他分子通过。

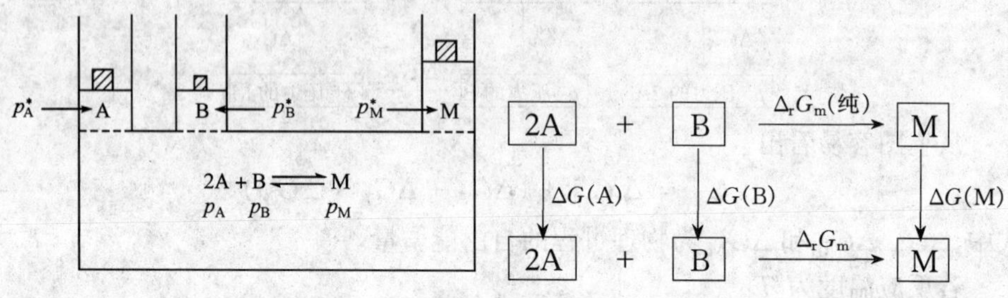

图 2-5 反应箱

设反应箱中反应组分 A、B、M 的分压分别为 p_A、p_B、p_M。移动气缸的活塞调节气缸内气体的压力，使与反应箱中气体的分压分别相同。这样，气缸 A 中气体与反应箱混合物中的气体 A 平衡，A 从气缸进入反应箱过程的 $\Delta G(A)=0$。同样，$\Delta G(B)=0$，$\Delta G(M)=0$。所以

$$\Delta_r G_m = \Delta_r G_m(\text{纯})$$

根据例 2-15 可知，

$$\Delta_r G_m = \Delta_r G_m^{\ominus} + RT\ln \frac{p_M/p^{\ominus}}{(p_A/p^{\ominus})^2 p_B/p^{\ominus}} \tag{2-28}$$

式(2-28)给出了一个重要的结论，对于反应组分混合在一起的体系，反应的自由能增量 ΔG 与各反应组分的分压(浓度)有关。

需要注意，对于指定的反应而言，式(2-28)中的 $\Delta_r G_m^{\ominus}$ 只与温度有关；当温度确定以后，$\Delta_r G_m^{\ominus}$ 就是一个常数。

2.4 化学平衡

2.4.1 平衡常数

自由能判据式(2-23)不仅可以判断化学反应自发进行的方向，还能用来说明化学平衡的特征。

对于混合气体的反应

$$2A(p_A) + B(p_B) \longrightarrow M(p_M)$$

括号中的 p_A、p_B、p_M 表示 A、B、M 的分压，反应的自由能增量如式(2-28)所示。

根据自由能判据，如果该反应在恒温恒压条件下进行，而且没有非体积功，那么，当反应达到平衡状态时

$$\Delta_r G_m = 0$$

$$RT\ln\left[\frac{p_M/p^\ominus}{(p_A/p^\ominus)^2 p_B/p^\ominus}\right]_e = -\Delta_r G_m^\ominus \tag{2-29a}$$

所以

$$\ln\left[\frac{p_M/p^\ominus}{(p_A/p^\ominus)^2 p_B/p^\ominus}\right]_e = -\frac{\Delta_r G_m^\ominus}{RT} \tag{2-29b}$$

$$\left[\frac{p_M/p^\ominus}{(p_A/p^\ominus)^2 p_B/p^\ominus}\right]_e = \exp\left(-\frac{\Delta_r G_m^\ominus}{RT}\right) \tag{2-29c}$$

因为对于所讨论的指定反应，$\Delta_r G_m^\ominus$ 只与温度有关，所以在确定的温度下，$\exp\left(-\frac{\Delta_r G_m^\ominus}{RT}\right)$是一个常数，用符号 $K(T)$表示，称为反应的平衡常数，即

$$\exp\left(-\frac{\Delta_r G_m^\ominus}{RT}\right) = K(T) \tag{2-30}$$

所以，当反应体系达到平衡状态时，各反应组分分压的反应计量系数方次的比值为常数，即

$$\left[\frac{p_M/p^\ominus}{(p_A/p^\ominus)^2 (p_B/p^\ominus)}\right]_e = K(T) \tag{2-31}$$

一般地，反应 $a\mathrm{A} + b\mathrm{B} = m\mathrm{M} + n\mathrm{M}$ 达到平衡时

$$\left[\frac{\left(\frac{p_M}{p^\ominus}\right)^m \left(\frac{p_N}{p^\ominus}\right)^n}{\left(\frac{p_A}{p^\ominus}\right)^a \left(\frac{p_B}{p^\ominus}\right)^b}\right]_e = K(T) \tag{2-32}$$

以上各式中下标 e 表示平衡(equilibrium)，强调该处的压力为体系达到平衡状态时的压力。

按照式(2－32)定义的反应平衡常数是一个量纲为 1 的物理量。

【例 2－16】 如果反应组分中既有固体又有气体，试讨论反应平衡常数。

解　以碳酸钙分解反应为例。

$$\boxed{CaCO_3(s)} \xrightarrow{\Delta_r G_m^\ominus} \boxed{CO_2(g)} + \boxed{CaO(s)} \quad (\text{体系压力为 } p^\ominus)$$

ΔG_1（↑）　ΔG_2（↓）　ΔG_3（↓）

$$\boxed{CaCO_3(s)} \xrightarrow{\Delta_r G_m} \boxed{CO_2(g)} + \boxed{CaO(s)} \quad (\text{体系压力为 } p)$$

$$\Delta_r G_m = \Delta_r G_m^\ominus + \Delta G_1 + \Delta G_2 + \Delta G_3$$

$$\Delta G_2 = \int_{p^\ominus}^{p} V_2 \mathrm{d}p = \int_{p^\ominus}^{p} \frac{RT}{p} \mathrm{d}p = RT\ln\frac{p}{p^\ominus}$$

与反应组分中的气态物质相比,固态物质的体积 V_1、V_3 很小,ΔG_1、ΔG_3 可忽略。所以

$$\Delta_r G_m = \Delta_r G_m^\ominus + RT\ln\frac{p}{p^\ominus}$$

反应平衡时

$$\Delta_r G_m = \Delta_r G_m^\ominus + RT\ln\left(\frac{p}{p^\ominus}\right)_e = 0$$

所以

$$\left(\frac{p}{p^\ominus}\right)_e = \exp\left(-\frac{\Delta_r G_m^\ominus}{RT}\right) = K(T) \tag{2-33}$$

可见,如果反应组分中包含了气体和纯凝聚态物质(固体、液体),则式(2-32)中只保留气体的分压。

对于溶液中的反应,式(2-32)中的分压用浓度 c 代替,标准压力 $p^\ominus$ 用标准浓度 $c^\ominus$ 代替。$c^\ominus$ 数值为 1 且具有浓度量纲,即

$$\left[\frac{\left(\frac{c_M}{c^\ominus}\right)^m\left(\frac{c_N}{c^\ominus}\right)^n}{\left(\frac{c_A}{c^\ominus}\right)^a\left(\frac{c_B}{c^\ominus}\right)^b}\right]_e = K(T) \tag{2-34}$$

2.4.2 反应自发进行的方向

以反应 $2A + B \longrightarrow M$ 为例,讨论反应自发进行的方向问题。不做非体积功的恒温恒压化学反应,自发地朝着自由能减少的方向进行,即

$$\Delta_r G_m = \Delta_r G_m^\ominus + RT\ln\frac{p_M/p^\ominus}{(p_A/p^\ominus)^2 p_B/p^\ominus} < 0$$

因为

$$\Delta_r G_m^\ominus = -RT\ln\left[\frac{p_M/p^\ominus}{(p_A/p^\ominus)^2 p_B/p^\ominus}\right]_e$$

所以

$$\ln\left[\frac{p_M/p^\ominus}{(p_A/p^\ominus)^2(p_B/p^\ominus)}\right] - \ln\left[\frac{p_M/p^\ominus}{(p_A/p^\ominus)^2(p_B/p^\ominus)}\right]_e < 0$$

我们已经有

$$\left[\frac{p_M/p^\ominus}{(p_A/p^\ominus)^2(p_B/p^\ominus)}\right]_e = K(T) \tag{2-31}$$

其中分压是平衡状态的数值。对于一般状态的反应体系,再定义

$$\left[\frac{p_M/p^\ominus}{(p_A/p^\ominus)^2(p_B/p^\ominus)}\right] = Q(T) \tag{2-35}$$

式(2-35)中没有下标,表示体系未必已达平衡。所以反应自发进行时

$$Q(T) < K(T) \tag{2-36}$$

反应达到平衡时

$$Q(T) = K(T)$$

以上结论意味着,反应组分分压(浓度)的计量系数次方的比值小于平衡常数时,反应朝着生成产物的方向自发进行;当二者相等时,反应达到平衡,体系达到平衡状态。

所以,化学发应自发地朝着平衡的方向进行;平衡常数表示了自发反应进行的限度。

【例2-17】 如果混合气体中三组分的分压都为 $p^\ominus$,试讨论298K时以下体系中反应自发进行的方向。

$$2H_2(g) + O_2(g) == 2H_2O(g)$$

解 先查表(附录Ⅲ)求 $\Delta_r G_m^\ominus(298K) = -457kJ \cdot mol^{-1}$,则

$$\ln K(298K) = \frac{-\Delta_r G_m^\ominus(298K)}{RT} = \frac{457 \times 1000}{8.314 \times 298} = 184.45$$

$$K(298K) = 1.24 \times 10^{80}$$

$$Q(298K) = 1$$

$$Q(298K) \ll K(298K)$$

所以反应朝正方向进行。

2.4.3 温度对反应平衡常数的影响

根据式(2-30),反应平衡常数可从反应的 $\Delta_r G_m^\ominus$ 计算得到。

$$\Delta_r G_m^\ominus = -RT\ln K(T) \tag{2-37}$$

【例2-18】 根据附录Ⅲ中标准生成自由能数据,计算298K时甲醇合成反应的平衡常数 $K(298K)$。

$$CO(g) + 2H_2(g) == CH_3OH(g)$$

解 查表可得各组分的 $\Delta_f G_m^\ominus(i)$如下

$$\Delta_f G_m^\ominus[CO(g)] = -137.15kJ \cdot mol^{-1}$$

$$\Delta_f G_m^\ominus[H_2(g)] = 0$$

$$\Delta_f G_m^{\ominus}[CH_3OH(g)] = -162.0 kJ \cdot mol^{-1}$$

所以

$$\Delta_r G_m^{\ominus} = -162.0 - (-137.15) = -24.85 kJ \cdot mol^{-1}$$

$$-RT\ln K(T) = -24\ 850$$

所以

$$K(298K) = \exp\left(\frac{-24\ 850}{-8.314 \times 298}\right) = 2.27 \times 10^4$$

反应的 $\Delta_r G_m^{\ominus}$ 与温度有关,在例 2 - 14 中我们已经看到温度如何影响化学反应平衡常数 $K(T)$。如果具体计算出例 2 - 14 中物理过程的 ΔG,就可以得到平衡常数 $K(T)$与温度 T 的具体函数关系。

对于一般的化学反应,可以证明

$$\frac{d\ln K(T)}{dT} = \frac{\Delta_r H_m^{\ominus}}{RT^2} \quad (2-38)$$

式中,$\Delta_r H_m^{\ominus}$ 是反应的标准焓变。

若把 $\Delta_r H_m^{\ominus}$ 看成常数,则容易由式(2 - 38)得

$$\ln\frac{K(T_2)}{K(T_1)} = -\frac{\Delta_r H_m^{\ominus}}{R}\left(\frac{1}{T_2} - \frac{1}{T_1}\right) \quad (2-39)$$

根据式(2 - 39),可以计算不同温度下的反应平衡常数,也可以计算反应标准焓变。

【例 2 - 19】 已知

$$N_2(g) + 3H_2(g) \rightleftharpoons 2NH_3(g)$$

$\Delta_r H_m^{\ominus} = -92.2 kJ \cdot mol^{-1}$,$K(298K) = 6.2 \times 10^5$。求合成氨反应在 473K、673K 的平衡常数各是多少?

解 根据式(2 - 39),当 $T = 473K$ 时,有

$$\ln\frac{K(473K)}{6.2 \times 10^5} = +\frac{-92.2 \times 10^3}{8.314}\left(\frac{1}{298} - \frac{1}{473}\right) = -13.768$$

$$K(473K) = 0.62$$

当 $T = 673K$ 时,有

$$\ln\frac{K(673K)}{6.2 \times 10^5} = \frac{-92.2 \times 10^3}{8.314}\left(\frac{1}{298} - \frac{1}{673}\right) = -20.735$$

$$K(673K) = 0.00061$$

从式(2 - 38)容易看出,如果 $\Delta_r H_m^{\ominus} > 0$,即标准状态下的反应是吸热反应,则$\frac{d\ln K}{dT} > 0$,所以,温度升高反应平衡常数增大。如果标准状态下的反应是放热的,温度升高反应平衡常数减小。这就意味着:升温有利于吸热反应;降温有利于放热反应。

式(2 - 38)和饱和蒸气压公式(1 - 5)有着相同的形式。如果把蒸发和冷凝过

程当作正逆方向的化学反应

$$液体 \rightleftharpoons 气体$$

饱和蒸气压显然就是平衡常数，而蒸发焓对应了反应焓，所以二者有相似的形式。

2.5　电离平衡和沉淀溶解平衡

前面已经介绍了化学平衡的一般规律，本节将依次讨论发生在溶液中的电离平衡、溶解平衡这两类特殊的化学平衡。

2.5.1　电离平衡

电离平衡反应在液相中进行，所以压力对反应的影响可以忽略；又由于反应热效应小，平衡常数随温度的变化也可以不考虑。所以，一般只讨论电解质浓度对平衡的影响。

2.5.1.1　水的电离平衡

水是我们最常用的重要溶剂，因此必须先了解水本身的电离问题。实验研究表明，纯水有微弱的导电性，说明水是一个很弱的电解质，有

$$H_2O + H_2O \rightleftharpoons H_3O^+ + OH^-$$

根据化学平衡的一般规律，我们可以通过该电离反应的 $\Delta_r G_m^\ominus(T)$ 计算水在一定温度(T)下的电离平衡常数 $K(T)$。

	$H_2O(l)$	+ $H_2O(l)$	$\rightleftharpoons H_3O^+(aq)$	+ $OH^-(aq)$
$\Delta_f G_m^\ominus(298K)/(kJ\cdot mol^{-1})$	-237.19	-237.19	-237.19	-157.29

$$\Delta_r G_m^\ominus(298K) = 79.90 kJ\cdot mol^{-1}$$

$$\lg K = -\frac{\Delta_r G_m^\ominus}{2.303RT} = \frac{-79.90\times 1000}{2.303\times 8.314\times 298} = -14.00$$

即

$$K = K_w = [H_3O^+][OH^-] = 1.0\times 10^{-14}$$

水的电离是吸热反应，温度越高，K_w(水的离子积常数)值越大，但 K_w 随温度变化不明显(表 2-1)。为了方便，一般在室温工作时，就采用 $K_w = 1.0\times 10^{-14}$。

表 2-1　不同温度下水的离子积常数

$t/℃$	0	10	24	50	100
K_w	1.139×10^{-15}	2.920×10^{-15}	1.000×10^{-14}	5.474×10^{-14}	5.5×10^{-14}

2.5.1.2　弱酸、弱碱的电离平衡

对于一元弱酸、弱碱的电离平衡，根据弱酸、弱碱的起始浓度及其电离平衡常数(表 2-2)，就可以计算溶液中[H_3O^+]或[OH^-]。

表 2-2　一些弱电解质在水溶液中的解离常数

酸	温度 t/℃	K_a	pK_a
亚硫酸 H_2SO_3	18	$(K_{a_1})1.54\times10^{-2}$	1.81
	18	$(K_{a_2})1.02\times10^{-7}$	6.91
磷酸 H_3PO_4	25	$(K_{a_1})7.52\times10^{-3}$	2.12
	25	$(K_{a_2})6.25\times10^{-8}$	7.21
	18	$(K_{a_3})2.2\times10^{-13}$	12.67
亚硝酸 HNO_2	12.5	4.6×10^{-4}	3.37
氢氟酸 HF	25	3.53×10^{-4}	3.45
甲酸 HCOOH	20	1.77×10^{-4}	3.75
乙酸 CH_3COOH	25	1.76×10^{-5}	4.75
碳酸 H_2CO_3	25	$(K_{a_1})4.30\times10^{-7}$	6.37
	25	$(K_{a_2})5.61\times10^{-11}$	10.25
氢硫酸 H_2S(溶于水)	18	$(K_{a_1})9.1\times10^{-8}$	7.04
	18	$(K_{a_2})1.1\times10^{-12}$	11.96
次氯酸 HClO	18	2.95×10^{-8}	7.53
硼酸 H_3BO_3	20	$(K_{a_1})7.3\times10^{-10}$	9.14
氢氰酸 HCN	25	4.93×10^{-10}	9.31
碱		K_b	pK_b
氨 NH_3	25	1.77×10^{-5}	4.75

【例 2-20】　计算常温下 0.10mol·L^{-1}乙酸(HAc)水溶液的酸度。

解　HAc 的电离反应为

$$HAc + H_2O \rightleftharpoons H_3O^+ + Ac^-$$

平衡时的浓度　　$0.10-x$　　x　　x

查表得

$$K_a=\frac{[H_3O^+][Ac^-]}{[HAc]}=1.76\times10^{-5}$$

故

$$\frac{x\times x}{0.10-x}=1.76\times10^{-5}$$

得

$$[H_3O^+]=x=1.30\times10^{-3}\text{mol}\cdot\text{L}^{-1}$$

说明：[H_3O^+]应包括 HAc 电离出的 H_3O^+ 浓度加上 H_2O 电离出的 H_3O^+ 浓度，在弱酸溶液中，H_2O 电离出的 H_3O^+ 可以忽略不计。

【例 2-21】　将 2.45g 固体 NaCN 配制成 500mL 水溶液，计算此溶液的

$[OH^-]$。(已知 HCN 的 $K_a = 4.93\times10^{-10}$)

解　在水溶液中,NaCN 的浓度为$\dfrac{2.45}{49\times0.5}=0.10(mol\cdot L^{-1})$

其电离反应为

$$CN^- + H_2O \rightleftharpoons OH^- + HCN$$

平衡时的浓度　　$0.10-x$　　　　x　　x

$$K_b = \frac{[OH^-][HCN]}{[CN^-]} = \frac{[H_3O^+][OH^-][HCN]}{[H_3O^+][CN^-]}$$

$$= \frac{K_w}{K_a} = \frac{1.0\times10^{-14}}{4.93\times10^{-10}} = 2.0\times10^{-5}$$

$$\frac{x\times x}{0.10-x} = 2.0\times10^{-5}$$

得

$$[OH^-] = x = 1.40\times10^{-3}\,mol\cdot L^{-1}$$

对于多元弱酸、弱碱,它们在水溶液中的电离是分步进行的。例如,三元弱酸 H_3PO_4 的电离分三步进行:

$$H_3PO_4 + H_2O \rightleftharpoons H_3O^+ + H_2PO_4^-,\ K_{a_1} = \frac{[H_3O^+][H_2PO_4^-]}{[H_3PO_4]} = 7.52\times10^{-3}$$

$$H_2PO_4^- + H_2O \rightleftharpoons H_3O^+ + HPO_4^{2-},\ K_{a_2} = \frac{[H_3O^+][HPO_4^{2-}]}{[H_2PO_4^-]} = 6.23\times10^{-8}$$

$$HPO_4^{2-} + H_2O \rightleftharpoons H_3O^+ + PO_4^{3-},\quad K_{a_3} = \frac{[H_3O^+][PO_4^{3-}]}{[HPO_4^{2-}]} = 2.2\times10^{-13}$$

由 H_3PO_4 的电离常数值可知,第二步电离远比第一步电离困难($K_{a_2} \ll K_{a_1}$)。这是因为:首先,第二步电离要从已带 1 个负电荷的离子中再分离出 1 个正离子 H_3O^+,当然比从中性分子中电离出 1 个正离子 H_3O^+ 困难得多;其次,第一步已电离出一定浓度的 H_3O^+,在一定程度上阻碍了第二步的电离(即同离子效应,将在下面电离平衡的移动中讨论)。同理,第三步电离比前两步更加困难。在计算 $[H_3O^+]$ 时,可以仅考虑第一步电离。

【例 2-22】　试计算 $0.10mol\cdot L^{-1}$ Na_2S 溶液中 $[OH^-]$ 与 $[S^{2-}]$。

解　查表并计算可得

$$S^{2-} + H_2O \rightleftharpoons OH^- + HS^-,\ K_{b_1} = \frac{[OH^-][HS^-]}{[S^{2-}]} = \frac{K_w}{K_{a_2}} = \frac{1.0\times10^{-14}}{1.1\times10^{-12}} = 9.1\times10^{-3}$$

$$HS^- + H_2O \rightleftharpoons OH^- + H_2S,\ K_{b_2} = \frac{[OH^-][H_2S]}{[HS^-]} = \frac{K_w}{K_{a_1}} = \frac{1.0\times10^{-14}}{9.1\times10^{-8}} = 1.1\times10^{-7}$$

因为 $K_{b_1} \gg K_{b_2}$，计算时只考虑第一步电离

$$S^{2-} + H_2O \rightleftharpoons OH^- + HS^-$$

平衡时的浓度 $0.10 - x \qquad x \qquad x$

$$\frac{x^2}{0.10 - x} = 9.1 \times 10^{-3}$$

得

$$[OH^-] = x = 7.5 \times 10^{-2} \text{mol} \cdot L^{-1}$$
$$[S^{2-}] = 0.10 - 0.075 = 2.5 \times 10^{-2} \text{mol} \cdot L^{-1}$$

2.5.1.3 电离平衡的移动

在一定的条件下，电离达到了平衡，但当外界条件改变时，旧的平衡被破坏，经过分子或离子间的相互作用，在新的条件下建立新的电离平衡。

如前所述，离子反应是在液相中进行的，所以压力对反应的影响可以忽略；又由于反应热效应小，平衡常数随温度的变化也可以不考虑，如水的离子积常数随温度升高而基本不变(表 2-1)，所以一般只讨论离子浓度改变对平衡的影响。

在 $HAc + H_2O \rightleftharpoons H_3O^+ + Ac^-$ 已达到电离平衡的 HAc 水溶液中加入 NaAc 或强酸物质，平衡会因 $[Ac^-]$ 或 $[H_3O^+]$ 的大大增加而向左移动。这种往弱电解质溶液中加入具有共同离子的强电解质而使电离平衡向左移动，从而降低弱电解质电离度的现象，称为同离子现象。

【例 2-23】 试分别计算以下溶液中 $[HS^-]$ 及 H_2S 的电离度。

(1) $0.10 \text{mol} \cdot L^{-1}$ H_2S 水溶液。

(2) $0.10 \text{mol} \cdot L^{-1}$ H_2S 水溶液中加入 HCl 气体，使 HCl 的浓度为 $0.30 \text{mol} \cdot L^{-1}$。

解 (1)对于 $0.10 \text{mol} \cdot L^{-1}$ H_2S 水溶液，只考虑第一步电离。

设 $[HS^-] = x \text{mol} \cdot L^{-1}$

$$K_{a_1} = \frac{[H_3O^+][HS^-]}{[H_2S]} = 9.1 \times 10^{-8}$$

$$\frac{x^2}{0.10 - x} = 9.1 \times 10^{-8}$$

得

$$[HS^-] = x = 9.5 \times 10^{-5} \text{mol} \cdot L^{-1}$$

电离度

$$a_1 = \frac{9.5 \times 10^{-5}}{0.10} = 0.095\%$$

(2) 对于同时含 $0.10 \text{mol} \cdot L^{-1}$ H_2S 和 $0.30 \text{mol} \cdot L^{-1}$ HCl 的水溶液

设$[HS^-]=x\,mol·L^{-1}$,则

$$[H_3O^+]=x+0.30mol·L^{-1}$$

$$\frac{x\times(0.30+x)}{0.10-x}=9.1\times10^{-8}$$

$$[HS^-]=x=3.0\times10^{-8}mol·L^{-1}$$

电离度

$$a_2=\frac{3.0\times10^{-8}}{0.10}=3.0\times10^{-7}$$

从此例题可以看到,由于HCl的加入使$[H_3O^+]$的大大增加,导致了原H_2S溶液中的电离平衡向左移动。

2.5.2　沉淀溶解平衡

沉淀的形成与溶解是一类常见并实用的化学平衡。溶解平衡的研究内容是判断沉淀溶解反应自发进行的方向,以及沉淀溶解反应的程度。

2.5.2.1　沉淀溶解平衡常数——溶度积

在一定温度下,当沉淀和溶解速率相等时就达到沉淀溶解平衡。通过查得平衡式中各物质的$\Delta_f G_m^\ominus$,就可求得该沉淀溶解平衡的标准平衡常数K的数值。例如

$$AgCl(s)\rightleftharpoons Ag^+(aq)\ +\ Cl^-(aq)$$

$$\Delta_f G_m^\ominus(298K)/(kJ·mol^{-1})\quad -109.80\qquad 77.12\qquad -131.26$$

$$\Delta_r G_m^\ominus(298K)=55.66kJ·mol^{-1}$$

$$\ln K=\frac{-\Delta_r G_m^\ominus(298K)}{RT}=\frac{-55.66\times1000}{8.314\times298}=-22.465$$

$$K=K_{sp}=[Ag^+][Cl^-]=1.76\times10^{-10}$$

按照同样的方法,可求得其他难溶电解质的沉淀溶解平衡常数,并有以下公式

$$A_mB_n(s)\rightleftharpoons mA^{n+}(aq)+nB^{m-}(aq)\quad K_{sp}=[A^{n+}]^m[B^{m-}]^n\tag{2-40}$$

通式(2-40)表示,在一定温度下,难溶电解质在其饱和溶液中各离子浓度幂的乘积是一个常数,这个常数称为该难溶电解质的溶度积,用符号K_{sp}表示。

2.5.2.2　沉淀的生成和溶解

按照饱和溶液中离子浓度与溶度积(一些物质的溶度积见表2-3)的关系,可以对溶液中沉淀的生成、沉淀的溶解等问题做进一步的讨论。

例如,对

$$A_mB_n(s)\rightleftharpoons mA^{n+}(aq)\ +\ nB^{m-}(aq)$$

溶液中可能出现以下三种情况：

1) $[A^{n+}]^m[B^{m-}]^n = K_{sp}$ （$Q = K_{sp}$）

饱和溶液，沉淀与溶解处于平衡状态。

2) $[A^{n+}]^m[B^{m-}]^n > K_{sp}$ （$Q > K_{sp}$）

体系暂时处于非平衡状态，将有 A_mB_n(s)从溶液中沉淀出来，直至平衡为止。

3) $[A^{n+}]^m[B^{m-}]^n < K_{sp}$ （$Q < K_{sp}$）

体系暂时处于非平衡状态，将有 A_mB_n(s)溶解而进入溶液，直至达到平衡为止。

表 2-3　一些物质的溶度积 K_{sp}(25℃)

难溶电解质	K_{sp}	难溶电解质	K_{sp}
AgBr	5.35×10^{-13}	$Al(OH)_3$	2×10^{-33}
AgCl	1.77×10^{-10}	$BaCO_3$	2.58×10^{-9}
Ag_2CrO_4	1.12×10^{-12}	$BaSO_4$	1.07×10^{-10}
AgI	8.51×10^{-17}	$BaCrO_4$	1.17×10^{-10}
Ag_2S	6.69×10^{-50}(α 型)	CaF_2	1.46×10^{-10}
	1.09×10^{-49}(β 型)	$CaCO_3$	4.96×10^{-9}
Ag_2SO_4	1.20×10^{-5}	$Ca_3(PO_4)_2$	2.07×10^{-33}
$CaSO_4$	7.10×10^{-5}	$Mg(OH)_2$	5.61×10^{-12}
CdS	1.40×10^{-29}	$Mn(OH)_2$	2.06×10^{-13}
$Cd(OH)_2$	5.27×10^{-15}	MnS	4.65×10^{-14}
CuS	1.27×10^{-36}	$PbCO_3$	1.46×10^{-13}
$Fe(OH)_2$	4.87×10^{-17}	$PbCl_2$	1.17×10^{-5}
$Fe(OH)_3$	2.64×10^{-39}	PbI_2	8.49×10^{-9}
FeS	1.59×10^{-19}	PbS	9.04×10^{-29}
HgS	6.44×10^{-53}(黑)	$PbCO_3$	1.82×10^{-8}
	2.00×10^{-53}(红)	$ZnCO_3$	1.19×10^{-10}
$MgCO_3$	6.82×10^{-6}	ZnS	2.93×10^{-25}

【例 2-24】 根据溶度积判断在下列条件下能否有沉淀生成（不考虑体积变化）。

(1) 将 10mL $0.020mol\cdot L^{-1}$ $CaCl_2$ 溶液与等体积同浓度的 NaC_2O_4 溶液相混合。

(2) 在 $1.0mol\cdot L^{-1}$ $CaCl_2$ 溶液中通入 CO_2 气体至饱和。

解　(1) 由题

$$CaC_2O_4(s) \rightleftharpoons Ca^{2+}(aq) + C_2O_4{}^{2-}(aq)$$

$$Q=[Ca^{2+}][C_2O_4{}^{2-}]=0.010\times0.010=1.0\times10^{-4}$$

$$Q>K_{sp}(2.34\times10^{-9})$$

因此溶液中有 $CaC_2O_4(s)$沉淀析出。

(2) 饱和 CO_2 水溶液中

$$[CO_3{}^{2-}]=K_{a_2}=5.61\times10^{-11}mol\cdot L^{-1}$$

$$CaCO_3(s)\rightleftharpoons Ca^{2+}(aq)+CO_3{}^{2-}(aq)$$

$$Q=[Ca^{2+}][CO_3{}^{2-}]=1.0\times5.61\times10^{-11}=5.61\times10^{-11}$$

$$Q<K_{sp}(4.96\times10^{-9})$$

因此溶液中不会有 $CaCO_3(s)$沉淀析出。

习 题

1．理想气体等温可逆膨胀,体积从 V_1 膨胀到 $10V_1$,对外做功 41.85kJ,体系的起始压力为 202.65kPa,试求:

(1) 求 V_1。

(2) 若气体的量为 2mol,那么体系的温度为多少?

2．计算 1mol 理想气体在下列 4 个过程中所做的体积功。已知始态体积为 50L,终态体积为 100L;始态和终态温度均为 373K。试求:

(1) 等温可逆膨胀。

(2) 向真空膨胀。

(3) 在外压恒定为气体终态的压力下膨胀。

(4) 先在外压恒定为体积等于 75L 时气体的平衡压力下膨胀,当膨胀到 75L(此时温度仍为 100℃)以后,再在外压等于 100L 时的气体的平衡压力下膨胀。

3．根据第 212 页所给数据,计算反应 $CaCO_3(s)=CaO(s)+CO_2(g)$

(1) 在 298.15K 时的标准摩尔熵变 $\Delta_r S_m^{\ominus}$;

(2) 在 400K 时的标准摩尔熵变 $\Delta_r S_m^{\ominus}$。

[已知 $C_{p,m}$/J·mol^{-1}·K^{-1}分别为:$CaCO_3(s)$81.88,$CaO(s)$42.80,$CO_2(g)$37.13]

4．有 273K、压力为 5×101 325Pa 的 N_2 2L,在外压 101 325Pa 下等温膨胀,直到 N_2 的压力也等于 101 325Pa 时为止。求反应过程中的 W、ΔU、ΔH 和 Q(假定气体为理想气体)。

5．已知 400K 时反应 $CaCO_3(s)=CaO(s)+CO_2(g)$的标准摩尔焓变为 $\Delta_r H_m^{\ominus}=178.4$ kJ·mol^{-1},结合第 3 题的结果,计算该反应在 400K 时的标准自由能增量 $\Delta_r G_m^{\ominus}$。

6．今有 2mol 某理想气体,其 $C_{V,m}=20.79$J·mol^{-1}·K^{-1},由 323K,100L 加热膨胀到 423K,150L,求体系的 ΔS。

7．PCl_5 的分解作用为

$$PCl_5(g)\rightleftharpoons PCl_3(g)+Cl_2(g)$$

在 523K、101 325Pa 下反应到达平衡后,测得平衡混合物的密度是 2.695×10^3g·m^{-3},试计算:

(1) $PCl_5(g)$的解离度。

(2) 该反应的 $K_p^\ominus$。

(3) 该反应的 $\Delta_r G_m^\ominus$。

8. 根据第 212 页所给数据,计算反应 $CaCO_3(s) \longrightarrow CaO(s) + CO_2(g)$

(1) 在 298.15K 的标准自由能增量 $\Delta_r G_m^\ominus$;

(2) 如果反应体系中 CO_2 气体的压力为 101.325Pa,计算在 298.15K 反应的自由能增量 $\Delta_r G_m$。

9. 计算 $0.060 mol \cdot L^{-1}$次氯酸(HClO)溶液中 H_3^+O 的浓度和次氯酸的解离度。

10. 已知氨水溶液的浓度为 $0.30 mol \cdot L^{-1}$。求:

(1) 该溶液中的 OH^- 浓度以及 pH。

(2) 在上述 100mL 溶液中加入 1.07g NH_4Cl 晶体(忽略体积变化),求所得溶液的 OH^- 浓度以及 pH。

(3) 比较前两步结果,说明了什么问题?

11. 根据 $Mg(OH)_2$ 的溶度积,计算(在 25℃时):

(1) $Mg(OH)_2$ 在水中的溶解度($mol \cdot L^{-1}$)。

(2) $Mg(OH)_2$ 在饱和溶液中的 Mg^{2+} 和 OH^- 离子的浓度。

(3) $Mg(OH)_2$ 在 $0.010 mol \cdot L^{-1}$ NaOH 溶液中 Mg^{2+} 和 OH^- 离子的浓度。

(4) $Mg(OH)_2$ 在 $0.010 mol \cdot L^{-1}$ $MgCl_2$ 溶液中的溶解度($mol \cdot L^{-1}$)。

12. 通过计算说明下列情况有无沉淀产生?

(1) 等体积混合 $0.010 mol \cdot L^{-1}$ $Pb(NO_3)_2$ 和 $0.010 mol \cdot L^{-1}$KI。

(2) 混合 20mL $0.050 mol \cdot L^{-1}$ $BaCl_2$ 溶液和 30mL $0.5 mol \cdot L^{-1}$ $NaCO_3$ 溶液。

(3) 在 100mL $0.010 mol \cdot L^{-1}$ $AgNO_3$ 溶液中加入 NH_4Cl 0.535g。

13. 将 $Pb(NO_3)_2$ 溶液与 NaI 溶液混合,设混合液中 $Pb(NO_3)_2$ 的浓度为 $0.20 mol \cdot L^{-1}$,试求:

(1) 当混合溶液中 I^- 浓度多大时开始有沉淀产生。

(2) 当混合溶液中 I^- 浓度为 $6.0 \times 10^{-2} mol \cdot L^{-1}$时,残留于溶液中的 Pb^{2+} 的浓度是多少?

14. 在 $0.50 mol \cdot L^{-1}$镁盐溶液中,加入等体积 $0.10 mol \cdot L^{-1}$的氨水,问能否产生 $Mg(OH)_2$ 沉淀?需要在每升氨水中加入多少克 NH_4Cl 才能恰好不产生 $Mg(OH)_2$ 沉淀?

第3章　化学动力学基础

化学热力学知识为我们提供了判断反应能否自发进行的依据，但是不能告诉我们反应进行的速率。事实上，热力学理论认为能够自发进行的反应，其真实的反应速率可能是非常缓慢的，甚至几乎是不能进行的。例如，在298K条件下，对于气体反应$O_2+2H_2 \xlongequal{} 2H_2O$，其$\Delta_r G_m^{\ominus}=-457kJ \cdot mol^{-1}$。据此我们可以判断反应是可以自发进行的。由于其化学反应平衡常数很大，可以认为达到平衡时H_2与O_2应基本上不存在了，即反应能进行得很彻底。但实际上，在常温常压条件下，将这两种气体进行混合，如果不点燃该混合气，放置几天也几乎看不到有水生成。

从实际应用的角度看，用热力学判断反应能否自发进行之后，还需要考虑该反应进行的速率。化学动力学就是研究反应速率的科学。

研究表明，大多数反应都是分步骤进行的，每步反应都有其自身的速率。一个反应总的速率，显然与该反应进行的步骤以及每步反应的速率相关。研究一个反应是由哪些步骤构成，即反应的机理，也是化学动力学的主要任务。

3.1　反应速率和反应动力学方程

3.1.1　反应速率的定义

反应的快慢可以定量地用反应速率（rate）表示。反应速率有两种不同的定义。

(1) 通常把反应速率r定义为，单位时间内单位体积中反应组分（反应物或者生成物）物质的量的改变值，即

$$r=\pm\frac{1}{V}\left(\frac{dn}{dt}\right) \tag{3-1a}$$

式(3-1a)中如果采用反应物的物质的量n，由于它是随时间增加而减少的，则dn数值为负。为了保证速率总是为正值，以上定义中的"±"号应该取"－"号；如果定义时采用生成物的物质的量n，定义式(3-1a)中的"±"号应该取"＋"号。

如果反应是恒容的，即V不改变，则式(3-1a)改变为

$$r=\pm\frac{1}{V}\left(\frac{dn}{dt}\right)=\pm\frac{\frac{dn}{V}}{dt}=\pm\frac{dc}{dt} \tag{3-1b}$$

式中，c为反应组分的浓度。

这时的定义可以表达成:反应速率是反应组分的浓度对时间导数的绝对值。

以下只讨论恒容反应的情况。除非有特别说明,讨论时都假设反应过程中体系的体积保持不变。

如果反应各组分的计量系数不相同,例如

$$aA = bB \qquad (a \neq b)$$

则当用不同组分物质的量的改变来表示反应速率时,所得到的速率数值将不相同。

$$r_A = -\frac{1}{V}\left(\frac{dn_A}{dt}\right)$$

$$r_B = \frac{1}{V}\left(\frac{dn_B}{dt}\right)$$

$$r_A \neq r_B$$

这是因为同样时间内反应组分 A 与 B 改变的物质的量并不相同。

容易证明,组分 A 的速率 r_A 与组分 B 的速率 r_B 满足以下关系

$$\frac{r_A}{a} = \frac{r_B}{b} \tag{3-2}$$

例如,对于 N_2O_5 的分解反应

$$N_2O_5 = N_2O_4 + \frac{1}{2}O_2$$

相同时间内,反应物 N_2O_5 与生成物 N_2O_4 和 O_2 的物质的量之比为 2:2:1。速率可以表示为

$$r_{N_2O_5} = -\frac{1}{V}\left(\frac{dn_{N_2O_5}}{dt}\right)$$

$$r_{N_2O_4} = \frac{1}{V}\left(\frac{dn_{N_2O_4}}{dt}\right)$$

$$r_{O_2} = \frac{1}{V}\left(\frac{dn_{O_2}}{dt}\right)$$

$$\frac{r_{N_2O_5}}{2} = \frac{r_{N_2O_4}}{2} = \frac{r_{O_2}}{1}$$

所以式(3-2)成立。

以上对反应速率的定义方法,虽然能使反应速率的物理意义比较明确,但反应速率的数值与所选择的反应组分有关,因此,在表示速率时必须指明,这是对哪一个反应组分而言的速率。显然,这不是一个很好的方法。

(2) 目前经常采用另一种速率的定义。对于以下反应

$$aA = bB$$

定义该反应的速率为

$$r=-\frac{1}{a}\left(\frac{1}{V}\right)\frac{\mathrm{d}n_{\mathrm{A}}}{\mathrm{d}t} \tag{3-3a}$$

或

$$r=\frac{1}{b}\left(\frac{1}{V}\right)\frac{\mathrm{d}n_{\mathrm{B}}}{\mathrm{d}t} \tag{3-3b}$$

根据式(3-2)容易看出,式(3-3a)与式(3-3b)的速率 r 是相同的。因此,这种速率定义的是整个反应的速率,对任何反应组分都是一致的。

以上(1)、(2)两种反应速率的定义各有长处。定性地讨论反应速率时,采用第一种定义比较合适;定量地讨论反应速率时,采用第二种定义比较恰当。

3.1.2　反应动力学方程

实验表明,反应速率与反应物的浓度有关,反应物浓度越大,反应速率越快。一般随着反应的进行,反应物浓度逐渐减少,生成物浓度逐渐增加(图 3-1),因此反应速率逐渐变慢。

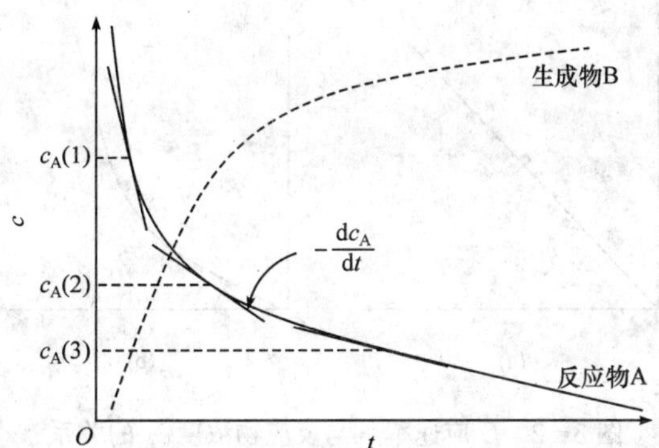

图 3-1　反应组分浓度随时间的变化

研究反应速率与反应组分浓度的关系,有重要的实际意义。例如,如果知道 A+B ══ P的反应速率与组分 A 浓度的 1 次方成正比,与组分 B 浓度的 3 次方成正比。那么,若把 A 浓度改变成原先的 2 倍,反应速率能提高到原先的 2 倍;把 B 浓度改变成原先的 2 倍,反应速率能提高到原先的 8 倍。通过这个简单例子可以看出,研究参与反应的各组分的浓度对反应速率的影响,对于控制调节反应速率是很有意义的。

我们先来定性地讨论反应速率与浓度的关系。

根据反应速率的定义式(3-1b),反应速率是浓度对时间导数的绝对值。在图 3-1 的曲线上,找到对应于某浓度的点,作曲线过该点的切线,切线斜率的绝对值就是该浓度下的反应速率。

通过图 3-1 可以明显看到,随着反应时间 t 的增加,曲线斜率的绝对值逐渐变小,即反应速率 r 逐渐变慢。由此可见,反应速率 r 是时间 t 的函数,也是反应物浓度 c 的函数,即

$$r = f(c)$$

反映反应速率 r 与浓度 c 关系的方程,称为反应动力学方程。

前面说过,化学动力学的任务之一是研究反应的速率,所以弄清楚反应速率 r 与反应物浓度 c 之间的具体函数关系是化学动力学主要的任务。

对于所要研究的化学反应

$$a\mathrm{A} = b\mathrm{B}$$

如果通过实验测得反应物 A 在不同时刻 t 的浓度 c_{A},就可以像图 3-1 那样用曲线表示 c_{A} 与 t 的关系;画出曲线在不同浓度时的切线,求得切线的斜率(绝对值)。这就可以得到不同浓度 c_{A} 时的反应速率 r。

根据以上所得到的反应速率与反应物浓度的数据,可以通过作图的方法直观地用曲线来表示反应速率 r 与反应物浓度 c_{A} 的关系(图 3-2)。

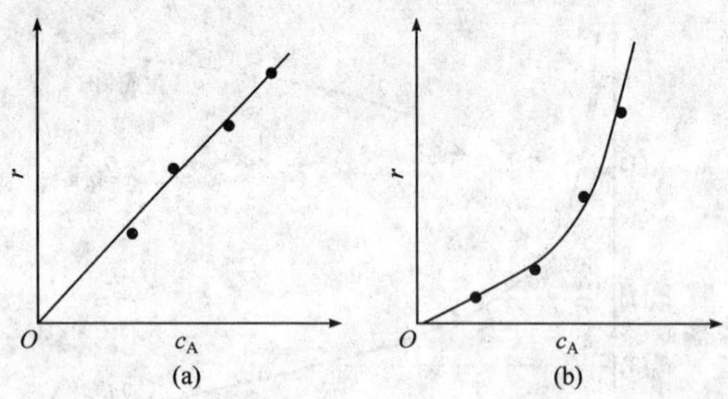

图 3-2 反应速率 r 与反应物浓度 c_{A} 的关系

图 3-2 中的曲线,也可以表示成函数形式。例如,图 3-2(a)中显示出反应速率 r 与反应物浓度 c_{A} 符合线性关系,所以 r 与 c_{A} 成正比,即

$$r = kc_{\mathrm{A}} \tag{3-4a}$$

或

$$-\frac{\mathrm{d}c_{\mathrm{A}}}{\mathrm{d}t} = kc_{\mathrm{A}} \tag{3-4b}$$

式中,k 为反应速率常数。

式(3-4a)和式(3-4b)是化学动力学方程,也称为反应速率方程。

式(3-4b)表示了反应速率与浓度的 1 次方成正比,这样的反应称为一级反应。

图3-2(b)的曲线显示了反应速率 r 与反应物浓度 c_A 的平方成正比,所以该反应的动力学方程的形式为

$$-\frac{dc_A}{dt}=kc_A^2 \tag{3-5}$$

式(3-5)表示了反应速率与浓度的2次方成正比,这样的反应称为二级反应。

一般来说,对于反应

$$aA+bB=\!=\!=mM+nN$$

如果动力学方程为

$$r_A=-\frac{dc_A}{dt}=kc_A^{\alpha}c_B^{\beta} \tag{3-6}$$

则称该反应的级数是 $\alpha+\beta$,也称反应对组分A是 α 级,对组分B是 β 级。

将式(3-4b)分离变量,得

$$\frac{dc_A}{c_A}=-k\,dt$$

将上式两边同时不定积分,得

$$\ln c_A=-kt+B \tag{3-7a}$$

或

$$c_A=e^Be^{-kt}=Ae^{-kt} \tag{3-7b}$$

一般对于反应速率方程

$$-\frac{dc_A}{dt}=f(c_A) \tag{3-8a}$$

分离变量后,得

$$\frac{dc_A}{f(c_A)}=-dt$$

两边同时不定积分并整理,可得

$$c_A=g(t) \tag{3-8b}$$

式(3-8a)表示了反应速率与浓度的关系,称为反应速率方程。因为该方程中含有导数,所以是一个微分形式的动力学方程。式(3-8b)表示了浓度与时间的关系,可由速率方程积分得到,所以称为积分形式的动力学方程。

数学上称含有导数的方程为微分方程,式(3-8a)就是一个微分方程。对这个微分方程进行变量分离,然后方程两边同时积分,求得反应物浓度 c_A 与时间 t 的函数关系。这一数学过程,称为解微分方程。微分方程的解通常是一个函数式,而不是一个具体的数值。

在化学动力学的研究中,需要先设法弄清楚式(3-8a)中的函数 $f(c_A)$ 的具体

形式,然后才能够求得式(3-8b)中函数 $g(t)$ 的具体形式,这样就可以回答"反应进行了时间 t 后反应物 A 的浓度还剩多少"这类问题。

3.1.3 反应机理的概念

研究表明,大多数化学反应都包含了多个反应步骤。例如,反应

$$H_2 + Cl_2 = 2HCl$$

是由以下这些反应步骤构成的

$$Cl_2 = Cl\cdot + Cl\cdot$$

$$Cl\cdot + H_2 = HCl + H\cdot$$

$$H\cdot + Cl_2 = HCl + Cl\cdot$$

……

反应机理是指反应是由哪些步骤构成的,或者说反应在完成的过程中经过了怎样的历程。所以,反应机理又称反应历程。

对于由多个步骤构成的"总反应",每一步骤的反应速率都会影响总反应的速率。例如,在某一步骤的速率特别慢的情况下,总反应的速率肯定也是很慢的。

化学动力学研究反应速率的目的之一,一般是希望加快反应速率,在短时间内获得更多的产物。研究反应机理,了解反应的历程,并研究其中哪些反应步骤进行得特别慢,可以帮助人们设法提高总反应的速率。所以,反应机理的研究是化学动力学的另一个重要任务。

反应机理的研究涉及反应中间产物的检测。反应的最终产物往往性质稳定,允许人们有足够的时间去分析它们。但是反应中间产物,如上述合成 HCl 反应中的 Cl 原子和 H 原子,它们的化学性质通常比较活泼,在反应体系中的含量又比较低,分析检测它们一般比较困难。

对于那些一步就能完成的化学反应,我们称之为基元反应。大多数反应都不是一步就可以完成的,它们都是非基元反应。

研究非基元反应的反应机理,就是希望通过中间产物等的检测来推测反应是由哪些基元反应构成的。

需要指出的是,基元反应只是在目前的认识水平上认为是一步完成的反应。随着认识的深入,某些现在认定的基元反应,将来完全有可能被证实为非基元反应。

3.2 具有简单级数的反应的动力学方程

3.2.1 具有简单级数的反应

化学动力学要解决的一个基本问题是,如何知道经过了一段时间以后,生成物

的浓度将会达到多少，反应物浓度将会降低到多少。这就需要通过解类似以下的微分方程

$$-\frac{dc_A}{dt}=f(c_A)$$

而求得反应组分的浓度与时间的关系 $c_A=g(t)$，根据该函数关系来确定不同时刻的反应组分的浓度。

若微分方程中函数 $f(c_A)$的形式越简单，求解也就越容易。以下化学动力学的讨论将从简单的函数 $f(c_A)$开始。

如果反应的级数是正整数或零，就称作是具有简单级数的反应。

对于反应 A ══ B，如果速率方程为

$$r=kc_A^0=k \quad 或 \quad r=kc_A$$

上述反应就分别被称为是零级反应或者一级反应。零级反应和一级反应是化学动力学中最简单的反应。

根据基元反应的质量作用定律①可知，基元反应一般都是具有简单级数的反应，反应级数就等于反应物化学式系数之和。

但是，具有简单级数的反应并非都是基元反应。一些非基元反应也具有简单的反应级数。这时，反应级数不一定等于反应计量系数。

3.2.2　一级反应的反应动力学方程

反应的速率与反应物浓度的一次方成正比的反应被称为一级反应。例如，放射性元素 Ra(镭)的蜕变是一级反应

$$^{226}_{88}Ra \longrightarrow {}^{222}_{86}Rn+{}^{4}_{2}He$$

一般地，如果反应 A ══ P 是一级反应，则

$$-\frac{dc_A}{dt}=kc_A \tag{3-9}$$

分离变量后进行不定积分

$$\int\frac{dc_A}{c_A}=\int -k\,dt \tag{3-10}$$

得

$$\ln c_A=-kt+B \tag{3-11a}$$

在不同时刻 t 测量反应物的一系列浓度 c_A，然后以 $\ln c_A$ 的数值对时间 t 作图，可以得到一条直线。直线斜率的负值即为该反应的速率常数 k。这样，通过浓度和时间的测量可推算得到速率常数 k 的数值(k 的含义参看本章第 3.5.1 节)。

---

① 基元反应的速率与反应物浓度的计量系数次方的乘积成正比，这个规律称为质量作用定律。

式(3－11a)两边同时作以 e 为底的指数运算，得

$$c_A = e^B e^{-kt} = Ae^{-kt}$$

如果已知反应起始状态($t=0$ 时)，A 的初始浓度 $c_{A,0}=a$。将此条件代入上式，可求得 $A=a$，所以

$$c_A = ae^{-kt} \tag{3-11b}$$

这就是说，A 的浓度随时间指数式地发生改变。

A 的浓度减少到其初始浓度一半时所需要的时间，称为 A 的半衰期，用 $t_{1/2}$表示。根据式(3－11b)，当 $c_A=\dfrac{a}{2}$时

$$\frac{1}{2}a = ae^{-kt_{1/2}}$$

所以

$$t_{1/2} = \frac{\ln 2}{k} \tag{3-12}$$

由式(3－12)可见，一级反应的半衰期与反应物起始时的浓度无关。这就是说，无论反应开始时反应物的浓度为多少，其消耗掉一半所需要的时间是一样的。

对速率方程式(3－10)进行求解时，也可以采用定积分。

设 $t=0$ 时，$c_A=a$；$t=t$ 时，$c_A=a-x$，则

$$\int_a^{c_A} \frac{dc_A}{c_A} = \int_0^t -k\,dt \tag{3-13}$$

可以求得

$$\ln\left(\frac{c_A}{a}\right) = -kt \tag{3-14a}$$

$$\begin{aligned}\ln c_A &= -kt + \ln a \\ &= -kt + B\end{aligned} \tag{3-14b}$$

所以

$$c_A = ae^{-kt} \tag{3-14c}$$

以上采用定积分方法进行求解的结果与采用不定积分进行求解的结果完全相同。

需要指出，从速率方程式(3－9)容易看出，一级反应的速率常数 k 的量纲是(时间)$^{-1}$，若时间单位采用 s，则 k 的量纲为 s^{-1}。

如果已知某反应的速率常数 k 的量纲是(时间)$^{-1}$，这就意味着该反应是一级反应。

【例 3－1】 金属钚的同位素进行 β 衰变，经 14d 后，同位素的浓度降低了

6.85%。试求：

(1) 该同位素的衰变常数和半衰期。

(2) 若衰变达到 90.0%，需要经过多少时间？

解　(1)由题意知　　$x=6.85\%\quad a=100\%\quad t=14\mathrm{d}$

由 $\ln\left(\dfrac{a-x}{a}\right)=-kt$，得

$$k=0.005\,07\mathrm{d}^{-1}$$

$$t_{1/2}=\ln 2/k=136.7\mathrm{d}$$

(2) 由题意知　　$x=90.0\%\quad a=100\%$

由 $\ln\left(\dfrac{a-x}{a}\right)=-kt$，得

$$t=454.2\mathrm{d}$$

同位素衰变是一级反应。利用同位素衰变的化学动力学结论，可以推算古生物体遗骸的大致年代。

在地球环境中存在着 C 的同位素 ^{14}C 和 ^{12}C。地球在经历了长达数十亿年的漫长演变后，地壳和大气层中 ^{14}C 和 ^{12}C 含量的比值已经基本趋向恒定，即地球上碳元素中 ^{14}C 同位素的浓度已恒定不变。因此可以认为，今天地球上 ^{14}C 和 ^{12}C 含量的比值与几千年或几万年前是相同的。生物体活着的时候通过进食和呼吸，与周围环境不断地交换着碳元素，所以活的生物体内，^{14}C 和 ^{12}C 含量的比值与地壳中相同；无论在古代还是在今天，这个比值可以认为是相同的。但一旦生物体死亡，其与环境的物质交换立即停止，体内的碳元素也不再与外界进行交换。但是，^{14}C 同位素仍旧按一级反应的规律发生着衰变。所以，生物体遗骸内的 ^{14}C 含量将随着时间的推移逐渐减少。通过对生物体遗骸内 ^{14}C 含量的测定，结合一级反应动力学方程式(3-14)，容易推算生物遗骸的历史年代。

【例 3-2】　已知 ^{14}C 衰变的反应为一级反应，其半衰期 $t_{1/2}=5720\mathrm{a}$。考古发现某化石中 ^{14}C 含量下降了 89%，推算该化石的年代。

解　根据半衰期计算该一级反应的速率常数 k，根据式(3-12)可得

$$k=\frac{\ln 2}{t_{1/2}}=0.000\,12\mathrm{a}^{-1}$$

根据式(3-14a)，得

$$t=\frac{-\ln(1-0.89)}{k}=18\,000\mathrm{a}$$

3.2.3　二级反应的反应动力学方程

二级反应是常见的反应类型。常见的二级反应有两种不同的情况。

1) $nA \longrightarrow P$

如果反应是基元反应,则 $n=2$;如果不是基元反应,则 n 不一定等于 2。

对于该二级反应,反应速率方程为

$$r=-\frac{1}{n}\left(\frac{dc_A}{dt}\right)=kc_A^2 \tag{3-15}$$

分离变量并进行不定积分

$$\int\frac{dc_A}{c_A^2}=\int-nk\,dt$$

得

$$\frac{1}{c_A}=nkt+B$$

若反应起始时反应物 A 的浓度为 a,即 $t=0$ 时 $c_A=a$,则

$$B=\frac{1}{a}$$

所以

$$\frac{1}{c_A}=nkt+\frac{1}{a} \tag{3-16}$$

如果以$\frac{1}{c_A}$对 t 作图,可得到一条直线,根据直线斜率容易求得 k 值。

反应速率方程式(3-15),也可以用定积分进行求解,即

$$\int_a^{c_A}\frac{dc_A}{c_A^2}=\int_0^t-nk\,dt$$

得到的结果与式(3-16)相同。

从式(3-15)容易知道,二级反应速率常数 k 的量纲为[浓度]·[时间]$^{-1}$。

2) $A+B \longrightarrow P$

属于这种类型的化学反应式很多,如乙酸乙酯的皂化。这类反应的速率对反应物 A 和 B 的反应级数各为一级,总的反应级数是二级。

反应的速率方程为

$$-\frac{dc_A}{dt}=kc_Ac_B \tag{3-17a}$$

这一方程包含三个变量,c_A、c_B 和 t。需要简化成含两个变量的方程才能够求解。根据该反应中 A 与 B 计量系数相同的条件,容易简化该速率方程。

假设 $t=0$ 时,A 的浓度为 a,B 的浓度为 b;经过了 t 时间以后,假设有 x 浓度的 A 在反应中被消耗,由于 A 与 B 计量系数相同,所以 B 也有 x 浓度被消耗。因此,t 时刻 A 的浓度为 $a-x$,B 的浓度为 $b-x$,速率方程可表示为

$$r = -\frac{dc_A}{dt} = -\frac{d(a-x)}{dt} = k(a-x)(b-x) \quad (3-17b)$$

经变量分离,得

$$\frac{d(a-x)}{(a-x)(b-x)} = -k dt$$

两边进行不定积分

$$\int \frac{d(a-x)}{(a-x)(b-x)} = \int -k dt$$

得

$$\frac{1}{a-b}\ln\frac{a-x}{b-x} = kt + B \quad (3-18)$$

如果 A 和 B 的起始浓度相同,即 $a = b$,则

$$\int \frac{d(a-x)}{(a-x)^2} = \int -k dt \quad (3-19)$$

结果为

$$\frac{1}{a-x} = kt + B \quad (3-20)$$

根据初始条件,$t = 0$ 时,得 $x = 0$,容易求得积分常数 $B = \frac{1}{a}$。所以,式(3-20)可以表示为

$$\frac{1}{a-x} - \frac{1}{a} = kt \quad (3-21)$$

反应级数为二级的化学反应 A+B══P,如果让一种反应物的浓度远远超过另一种反应物的浓度,如 $c_A \gg c_B$,则在反应过程中 A 的浓度可近似地看成不变,即 c_A 近似为一常数。这时,反应速率仅与反应物 B 浓度的一次方成正比,近似地表现为一级反应。这样的反应称为准一级反应。

【例 3-3】 乙醛在 787K,体积一定的容器中发生分解反应,反应方程式如下:

$$2CH_3CHO(g) = 2CH_4(g) + 2CO(g)$$

现乙醛的起始压力 p_0 为 48.4kPa,经一定时间 t 后,容器内的总压力为 $p_{总}$,实验数据列于下表:

t/s	42	105	242	384	665	1070
$p_{总}$/kPa	52.9	58.3	66.3	71.6	78.3	83.6

试证明这个分解反应为二级反应。

证明 由题意知

$$2CH_3CHO(g) = 2CH_4(g) + 2CO(g)$$

$t=0$	p_0	0	0
$t=t$	p_0-p	p	p

由上面的关系知

$$p_{总} = p_0 + p$$

由于要求证明该反应为二级反应,所以可以把实验数据代入二级反应速率公式的积分式,只要证明由该关系式所推得的 k 为常数,即可得证,即

$$\frac{dp}{dt} = 2k_p(p_0-p)^2 = k'_p(p_0-p)^2$$

通过积分,得

$$k'_p = \left(\frac{1}{t}\right)\frac{p}{p_0(p_0-p)}$$

将不同时间时的值代入下表:

t/s	42	105	242	384	665	1070
$p_{总}$/kPa	52.9	58.3	66.3	71.6	78.3	83.6
p/kPa	4.5	9.9	17.9	23.2	29.9	35.2
$k'_p \times 10^5/(kPa^{-1}\cdot s^{-1})$	5.04	5.06	5.01	4.89	5.02	5.15

计算推得 $k'_p = 5.03\times10^{-5}kPa^{-1}\cdot s^{-1}$。因此证明该过程为二级反应。

【例 3-4】 在 308K 条件下测定乙酸乙酯皂化反应的速率。反应如下

$$CH_3COOC_2H_5 + OH^- = CH_3COO^- + C_2H_5OH$$

起始条件下碱和酯的浓度均为 $0.01mol\cdot L^{-1}$,反应过程中的碱的浓度用标准酸溶液滴定,其在不同时刻的浓度如下表所示

t/min	3	5	7	10	15	21	25
$[OH^-]\times10^3/(mol\cdot L^{-1})$	7.40	6.34	5.50	4.64	3.63	2.88	2.54

(1) 证明反应为二级反应,求速率常数 k。

(2) 若碱和乙酸乙酯的初始浓度均变为 $0.002mol\cdot L^{-1}$,试计算该反应完成95%时所需要的时间,以及反应的半衰期。

解 (1)若该反应为二级反应,根据式(3-21),以 $\frac{1}{a-x}$ 对 t 作图,应该为一条直线。t 和 $\frac{1}{a-x}$ 的具体数值列于下表:

t/min	3	5	7	10	15	21	25
$1/(a-x)$	135.1	157.7	181.8	215.5	275.5	347.2	393.2

通过上面数据作 $CH_3COOC_2H_5$ 分解数据图，得到一条直线，直线的方程为

$$\frac{1}{a-x}=11.78t+99.037$$

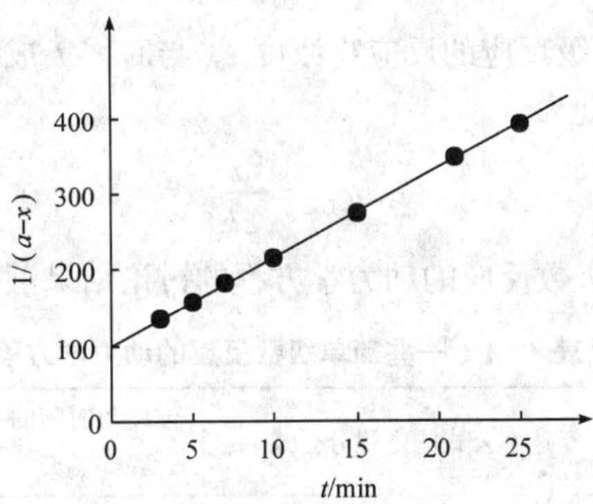

$CH_3COOC_2H_5$ 分解数据图

说明该反应确为一个二级反应。其斜率为 k_2，所以速率常数为 11.78 $L\cdot mol^{-1}\cdot min^{-1}$。

(2) 反应为二级，因此有 $\frac{y}{1-y}=k_2at$

$$t=\frac{1}{k_2a}\cdot\frac{y}{1-y}=\frac{1}{11.78\times0.002}\cdot\frac{0.95}{1-0.95}=806.7\text{min}$$

$$t_{1/2}=\frac{1}{k_2a}=\frac{1}{11.78\times0.002}=42.4\text{min}$$

3.2.4　零级反应的反应动力学方程

零级反应的反应速率与反应物浓度的零次方成正比，也就是说反应速率与反应物浓度无关。零级反应可能都是近似地表现为零级。例如，对于一个实际上为一级的反应，如果反应物浓度非常大，在有限的反应时间内反应物浓度可以几乎保持不变，这样，反应就可以近似地看成是零级反应。

这种现象常常在气体和固体的界面上发生。在以固体物质为催化剂的气体反应中，由于只有被吸附于固体催化剂表面的气体才能够发生反应，如果固体表面已经被气体分子完全吸附了，则无论怎样增加气体浓度也无法增加被吸附的气体分子的数量，也就不能改变反应速率，所以反应就表现为零级。

对于零级反应 A ══ P，反应速率方程为

$$-\frac{dc_A}{dt}=kc_A^0=k \tag{3-22}$$

分离变量并积分，可得

$$c_A=-kt+B$$

如果 A 的起始浓度为 a，则 $B=a$，所以

$$c_A=-kt+a \tag{3-23}$$

由式(3-23)知零级反应的反应物浓度 c_A 与时间 t 成线性关系。

零级反应的半衰期为

$$t_{1/2}=\frac{a}{2k} \tag{3-24}$$

现在把一些简单级数反应的动力学方程的讨论结果汇总于表 3-1 中。

表 3-1 一些简单级数反应的动力学方程

级数	反应类型	速率公式的定积分公式	浓度与时间的线性关系	半衰期 $t_{1/2}$	速率常数 k 的量纲
一级	A ⟶ P	$\ln\frac{a}{a-x}=k_1t$	$\ln\frac{a}{a-x}$-t	$\frac{\ln2}{k_1}$	[时间]$^{-1}$
二级	A+B ⟶ P $(a=b)$	$\frac{1}{a-x}-\frac{1}{a}=k_2t$	$\frac{1}{a-x}$-t	$\frac{1}{k_2a}$	[时间]$^{-1}$· [浓度]$^{-1}$
	A+B ⟶ P $(a\neq b)$	$\frac{1}{a-b}\ln\frac{b(a-x)}{a(b-x)}=k_2t$	$\ln\frac{b(a-x)}{a(b-x)}$-t	$t_{1/2}(A)\neq t_{1/2}(B)$	
三级	A+B+C ⟶ P	$\frac{1}{2}\left[\frac{1}{(a-x)^2}-\frac{1}{a^2}\right]=k_3t$	$\frac{1}{(a-x)^2}$-t	$\frac{2}{3}\left(\frac{1}{k_3a^2}\right)$	[时间]$^{-1}$· [浓度]$^{-2}$
零级	表面催化反应	$x=k_0t$	x-t	$\frac{a}{2k_0}$	[时间]$^{-1}$· [浓度]
n 级 $(n\neq1)$	S ⟶ P	$\frac{1}{n-1}\left[\frac{1}{(a-x)^{n-1}}-\frac{1}{a^{n-1}}\right]=kt$	$\frac{1}{(a-x)^{n-1}}$-t	$A\frac{1}{a^{n-1}}$	[时间]$^{-1}$· [浓度]$^{1-n}$

【例 3-5】 已知某反应为零级反应，检测反应物 A 的含量，发现 1h 后 A 物质还剩余初始量的 25%，试问 A 反应完全所需要的时间。

解 根据公式可得

$$k_0=\frac{1}{t}x=\frac{1}{t}ay=0.75a\,\text{h}^{-1}$$

$$\frac{0.75}{1}=\frac{1.0}{t}$$

所以

$$t=1.33\text{h}$$

【例 3-6】 已知某反应 $mA \longrightarrow nB$ 是一个简单反应，其动力学方程为：$-\dfrac{dc_A}{dt}=kc_A^m$，c_A 的单位是 $mol\cdot L^{-1}$，试求：

(1) k 的单位是什么？

(2) 当 $m=0$，$m=1$ 和 $m\neq1$ 时，分别求 k 的积分表达式。

解 (1)当时间的单位选用 s 的时候，由于方程中等号左右两侧的单位应该是一致的，可以得到下面的关系

$$(mol\cdot L^{-1})/s=k\cdot(mol\cdot L^{-1})^m$$

所以 k 的单位是 $s^{-1}\cdot L^{(m-1)}\cdot mol^{(1-m)}$。

(2) $m=0$ 时，根据动力学方程知 $-dc_A=kdt$，可得

$$-\int_{c_{A_0}}^{c_A}dc_A=\int_0^t kdt$$

则

$$k=\frac{1}{t}(c_{A_0}-c_A)$$

当 $m=1$ 时，$-\dfrac{dc_A}{c_A}=kdt$，得

$$-\int_{c_{A_0}}^{c_A}\frac{dc_A}{c_A}=\int_0^t kdt$$

则

$$k=\frac{1}{t}\ln\frac{c_{A_0}}{c_A}$$

当 $m\neq1$ 时，$-\dfrac{dc_A}{c_A^m}=kdt$，得

$$-\int_{c_{A_0}}^{c_A}\frac{dc_A}{c_A^m}=\int_0^t kdt$$

则

$$k=\frac{-1}{t(m-1)}(c_A^{1-m}-c_{A_0}^{1-m})$$

3.3　典型复杂反应的动力学

在上一节中我们讨论的都是具有简单级数的反应，实际的化学反应往往不是这么简单，它们无论从反应历程还是从反应动力学方程的形式看，都显得更为复

杂。实际的反应大多是复杂的反应,而与生命过程相关的化学反应更是难以想像的复杂。本节仅讨论几类具有代表性的复杂反应。大多数更为复杂的反应,包括生物体内一些复杂的生化反应,也可能是由这几种典型复杂反应组合而成的。

3.3.1　平行反应的动力学

平行反应即反应物同时平行地进行几个不同的反应,如

$$A+B\longrightarrow\begin{cases}\xrightarrow{k_1}C\\ \xrightarrow{k_2}D\end{cases}\tag{3-25}$$

A、B 生成 C 的反应和 A、B 生成 D 的反应是同时发生的两个独立的反应。

如果这两个反应都是对于 A 为一级、对于 B 也为一级的反应,可以得到以下的化学动力学方程。

设起始时 A、B 的浓度分别为 a、b,则在反应过程中各个物质的浓度可以表示如下。

	A	B	C	D
$t=0$	a	b	0	0
$t=t$	$a-x_1-x_2$	$b-x_1-x_2$	x_1	x_2
	$(a-x$	$b-x$	x_1	$x_2)$　其中 $x\equiv x_1+x_2$

因为反应式(3-25)是两个二级反应的叠加,根据方程式(3-17b),反应式(3-25)的速率方程应为

$$-\frac{\mathrm{d}(a-x)}{\mathrm{d}t}=k_1(a-x)(b-x)+k_2(a-x)(b-x)=(k_1+k_2)(a-x)(b-x)$$

式中,k_1 和 k_2 分别为两个二级反应的速率常数。

分离变量得

$$\frac{\mathrm{d}(a-x)}{(a-x)(b-x)}=-(k_1+k_2)\mathrm{d}t$$

即

$$\frac{\mathrm{d}x}{(a-x)(b-x)}=(k_1+k_2)\mathrm{d}t$$

$$\int_0^x\frac{\mathrm{d}x}{(a-x)(b-x)}=\int_0^t(k_1+k_2)\mathrm{d}t$$

积分结果为

$$\frac{1}{(a-b)}\ln\frac{b(a-x)}{a(b-x)}=(k_1+k_2)t$$

根据上式可以知道 t 时刻时 x 的数值,即 x_1+x_2 的值。如果测得产物中 C

和D物质的量浓度的比值 x_1/x_2，则可以知道任意 t 时刻的产物C的浓度 x_1 以及产物D的浓度 x_2。

【例3-7】 乙酸高温裂解可以得到乙烯酮，伴随着的副反应产生甲烷。

$$CH_3COOH \xrightarrow{k_1} CH_2=CO + H_2O$$

$$CH_3COOH \xrightarrow{k_2} CH_4 + CO_2$$

已知908K时，$k_1=4.65s^{-1}$，$k_2=3.74s^{-1}$。试计算：

(1) 反应掉99%的乙酸需要的时间。

(2) 908K时乙烯酮在产品中所占的百分率。如何提高选择性?

解 (1)这是一个平行反应

$$CH_3COOH \longrightarrow \begin{cases} \xrightarrow{k_1} CH_2=CO + H_2O \\ \xrightarrow{k_2} CH_4 + CO_2 \end{cases}$$

$t=0$ 时，甲烷与乙烯酮均为0。

$t=t$ 时，乙烯酮为 x_1，甲烷为 x_2，乙酸为 $a-x_1-x_2$。

由 k 的单位知道应该为一级平行反应，总反应速率方程为

$$-\frac{d[a-x_1-x_2]}{dt}=-\frac{d[a-x]}{dt}=\frac{dx}{dt}=(k_1+k_2)(a-x)$$

其中

$$x = x_1 + x_2$$

$$\int_0^x \frac{dx}{a-x} = \int_0^t (k_1+k_2)dt$$

$$\ln\frac{a}{a-x} = (k_1+k_2)t$$

当 $x=0.99a$ 时，代入得

$$\ln\frac{1}{1-0.99}=(4.65+3.74)t$$

所以

$$t=0.549s$$

(2) 由于产物的初始浓度均为0，则有

$$\frac{x_1}{x_2}=\frac{k_1}{k_2}=\frac{4.65}{3.74}$$

乙烯酮的百分含量为

$$\frac{x_1}{x_1+x_2}=\frac{k_1}{k_1+k_2}=\frac{4.65}{8.34}=55.4\%$$

要提高选择性必须提高 k_1 降低 k_2，一般可选择合适的温度或合适的催化剂。

3.3.2 对行反应的动力学

对行反应是正向、逆向同时进行的反应，就是平时常说的“可逆反应”（不是热力学中所说的可逆反应）。实际上绝大多数化学反应均为对行反应。

以下以一个正方向和逆方向都是一级反应的对行反应为例，简单讨论对行反应的化学动力学。

假设对于某对行反应 $A \rightleftharpoons B$，其正向和逆向都是一级反应，速率常数分别为 k_1 和 k_{-1}。如果反应起始时 A 的浓度为 a，B 的浓度为 0。由于 A 和 B 反应计量系数相同，该恒容反应过程中 A 和 B 的总浓度保持恒定。所以，反应过程中 A 和 B 的浓度可以表示为

	A	B
$t=0$	a	0
$t=t$	$a-x$	x

正向反应的速率为 $r_{正}=k_1(a-x)$

逆向反应的速率为 $r_{负}=k_{-1}x$

与平行反应相反，对行反应的速率应是正、逆两个反应速率的差，即

$$r_{总}=-\frac{d(a-x)}{dt}=k_1(a-x)-k_{-1}x \tag{3-26}$$

当反应达到平衡时，$r_{正}=r_{负}$，此时 A、B 的浓度若分别记为 $(a-x)_e$ 和 x_e，则

$$k_1(a-x)_e=k_{-1}x_e$$

所以

$$k_{-1}=k_1\frac{(a-x)_e}{x_e}=k_1\frac{a-x_e}{x_e}$$

将上式代入式(3-26)，整理后得

$$\frac{d(x_e-x)}{x_e-x}=-\frac{k_1 a}{x_e}dt$$

$$\int_0^x\frac{d(x_e-x)}{x_e-x}=\int_0^t-\frac{k_1 a}{x_e}dt$$

积分后得

$$\ln\frac{x_e}{x_e-x}=\frac{k_1 a}{x_e}t \tag{3-27}$$

由式(3-27)可以计算不同时刻 B 的浓度。

【例 3-8】 有某个正逆反应各为一级的对行反应

$$\text{D-R}_1\text{R}_2\text{R}_3\text{Br} \underset{k_{-1}}{\overset{k_1}{\rightleftharpoons}} \text{L-R}_1\text{R}_2\text{R}_3\text{Br}$$

两个反应的半衰期均为 10min，反应起始的 D-$R_1R_2R_3Br$ 的物质的量为 1.00mol，L-$R_1R_2R_3Br$ 为 0mol。试计算 10min 后，可以得到 L-$R_1R_2R_3Br$ 的物质的量是多少？

解

$$\text{D-R}_1\text{R}_2\text{R}_3\text{Br} \underset{k_{-1}}{\overset{k_1}{\rightleftharpoons}} \text{L-R}_1\text{R}_2\text{R}_3\text{Br}$$

$t=0\text{min}$	1.00	0
$t=10\text{min}$	$1.00-x$	x

$$\frac{dx}{dt}=k_1(1.00-x)-k_{-1}x$$

因为正、逆反应均为一级反应，且半衰期相同，因此有

$$k_1 = k_{-1} = k$$

$$k = \frac{\ln 2}{t_{1/2}} = \frac{0.693}{10} = 0.0693\text{min}^{-1}$$

$$\frac{dx}{dt} = k(1.00-2x)$$

$$\int_0^x \frac{dx}{1.00-2x} = \int_0^t k\,dt$$

$$\frac{-1}{2}\ln\frac{1.00-2x}{1.00} = kt$$

将 $k=0.0693\text{min}^{-1}$，$t=10\text{min}$ 代入上面的关系式，最后得到 $x=0.375\text{mol}$，即可以得到 L-$R_1R_2R_3Br$ 0.375mol。

3.3.3　连续反应的动力学

以下反应是一个典型而简单的连续反应

$$\text{A} \xrightarrow{k_1} \text{B} \xrightarrow{k_2} \text{C}$$

对于某反应，若第一个反应的生成物，是第二个反应的反应物，这种反应称为连续反应。

所有的复杂反应都是由若干基元反应组成的，一个基元反应的生成物，往往是另一基元反应的反应物，所以，由若干个基元反应组成的复杂反应，都是连续反应。可见，连续反应是很常见的典型的复杂反应。

以下用一个最简单的连续反应 A ⟶ B ⟶ C 为例，简单讨论连续反应的化学反应动力学问题。

假设反应起始时A的浓度为a,B和C的浓度都为零。反应过程中,A、B、C的浓度分别用x、y、z表示。前一反应的速率常数为k_1,后一反应的速率常数为k_2。

在该连续反应中,组分A为反应物,组分C为最终的生成物;组分B既是前一反应的生成物,同时又是后一反应的反应物。对于组分A而言,反应是一简单反应,对于组分C而言,反应也是一简单反应。它们的反应速率方程分别为

$$r_A = -\frac{dx}{dt} = k_1 x \tag{3-28}$$

$$r_C = \frac{dz}{dt} = k_2 y \tag{3-29}$$

对于组分B而言,反应是一复杂反应,该复杂反应的速率方程应为

$$r_B = \frac{dy}{dt} = k_1 x - k_2 y \tag{3-30}$$

作为简单的一级反应,方程式(3-28)的解为

$$x = a e^{-k_1 t} \tag{3-31}$$

将式(3-31)代入式(3-30),得

$$\frac{dy}{dt} + k_2 y = k_1 a e^{-k_1 t} \tag{3-32}$$

解式(3-32)的线性非齐次方程,可得

$$y = \frac{k_1 a}{k_2 - k_1}(e^{-k_1 t} - e^{-k_2 t}) \tag{3-33}$$

由于反应组分A、B、C的计量系数相同,反应过程中总的物质的量保持不变,即$x + y + z = a$,所以$z = a - x - y$,即

$$z = a - a e^{-k_1 t} - \frac{k_1 a}{k_2 - k_1}(e^{-k_1 t} - e^{-k_2 t}) \tag{3-34}$$

在该连续反应中,随着反应时间的增加,组分A的浓度显然是单调减少的,组分C的浓度显然是单调增加的。对于B而言,在反应开始阶段,B的浓度应该逐渐增加;在反应后期,B的浓度应该逐渐减少。因此在反应中期,将会出现一个B浓度的最大值。

如果组分B是我们的目标化合物(我们希望得到的产物),而后一反应是我们所不希望的副反应,我们应该了解什么时候组分B的浓度能达到最大值。组分B浓度何时最大的问题,是数学上求极值的问题。

对式(3-33)求一阶导数,当B达到最大值时,导数值为零,即

$$\frac{dy}{dt} = \frac{d\,\frac{k_1 a}{k_2 - k_1}(e^{-k_1 t} - e^{-k_2 t})}{dt} = 0$$

解以上方程,求得

$$t_{\max}=\frac{\ln k_2-\ln k_1}{k_2-k_1}$$

组分 B 浓度极大值 $y_{\max}$,读者可自行推算。

连续反应中各组分浓度随时间的变化规律如图 3-3 所示。

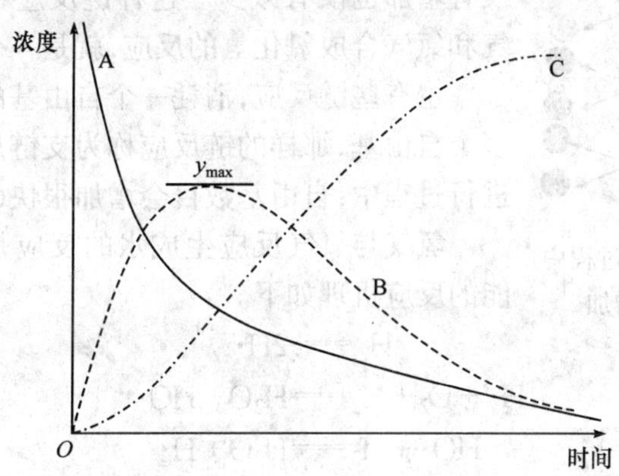

图 3-3　连续反应中各组分浓度随时间的变化规律

3.3.4　链反应的动力学

3.3.4.1　链反应的概念

在第 3.1.3 节中,我们已经知道以下反应是一个复杂反应。

$$H_2+Cl_2 \xlongequal{} 2HCl$$

对该复杂反应的深入研究表明,反应的机理为

$$Cl_2 \longrightarrow Cl\cdot + Cl\cdot \qquad \text{链引发步骤} \qquad (1)$$

$$Cl\cdot + H_2 \longrightarrow HCl + H\cdot \qquad \text{链增长步骤} \qquad (2)$$

$$H\cdot + Cl_2 \longrightarrow HCl + Cl\cdot \qquad \text{链增长步骤} \qquad (3)$$

$$Cl\cdot + Cl\cdot \longrightarrow Cl_2 \qquad \text{链终止步骤} \qquad (4)$$

以上反应式中,Cl·和 H·分别表示氯自由基和氢自由基,它们的外层电子结构与饱和的稳定结构相比相差一个电子,所以化学性质很活泼。

从以上机理可见,Cl·和 H·都是反应的中间产物,是前一反应的产物,同时又是后一个反应的原料。显然,反应可以看成是比第 3.3.3 节中讨论的更为复杂的连续反应。

以上机理所显示的连续反应还有另一个特点,反应(2)的产物 H·是反应(3)的原料,同时,反应(3)的产物 Cl·是反应(2)的原料。反应(2)和反应(3)环环相扣,一环接一环地进行着反应。这样的反应称为链反应,也称连锁反应。链反应也是

一类比较常见的复杂反应。

链反应都是由链引发、链增长和链终止等步骤构成的。

在以上反应的链增长步骤中，反应消耗一个自由基的同时又产生一个自由基，在该反应步骤中自由基数目没有增加也没有减少。这种链反应称为直链反应。氢气和氯气合成氯化氢的反应，就是一个直链反应。

也有些链反应，消耗一个自由基的同时产生两个或多个自由基，那样的链反应称为支链反应。在支链反应进行过程中，自由基数目会增加很快(图 3-4)。

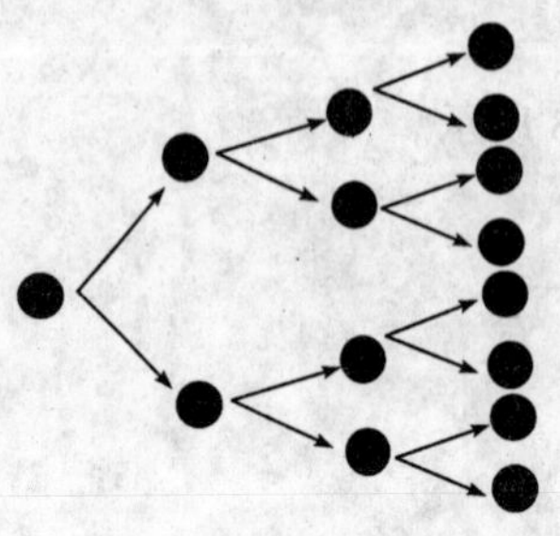

图 3-4　支链反应过程中自由基数目的增加

氢气与氧气反应生成水的反应是支链反应。其可能的反应机理如下。

$$H_2 = 2H\cdot$$

$$H\cdot + O_2 + H_2 = H_2O + HO\cdot$$

$$HO\cdot + H_2 = H_2O + H\cdot$$

$$H\cdot + O_2 = HO\cdot + O\cdot$$

$$O\cdot + H_2 = HO\cdot + H\cdot$$

$$H\cdot + \text{器壁} = \text{失活}$$

$$H\cdot + H\cdot = H_2$$

$$H\cdot + HO\cdot = H_2O$$

由于自由基十分活泼，因此有自由基参与的反应，反应速率往往很快。如果有自由基参与的链反应是放热反应，则反应有可能在短时间内放出大量的热。如果是放热的支链反应，由于链增长过程中自由基数目增加很快，反应的激烈程度比直链反应更大。若控制不当，很可能发生爆炸。

3.3.4.2　直链反应的动力学

链反应比普通连续反应更为复杂，反应动力学方程及方程的求解也是更复杂的。下面以氯化氢合成的直链反应为例，简要地讨论链反应的化学动力学问题。

$$H_2 + Cl_2 = 2HCl$$

反应机理　$Cl_2 \longrightarrow 2Cl\cdot$　速率常数 k_1　(1)

$Cl\cdot + H_2 \longrightarrow HCl + H\cdot$　速率常数 k_2　(2)

$H\cdot + Cl_2 \longrightarrow HCl + Cl\cdot$　速率常数 k_3　(3)

$2Cl\cdot \longrightarrow Cl_2$　速率常数 k_4　(4)

采用 HCl 浓度变化来表达反应速率，反应速率方程为

$$r = \frac{d[HCl]}{dt} = k_2[Cl\cdot][H_2] + k_3[H\cdot][Cl_2] \qquad (3-35)$$

式(3－35)中包含了自由基的浓度[Cl·]和[H·],还包含了氯气浓度及氢气浓度。包含这么多变量的方程是无法直接求解的,只能进行近似的简化处理。

对于复杂的动力学方程,近似处理的方法有稳定状态法、平衡态法和控制步骤法等方法。对于有活泼自由基参与的复杂反应,采用稳定状态法比较合适。

稳定状态法的意思是,对于极为活泼的自由基等反应中间产物,在反应进行的中间阶段,可近似地认为浓度稳定不变,即

$$\frac{\mathrm{d}[\text{中间产物}]}{\mathrm{d}t}=0$$

为了求解式(3－35),对自由基采取稳定状态的近似处理,即认为

$$\frac{\mathrm{d}[Cl\cdot]}{\mathrm{d}t}=2k_1[Cl_2]-k_2[Cl\cdot][H_2]+k_3[Cl_2][H\cdot]-2k_4[Cl\cdot]^2=0$$

$$\frac{\mathrm{d}[H\cdot]}{\mathrm{d}t}=k_2[Cl\cdot][H_2]-k_3[Cl_2][H\cdot]=0 \qquad (3-36a)$$

结合以上两式,容易得到

$$[Cl\cdot]^2=\frac{k_1}{k_4}[Cl_2] \qquad (3-36b)$$

把式(3－36a)和式(3－36b)代入式(3－35),可以得到

$$\frac{\mathrm{d}[HCl]}{\mathrm{d}t}=2k_2\sqrt{\frac{k_1}{k_4}}[Cl_2]^{1/2}[H_2] \qquad (3-37)$$

因此,所讨论的反应是 1.5 级反应;对氢气是一级,对氯气是 0.5 级。因此这一反应不是具有简单级数的反应。

式(3－37)是反应动力学方程的微分形式,解该微分方程可以得到动力学方程的积分形式,即[HCl]与 t 的函数关系。为了求解该微分方程,需要把式(3－37)中的变量简化成 2 个。

根据反应 $H_2+Cl_2 = 2HCl$ 中各组分的计量系数关系,容易把式(3－37)中的 $[Cl_2]$ 和 $[H_2]$ 都改用[HCl]来表示,因而可以把式(3－37)简化成只含[HCl]和 t 两个变量的方程,而使得方程容易求解了。读者请自行试解。

【例 3－9】 对于某气相反应体系可以表示为

$$A \underset{k_2}{\overset{k_1}{\rightleftharpoons}} B \qquad B+C \xrightarrow{k_3} D$$

(B 的浓度与 A、D、C 相比很小)

利用稳态近似法求该反应的反应速率。并证明此反应在 C 浓度很高时为一级反应,在其浓度很低时为二级反应。

解法 1

$$r=\frac{\mathrm{d}[D]}{\mathrm{d}t}=k_3[B][C] \qquad (1)$$

利用稳态平衡原理

$$\frac{d[B]}{dt}=k_1[A]-k_2[B]-k_3[B][C]=0$$

所以

$$[B]=\frac{k_1[A]}{k_2+k_3[C]}$$

将其代入式(1),得

$$\frac{d[D]}{dt}=k_3[B][C]=\frac{k_1k_3[A][C]}{k_2+k_3[C]}$$

C浓度高时,$k_3[C]\gg k_2$,则

$$\frac{d[D]}{dt}=k_3[B][C]=\frac{k_1k_3[A][C]}{k_2+k_3[C]}\approx k_1[A]$$

近似为一级反应。

C浓度低时,$k_3[C]\ll k_2$,则

$$\frac{d[D]}{dt}=k_3[B][C]=\frac{k_1k_3[A][C]}{k_2+k_3[C]}\approx\frac{k_1k_3}{k_2}[A][C]$$

近似为二级反应。

解法 2 $r=-\frac{d[A]}{dt}=k_1[A]-k_2[B]$ (2)

我们通过解法1已经得到

$$[B]=\frac{k_1[A]}{k_2+k_3[C]}$$

将该关系式代入式(2),得

$$-\frac{d[A]}{dt}=k_1[A]-\frac{k_1k_2[A]}{k_2+k_3[C]}=\frac{k_1k_3[A][C]}{k_2+k_3[C]}$$

该结果与解法1得到的结果是一样的。C浓度对于反应级数的影响的讨论与解法1相同。

3.4 反应级数和反应速率测定的实验方法

3.4.1 反应速率测定的实验方法

反应速率的测定是间接进行的,是通过测定反应组分浓度和反应时间来实现的。这与测量行车距离和行车时间就可以推算汽车速度的道理相同。

化学动力学研究中,需要测定某时刻下反应组分的浓度。而在化学反应进行过程中,各组分的浓度都是不断地变化的。用化学的方法(例如滴定法)测定浓度,

需要花费一定的时间。所测得的浓度究竟算是哪一时刻的浓度也较难确定。可见,我们必须尽可能地缩短浓度测定所需要的时间。

采用物理的方法可以测量反应组分瞬时的浓度。例如,对于有电解质参与的化学反应,可以方便地测量反应体系的电导(电阻的倒数),利用电导与浓度的关系,根据电导的大小,就有可能知道反应组分的瞬时浓度。

测量了一系列不同 t 时刻的反应组分(例如反应物 A)的浓度后,以 c_A 对 t 作图,得到一条曲线。在曲线上选取若干点,作曲线的切线,切线斜率的负值 $-\frac{dc_A}{dt}$ 就是反应速率 r。如此,就可以求得不同浓度、不同时刻的反应速率 r 的数值。

【例 3-10】 三甲基胺与溴化正丙烷溶于溶剂苯中,其起始的浓度分别为 $0.10mol \cdot L^{-1}$和 $0.10mol \cdot L^{-1}$,其可发生下列反应:

$$N(CH_3)_3 + CH_3CH_2CH_2Br \longrightarrow (CH_3)_3(C_3H_7)N^+ + Br^-$$

将反应物分别放入几个容器中并且密封,于 413K 条件下恒温,每隔一段时间取出一瓶快速冷却,使得反应“停止”,对反应物的含量进行分析。结果列于下表中第二和第三列。求该反应在不同时刻的速率。

编号	经历时间 t/s	反应物起作用的摩尔分数	$x/(mol \cdot L^{-1})$
1	780	0.112	0.0112
2	2040	0.257	0.0257
3	3540	0.367	0.0367
4	7200	0.552	0.0552

解
$$\begin{array}{lcccc} & N(CH_3)_3 + & CH_3CH_2CH_2Br \longrightarrow & (CH_3)_3(C_3H_7)N^+ + & Br^- \\ t=0 & a & a & 0 & 0 \\ t=t & a-x & a-x & x & x \end{array}$$

因此可以求得不同的 t 时刻时产物的浓度 x(上表)。以 x 对 t 作图(下图),曲线上任意一点的切线的斜率即反应的速率。

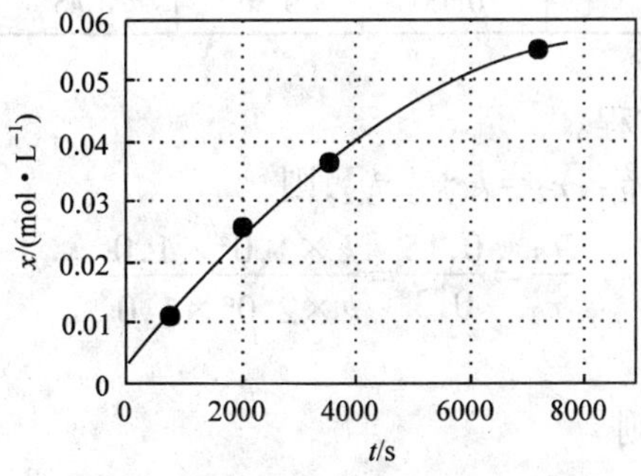

反应体系中 x 对于 t 的关系图

从上图中可以找到不同浓度时曲线的斜率，列于下表：

浓度 c/(mol·L^{-1})	x	0.0	0.01	0.02	0.03	0.04	0.05
	$(a-x)$	0.10	0.09	0.08	0.07	0.06	0.05
反应速率 $r\times10^5$ /(L·mol^{-1}·s^{-1})		1.58	1.38	1.14	0.79	0.64	0.45

3.4.2 级数测定的实验方法

在第3.2节和第3.3节中，已经讨论了不同级数的反应的动力学问题。所有讨论都是在已经知道反应级数的前提下进行的。现在的问题是，反应级数是怎么知道的呢？

化学反应的级数可以通过实验来测定，也可以通过某些反应理论来推导。由理论推导所得的反应级数是否正确，仍然需要通过实验加以验证。

反应理论的简要讨论在第3.6节进行；本节要讨论的是如何通过实验来测定反应的级数。

反应级数的测定都是建立在测定反应速率的基础上的。以下介绍几种简单的反应级数测定方法。

1) 改变初始浓度法

对于反应 A+B══P，按照不同的初始浓度条件测定该反应的速率。如果A的浓度 c_A（有时也表示为[A]）改变成原先的2倍，而保持B浓度不变时，反应速率变成原先的8倍，则反应的速率与 c_A 的3次方成正比，即该反应对于A是三级反应。这种反应级数的测定方法称为改变初始浓度法。

【例3-11】 对于反应 A+B⟶C，反应物的初始浓度和反应的初速可以由下表表示：

初始浓度 /(mol·L^{-1})	$c_{A,0}$	1.0	2.0	3.0	1.0	1.0
	$c_{B,0}$	1.0	1.0	1.0	2.0	3.0
初速/(L·mol^{-1}·s^{-1})		0.15	0.30	0.45	0.15	0.15

求该反应的速率方程。

解 因 $r_1=kc_{A,1}^{\alpha}c_{B,1}^{\beta}$，$r_2=kc_{A,2}^{\alpha}c_{B,2}^{\beta}$，则

$$\frac{r_1}{r_2}=\frac{0.15}{0.3}=\frac{k\times1.0^{\alpha}\times1.0^{\beta}}{k\times2.0^{\alpha}\times1.0^{\beta}}$$

得到 $\alpha=1$。

因 $r_3=kc_{A,3}^{\alpha}c_{B,3}^{\beta}$，则

$$\frac{r_1}{r_3}=\frac{0.15}{0.45}=\frac{k\times1.0^{\alpha}\times1.0^{\beta}}{k\times3.0^{\alpha}\times1.0^{\beta}}$$

同样可以证明 $\alpha=1$。

同理,因 $r_4=kc_{A,4}^{\alpha}c_{B,4}^{\beta}$,$r_5=kc_{A,5}^{\alpha}c_{B,5}^{\beta}$,则

$$\frac{r_4}{r_5}=\frac{0.15}{0.15}=\frac{k\times1.0^{\alpha}\times2.0^{\beta}}{k\times1.0^{\alpha}\times3.0^{\beta}}$$

得到 $\beta=0$。因此该反应的速率方程可以表示为 $r=kc_A$。

2) 微分法(切线法)

对于反应 $A\longrightarrow P$,假设反应为 α 级,即反应速率 $r=kc_A^{\alpha}$,则

$$\ln r=\ln k+\alpha\ln c_A$$

测定一系列不同浓度 c_A 所对应的反应速率 r 的数据,计算出 $\ln r$ 与 $\ln c_A$ 的数值。以 $\ln r$ 对 $\ln c_A$ 作图,得到一条直线,直线的斜率就是反应级数 α。

我们可以通过下面这个例题来熟悉这个方法。

【例 3-12】 如例 3-10 的条件,判断反应的级数是多少?

解 若反应为 n 级,$r=\dfrac{dx}{dt}=k_1(a-x)^n$,所以 $\ln r=\ln k_1+n\ln(a-x)$。

以 $\ln r$ 对 $\ln(a-x)$ 作图,所得的直线斜率等于 n。

根据例 3-10 中所得的速率结果作图如下:

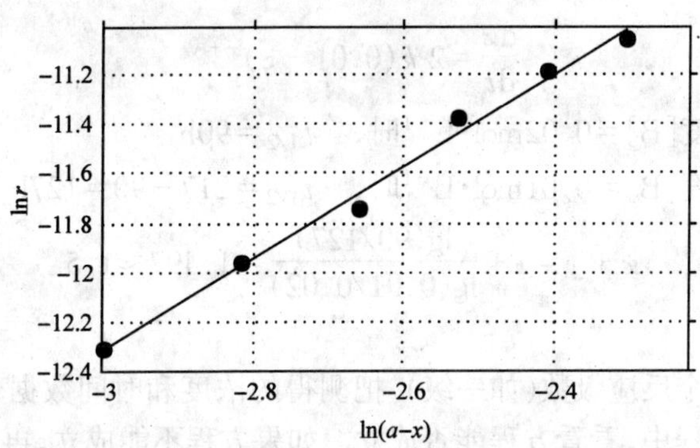

所得直线的斜率为 2,因此判断反应为二级反应。

3) 半衰期法

由表 3-1 可知,对于 n 级反应,其半衰期 $t_{1/2}=A\dfrac{1}{a^{n-1}}$。如果测量出不同的初始浓度 a 和 a' 所对应的半衰期 $t_{1/2}$ 和 $t'_{1/2}$,从它们的比值就可以计算反应的级数。因为

$$\frac{t_{1/2}}{t'_{1/2}}=\left(\frac{a}{a'}\right)^{1-n}$$

所以

$$n=1-\frac{\ln\frac{t_{1/2}}{t_{1/2}}}{\ln\frac{a}{a'}}$$

【例 3-13】 对于某化学反应 $A+2B \longrightarrow 2C+D$，在 273K 时测得其速率方程为 $r=k[A]^x[B]^y$，若 A，B 的初始浓度分别为 $0.01mol·L^{-1}$ 和 $0.02mol·L^{-1}$，测得反应物 B 在不同的时刻浓度如下：

t/h	0	90	217
$[B]/(mol·L^{-1})$	0.020	0.010	0.005

试用半衰期法求反应的总级数。

解

	A	+	2B	⟶	2C	+	D
$t=0$	0.01		0.02		0		0
$t=t$	$0.01-z$		$0.02-2z$		$2z$		z

$$-\frac{d[A]}{dt}=\frac{dz}{dt}=k[A]^x[B]^y=k(0.01-z)^x(0.02-2z)^y$$

$$\frac{dz}{dt}=2^y k(0.01-z)^{x+y}$$

B 的初始浓度 $[B]=0.02mol·L^{-1}$ 时， $t_{1/2}=90h$

B 的初始浓度 $[B]=0.01mol·L^{-1}$ 时， $t_{1/2}=217-90=127h$

$$x+y=1+\frac{\lg(90/127)}{\lg(0.01/0.02)}=1.497\approx1.5$$

4) 尝试法

首先假设一个反应级数(如一级)，把测得的浓度和时间数据代入相应的积分形式的动力学方程中，看看方程能否成立。如果方程不能成立，再假设另一个级数(如二级)，再行尝试，直至正确。以上的方法显然只有在反应级数很简单时才可行。

【例 3-14】 例子同例 3-10，要求通过尝试法判断反应级数。

解 假设反应为一级。若对于三甲基胺是一级而对于溴化正丙烷是零级，则可以得到

$$\frac{dx}{dt}=k_1(a-x)$$

移项并做定积分，得

$$k_1=\frac{1}{t}\ln\frac{a}{a-x}=\frac{1}{t}\ln\frac{0.1}{0.1-x}$$

将不同 t 时刻的 x 值代入该关系式,即可得到相应的 k_1 值。结果列于下表的第五列中。若对于溴化正丙烷为一级,对于三甲基胺为零级,可以得到相同的结果。

假设反应为二级,对于三甲基胺和溴化正丙烷均为一级,则可以得到

$$\frac{\mathrm{d}x}{\mathrm{d}t}=k_2(a-x)^2$$

移项并做定积分,得

$$k_2=\left(\frac{1}{t}\right)\frac{x}{a(a-x)}=\left(\frac{1}{t}\right)\frac{x}{0.01\times(0.01-x)}$$

将不同 t 时刻的 x 值代入以上的关系式,即可得到相应的 k_2 值,列于下表:

编号	经历时间 t/s	反应物起作用的摩尔分数	$x\times10^2$ /(mol·L^{-1})	$k_1\times10^4$ /s^{-1}	$k_2\times10^3$ /(L·mol^{-1}·s^{-1})
1	780	0.112	1.12	1.54	1.63
2	2040	0.257	2.57	1.46	1.70
3	3540	0.367	3.67	1.30	1.64
4	7200	0.552	5.52	1.12	1.71

通过上表的比较可知,反应为一级时 k_1 不是常数,而为二级时 k_2 为常数。因此判断该反应为二级。

3.5　速率常数 k

3.5.1　阿伦尼乌斯方程

从以上讨论知道,化学反应速率与浓度有着密切的关系。事实上,反应速率和反应温度也有关。大家肯定都有这样的经验。

如果反应 $a\mathrm{A}+b\mathrm{B}=\!=\!=m\mathrm{M}+n\mathrm{N}$ 的动力学方程为

$$r=-\frac{1}{a}\left(\frac{\mathrm{d}c_{\mathrm{A}}}{\mathrm{d}t}\right)=kc_{\mathrm{A}}^{\alpha}c_{\mathrm{B}}^{\beta}\qquad(3-6)$$

此动力学方程"显"表达了反应速率 r 与浓度 c_{A}、c_{B} 的关系,而反应速率 r 与温度 T 的关系,被"隐藏"在反应速率常数 k 中。这就是说,速率常数 k 是温度的函数,即

$$k=f(T)$$

因此,所谓反应速率常数,其实并不是常数,而是一个函数。这个函数与温度有关。这个函数是否还与其他因素有关呢?

容易想像,一个确定的化学反应,其反应速率除了与反应组分的浓度有关以外,还一定会与很多其他因素有关。除了温度以外,反应物的种类,反应体系的压力,可能的电磁场、宇宙射线等,都可能影响反应的速率。所有这些因素,虽然没有

在式(3-6)中得到“显”表示，但都应该包含在反应速率常数 k 之中。也就是说，k 中包含了除浓度因素以外的能影响反应速率的所有因素。因此，k 是一个远比浓度复杂的物理量。

反应速率常数 k 是可以测量的，测量也是间接进行的。在第 3.2.2 节中已经看到，通过测量反应组分的浓度和反应时间的关系，可以推算得到速率常数 k 的数值。

我们可以按照以下方法来求速率常数。

对于反应 $A+B \longrightarrow P$，可以测得反应物 A 在不同时刻的浓度 c_A，进而得到 c_A 关于 T 的曲线，作曲线上各点的切线，切线的斜率即所对应浓度下的反应速率，进而可以得到反应速率 r_A 与浓度 c_A 的关系，如例 3-10 所示。分别对 r_A 和 c_A 求对数，并以 $\ln r_A$-$\ln c_A$ 作图，可以得到一条直线。这条直线符合如下的关系 $\ln r_A = \ln k + \alpha \ln c_A$。在例 3-12 中已经利用直线的斜率知道了反应的级数 $\alpha = 2$。已知直线的截距是 $\ln k$，即可以求得反应的速率常数 k。

例 3-12 中直线的斜率 $\ln k = -6.74$，可以推得 $k = 1.19 \times 10^{-3}$。

在不同温度下测定一个化学反应的速率常数，可以了解温度与速率常数的关系。

阿伦尼乌斯经过大量实验，证明了温度 T 与速率常数 k 符合以下关系

$$\ln k = -\frac{E_a}{RT} + B \tag{3-38a}$$

式(3-38a)称为阿伦尼乌斯方程。阿伦尼乌斯方程也可以表达为

$$k = A e^{-E_a/RT} \tag{3-38b}$$

式中，E_a 称为反应的活化能(见第 3.5.2 节)。

对式(3-38a)两边同时对温度求导，得

$$\frac{d\ln k}{dT} = \frac{E_a}{RT^2} \tag{3-38c}$$

式(3-38c)与化学热力学中计算饱和蒸气压的公式具有相似的形式。

采用定积分求解式(3-38c)的微分方程，可得

$$\ln\frac{k(T_2)}{k(T_1)} = \frac{E_a}{R}\left(\frac{1}{T_1} - \frac{1}{T_2}\right) \tag{3-38d}$$

利用式(3-38d)，容易计算不同温度下得反应速率常数。

以上式(3-38a)、式(3-38b)、式(3-38c)、式(3-38d)4 个公式，是阿伦尼乌斯方程的四种不同表达形式。

【例 3-15】 已知某反应在一定的温度范围内，其速率和温度符合以下关系式 $\ln k = -\frac{4000}{T} + 7.0$，求该反应的活化能。

解 根据所给的关系式与式(3-38a)比较可以知道

$$E_a = R \times 4000$$

因此

$$E_a = 8.314 \times 4000 = 33.256 \text{kJ} \cdot \text{mol}^{-1}$$

3.5.2 活化能

阿伦尼乌斯方程中活化状态与活化能的概念,可用图 3-5 来说明。

考虑反应 A—B+C ⟶ A+B—C 按照以下方式进行

A—B+C ⟶ A···B···C ⟶ A+B—C
(起始状态 M) (中间状态 P) (最终状态 N)

其中,A···B···C 表示反应的中间状态,或者称为活化状态。在活化状态下,反应物 A—B 分子的联系已经不太紧密;另一反应组分 C 已经开始与 A—B 建立联系。这样的状态显然是不稳定的。如果上述过程进一步发展,A···B 之间的联系彻底断裂,就到达了最终状态,生成新的化合物。

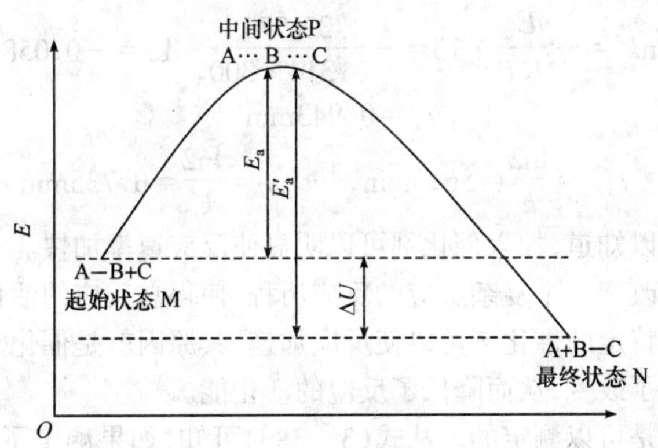

图 3-5 活化状态与活化能

图 3-5 表示体系在上述反应过程中能量的变化。活化状态是高能量的状态,体系需要从外界获得能量才能够从起始状态到达活化状态。反应体系在活化状态(P)的能量与体系在反应起始状态(M)能量的差,称为反应的活化能。活化能符号 E_a 中字母 a 的意思是 active(活泼)。

如果上述反应逆向进行,即

A—B+C ⟵ A···B···C ⟵ A+B—C

原先的反应终态就变为反应的起始状态,而中间状态没有改变。所以,逆向反应的活化能 E'_a 应该是活化状态(P)能量与最终状态(N)能量的差。从图 3-5 中可见,体系始态与终态能量差为 ΔU,等于两个活化能之差,即

$$\Delta U = E_a - E'_a$$

从图 3-5 容易理解,活化能是反应过程中体系必须"翻越"的"能峰"。

如果反应是个多步骤的复杂反应,则每一步反应都需要翻越活化能的能峰,总反应的活化能,是每一步基元反应的活化能的综合结果,但并不一定是简单加和。

活化能是影响化学反应速率的重要因素。从式(3-38b)可以看出,反应活化能越大,反应速率越慢。

【例 3-16】 若对于反应 A⟶B,反应速率和温度符合关系式 $\ln k=-\dfrac{E_a}{RT}+13$,($k$ 的单位是 $\mathrm{min^{-1}}$)其中 $E_a=43.42\mathrm{kJ\cdot mol^{-1}}$,加入催化剂后 $E'_a=32.57\mathrm{kJ\cdot mol^{-1}}$,分别求在 300K 时,加入催化剂前后,该反应的半衰期。

解 根据 k 的单位可以知道该反应为一级反应,因此半衰期与反应物的初始浓度无关,只与反应的速率常数 k 有关。

$$\ln k=-\frac{E_a}{RT}+13=-\frac{43\,420}{8.314\times300}+13=-4.41$$

$$k=0.0121\mathrm{min^{-1}}$$

$$\ln k'=-\frac{E_a}{RT}+13=-\frac{32\,570}{8.314\times300}+13=-0.0583$$

$$k'=0.943\mathrm{min^{-1}}$$

$$t_{1/2}=\frac{\ln 2}{k}=56.3\mathrm{min},\quad t'_{1/2}=\frac{\ln 2}{k'}=0.735\mathrm{min}$$

由本例题可以知道,加入催化剂可以明显使反应速率加快。

如果能设法改变一个复杂反应的反应历程,使得总反应的活化能降低,就可以提高反应速率。特定的催化剂可以使反应加速,其原因就是催化剂参与了反应,使得反应机理发生了改变,从而降低了反应的活化能。

反应活化能是可以测定的。从式(3-38d)可知,如果测定了两个不同温度下的反应速率常数,就容易求得反应活化能。

【例 3-17】 对于反应

$$N_2O_5(g)\longrightarrow N_2O_4(g)+\frac{1}{2}O_2(g)$$

测得在 298K 时,该反应的速率常数 $k(T_1)=3.4\times10^{-5}\mathrm{s^{-1}}$,在 328K 时,该反应的速率常数 $k(T_2)=1.5\times10^{-3}\mathrm{s^{-1}}$,求该反应的 E_a 是多少?

解 根据式(3-38b)可以推导得到

$$E_a=\frac{RT_1T_2}{T_1-T_2}\ln\frac{k(T_2)}{k(T_1)}$$

将数据代入上式,得

$$E_a=\frac{8.314\times298\times328}{328-298}\ln\frac{1.5\times10^{-3}}{3.4\times10^{-5}}=236.2\mathrm{kJ\cdot mol^{-1}}$$

以下我们再来讨论阿伦尼乌斯方程中的系数 A。因为 A 是指数函数前面的系数，所以称为指前因子。把式(3－38b)代入式(3－6)，得

$$r = A\mathrm{e}^{-E_a/RT}c_A^{\alpha}c_B^{\beta}$$

由上式可见，指前因子 A 包含了除浓度、温度和活化能以外的所有能影响反应速率的因素。这些因素显然也包括了反应物分子结构等微观因素，人们至今对指前因子的认识还很不充分。

【例 3－18】 溴乙烷的分解为一级反应，已知该反应的 $E_a = 229.3\text{kJ}\cdot\text{mol}^{-1}$，经测定反应在 650K 时的速率常数 $k = 2.14\times10^{-4}\text{s}^{-1}$。现在要使得反应在 10min 时转化率达到 90%，问温度应该控制在多少？

解　根据已知的 E_a、T，可以求指前因子 A。

$$A = k\exp\left(\frac{E_a}{RT}\right) = 2.14\times10^{-4}\exp\left(\frac{229\ 300}{8.314\times650}\right) = 5.7\times10^{14}\text{s}^{-1}$$

由于该反应为一级反应，因此利用表 3－1 中的公式以及式(3－38b)得

$$\ln\frac{1}{1-y} = kt = tA\exp\left(\frac{-E_a}{RT}\right)$$

将 $y = 0.90$，$t = 600\text{s}$ 以及 A 的数值代入上面的式子，通过计算得 $T = 698\text{K}$ 即欲使此反应在 10min 内转化 90%，温度应控制在 698K。

3.6　反应的碰撞理论

化学反应动力学的研究可以采用实验的方法，也可以采用理论的方法。理论研究的结论对于深刻理解实验结果无疑是有帮助的。

化学反应动力学的理论研究有许多不同的方法，多数涉及较深的物理学知识，本章仅简单介绍碰撞理论。

碰撞理论采用气体分子运动论的结论，通过对气体分子的碰撞频率的计算来讨论气体反应的速率问题。

用碰撞理论讨论反应动力学时，用单位时间、单位体积内发生反应的分子数来表示反应速率，即

$$\text{反应速率} = \frac{\text{某组分发生反应的分子数}}{\text{时间}\times\text{体积}}$$

碰撞理论认为，反应物分子间的相互碰撞是发生反应的必要条件，但不是充分条件；只有那些能使反应物分子化学键断裂的剧烈碰撞，才是能够导致化学反应的有效碰撞。所以，反应速率可以表示为

$$\text{反应速率} = \text{碰撞频率}\times\text{有效碰撞率}$$

碰撞频率是指单位时间、单位体积内反应物分子间发生碰撞的次数；有效碰撞

率是指发生有效碰撞的次数在所有碰撞次数中所占的分数。

利用气体分子运动论,可以分别计算碰撞频率和有效碰撞率。

1) 碰撞频率

气体分子运动论认为,气体分子是在不停运动的,由于运动过程中的相互碰撞,分子运动的速率也随时发生着变化。分子运动的速率虽然有快有慢,但也有其规律性。运动速率非常大的分子数目很少,运动速率非常小的分子数也不多;大多数分子在中等速率下运动。

可以证明,速率处于 u 到 $u+\mathrm{d}u$ 范围内的分子数 $\mathrm{d}N(u)$ 为

$$\mathrm{d}N(u)=4\pi N\left(\frac{m}{2\pi kT}\right)^{3/2}\mathrm{e}^{-mu^2/2kT}u^2\mathrm{d}u$$

式中:m——气体分子的质量;

N——体系中总的分子数;

T——体系的温度。

根据上式,可以推算出分子运动的平均速率$\langle u\rangle$为

$$\langle u\rangle=\left(\frac{8RT}{\pi M}\right)^{1/2}$$

式中,M 为气体的摩尔质量。

对于 $\mathrm{A+B\longrightarrow P}$ 的化学反应,与反应速率有关的碰撞应该是 A 分子与 B 分子间的碰撞。若 A 分子、B 分子的平均速率分别为$\langle u_\mathrm{A}\rangle$和$\langle u_\mathrm{B}\rangle$,则 A 分子和 B 分子相对运动的速率(以 A 为参照的 B 的速率)$\langle u_\mathrm{AB}\rangle$为

$$\langle u_\mathrm{AB}\rangle=\left(\frac{8RT}{\pi\mu}\right)^{1/2}$$

式中,$\mu=\left(\dfrac{M_\mathrm{A}M_\mathrm{B}}{M_\mathrm{A}+M_\mathrm{B}}\right)$称为折合质量。

当A、B 分子以$\langle u_\mathrm{AB}\rangle$的相对速率运动时,它们在单位时间、单位体积内的碰撞次数(碰撞频率)Z 为

$$Z=\left(\frac{N_\mathrm{A}}{V}\right)\frac{N_\mathrm{B}}{V}\left(\pi D_\mathrm{AB}^2\langle u_\mathrm{AB}\rangle\right)$$

$$=\pi D_\mathrm{AB}^2L^2\left(\frac{8RT}{\pi\mu}\right)^{1/2}[\mathrm{A}][\mathrm{B}] \tag{3-39}$$

式中:L——阿伏伽德罗常数;

N_A,N_B——A,B 的分子数;

D_AB——A、B 分子半径之和(把 A、B 分子看成球状分子)。

2) 有效碰撞率

对于在二维空间中运动的分子,能够证明速率处于 u 到 $u+\mathrm{d}u$ 范围内的分子

在全体分子中所占的分数为

$$\frac{\mathrm{d}N(u)}{N}=\frac{m}{kT}\mathrm{e}^{-mu^2/2kT}u\,\mathrm{d}u$$

注意到分子的平动能 $\varepsilon=\frac{1}{2}mu^2$,可以把上式改为

$$\frac{\mathrm{d}N(\varepsilon)}{N}=\frac{1}{kT}\mathrm{e}^{-\varepsilon/kT}\mathrm{d}\varepsilon \tag{3-40}$$

式中,$\mathrm{d}N(\varepsilon)$为平动能处于 ε 到 $\varepsilon+\mathrm{d}\varepsilon$ 范围内的分子在全体分子中所占的分数。

式(3-40)的物理意义可以用分子平动能分布图3-6直观地表示。从图3-6可见,平动能处于中间水平的分子,在全体分子中所占的比率很大。

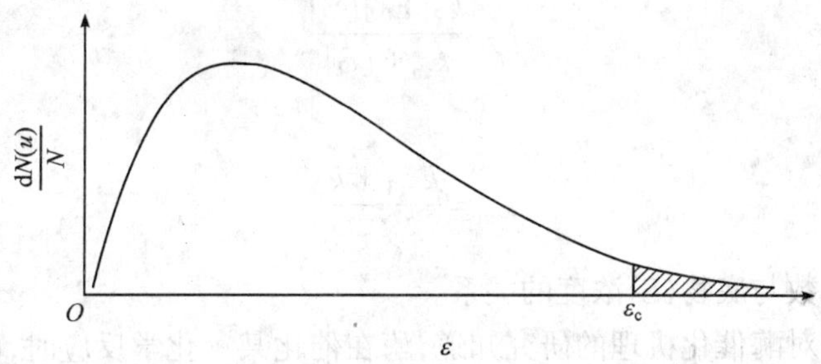

图3-6　分子平动能分布

能够发生剧烈碰撞的分子应该是平动能很大的分子。假设平动能大于 ε_C 的分子,碰撞时化学键能够断裂而成为有效的碰撞。那么,平动能大于 ε_C 的分子在全体分子中占的分数,就是有效碰撞率。平动能大于 ε_C 的分子在全体分子中占的分数,可以用图3-6中 ε_C 右方的曲线下面积与曲线下总面积的比值表示。所以,有效碰撞率 q 为

$$q=\frac{N(\varepsilon_C\rightarrow\infty)}{N}=\int_{\varepsilon_C}^{\infty}\frac{1}{kT}\mathrm{e}^{-\varepsilon/kT}\mathrm{d}\varepsilon$$

积分得

$$q=\mathrm{e}^{-\varepsilon_C/kT}=\mathrm{e}^{-E_C/RT} \tag{3-41}$$

式中,E_C 为能量大于 ε_C 的分子的摩尔能量。

3) 碰撞理论的反应速率

按照碰撞理论对反应速率所作的定义,反应 A+B⟶P 的反应速率为

$$r=Z\times q=\pi D_{AB}^2L^2\left(\frac{8RT}{\pi\mu}\right)^{1/2}[\mathrm{A}][\mathrm{B}]\mathrm{e}^{-E_C/RT}$$

所以

$$r=A\mathrm{e}^{-E_C/RT}[\mathrm{A}][\mathrm{B}] \tag{3-42}$$

其中

$$A=\pi D_{AB}^2 L^2\left(\frac{8RT}{\pi\mu}\right)^{1/2} \tag{3-43}$$

碰撞理论推导所得的反应速率方程式(3－42)与实验所得的结果一致。从式(3－4)还可看出,指前因子 A 与原子半径之和D_{AB}有关。

以上的结论是建立在分子在二维空间运动的假设之上的,不做这样的假设,就不能得到式(3－42)。所以这样的碰撞理论尚不是一个令人满意的理论。

【例 3－19】 对于以下酶催化反应

$$S\xrightarrow{酶(E)}P$$

试利用稳态近似法证明其速率方程为

$$r=\frac{k_2[E_0][S]}{k_m+[S]}$$

其中

$$k_m=\frac{k_{-1}+k_2}{k_1}$$

并讨论反应级数与底物(S)浓度的关系。

解 根据对酶催化机理的研究知道,酶在催化某一化学反应时,酶(E)首先和底物(S)结合生成中间复合物(ES),然后再转化成产物(P),并释放出酶。反应机理可以表示为

$$E+S\underset{k_{-1}}{\overset{k_1}{\rightleftharpoons}}ES\xrightarrow{k_2}P+E$$

通常前一步反应迅速建立平衡。

反应速率可表示为

$$r=\frac{d[P]}{dt}$$

根据稳态近似法可以得

$$\frac{d[ES]}{dt}\approx 0$$

所以

$$\frac{d[ES]}{dt}=k_1[E][S]-k_{-1}[ES]-k_2[ES]\approx 0$$

已知$[ES]+[E]=[E_0]$,可以推出下面关系

$$[ES]=\frac{k_1[E_0][S]}{k_{-1}+k_2+k_1[S]}$$

可得

$$r=\frac{d[P]}{dt}=k_2[ES]=\frac{k_2[E_0][S]}{k_m+[S]}$$

当[S]很小时,即$[S]\ll k_m$,$r\approx\frac{k_2[E_0]}{k_m}[S]$,因此近似为一级反应;当[S]很大时,$[S]\gg k_m$时,$r=r_{max}\approx k_2[E_0]$,因此近似为零级反应。

3.7　气-固相吸附平衡

把固体放在气体或液体中,气体或液体分子会吸附在固体表面。这种吸附现象早就为人们所注意,并在生活生产中得到很多应用。本节讨论气体分子在固体表面的吸附情况,结论同样适用于液体分子在固体表面的吸附。

吸附的本质是气体与固体表面的分子发生物理的或化学的作用,因此,通常把吸附分为物理吸附和化学吸附两类。但是,事实上两类吸附可能是同时发生的。化学吸附可看成是气体分子与固体表面分子形成化学键的过程,能够改变被吸附气体分子的化学性质。本节所讨论的主要是化学吸附。

化学吸附类似于气体和固体之间的化学反应。化学吸附的速率也可以用反应速率方程来讨论。

通常,固体表面总有部分位置已被气体分子吸附,新的气体分子要想吸附到固体表面上,必须与固体表面的空位发生碰撞(图3-7)。

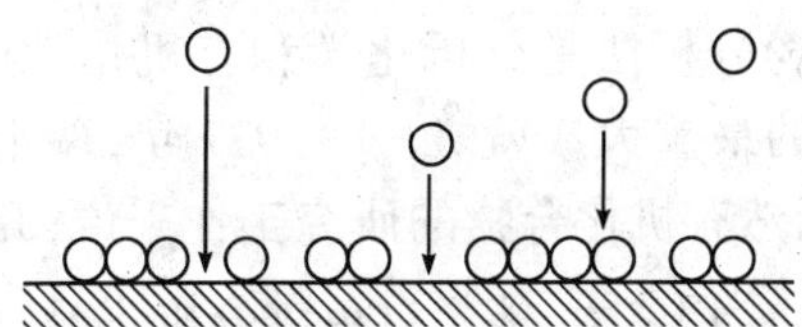

图3-7　气体分子在固体表面的吸附

设固体表面已被气体分子覆盖的面积占总表面积的分数为θ,则空位面积占总面积的分数为$(1-\theta)$。

由于只有当气体碰撞到固体表面的空白部分时才可能被吸附,所以气体的吸附速率r_a与气体的压力及$(1-\theta)$成正比,即

$$r_a=k_a p(1-\theta)$$

式中,k_a为常数。

被吸附的分子也会脱离固体表面重新回到气相,这种现象称为脱附。脱附类似于化学键断裂的过程,所以脱附速率也可以用反应速率方程来表示。一般地,脱附速率r_d与θ成正比,即

$$r_d = k_d\theta$$

式中,k_d 为常数。

当吸附与脱附达到平衡时,吸附与脱附速率相等,即

$$r_a = r_d$$

$$k_a p(1-\theta) = k_d\theta$$

所以

$$\theta = \frac{ap}{1+ap} \tag{3-44}$$

其中

$$a = \frac{k_a}{k_d}$$

式(3-44)称为朗缪尔吸附等温式,表示气体压力和平衡覆盖率的关系。其中 a 称为吸附平衡常数,其数值大小因物质而异。在一定压力下,a 值越大的物质,平衡覆盖率越大,这种物质在固体表面的吸附能力越强。

3.8 色谱分析法

3.8.1 色谱法的产生

色谱(chromatography)分析法是分析化学和有机化学中重要的实验方法,被誉为化学在20世纪取得的最重大成就之一。1937年,瑞士化学家卡雷在获得诺贝尔化学奖时说:"对于天然有机化合物的研究工作来说,几乎没有一项发明其作用之大,能超过色谱分析法。"

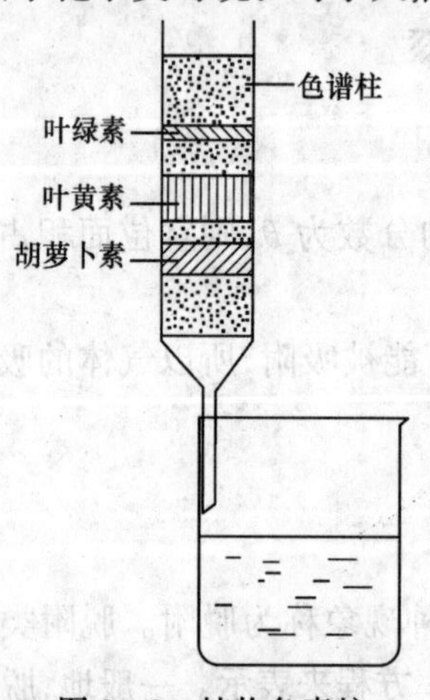

图3-8 植物色素柱分离示意图

在中学生物课中我们做过绿叶中色素提取和分离的实验,用纸上层析的方法分离多种色素的混合物,得到了橙黄、黄色、蓝绿和黄绿色的4条色带。这就是一种色谱分析法的方法。

人们很早就在检验染料质量时采用了纸上层析的方法。1904年,植物学家茨维特在分离植物色素时,把植物提取液溶解在少量石油醚中,让所得溶液缓慢流经装填了碳酸钙粉末柱的玻璃管,再用纯净的石油醚从管子顶部慢慢淋洗。经过一段时间以后,玻璃管中不同位置处显现出不同颜色的色带(图3-8)。在柱上端的是绿色的叶绿素,中间是黄色的叶黄素,

最下面的是橙黄色的胡萝卜素。这样,植物中的色素就得到了分离。

不同的色素之所以会在碳酸钙柱中被分离,是因为碳酸钙粉末对不同的色素具有不同的吸附能力。色素溶液进入玻璃管后,色素就被吸附在碳酸钙粉末上。随着石油醚的不断淋洗,吸附在碳酸钙粉末上的色素重新溶解进入溶液,并随淋洗液往前推进。各种色素在碳酸钙粉末上的吸附能力不同,所以随着淋洗液往前移动的速度也不同,在碳酸钙粉末柱上拉开距离而形成色带的分布。茨维特将这种色带称为"色谱"。

3.8.2　色谱分析法的原理

色谱分离总是在互不相溶的两相间进行的,其中固定的一相叫固定相,流动的一相叫流动相。在色谱仪对试样进行分析的过程中,流动相不停地连续流经色谱柱。流动相是气体的色谱仪,称为气相色谱仪;流动相是液体的色谱仪,称为液相色谱仪。

色谱分离分析过程示意图 3-9 表示用色谱仪分离 A、B 混合物的过程。

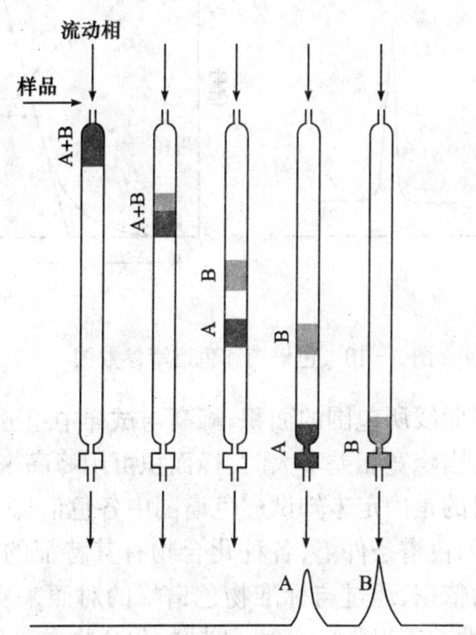

图 3-9　色谱分离分析过程示意图

随着流动相(冲洗液)不断地进入色谱柱,吸附在色谱柱上的 A、B 又会从柱上脱附而重新进入流动相。在色谱分离过程中,各组分要经历数千上万次这样的吸附-脱附过程。吸附平衡常数小的组分 A 较易溶解在流动相中,随流动相流动的速度比较快;吸附平衡系数大的 B 更易被吸附于固定相中,随流动相流动的速度比较慢。可见,吸附平衡常数的差异是色谱分离的基础。即使不同组分吸附平衡常数差异很小,只要吸附-脱附次数足够多,也可以将这些组分分离开。

当分离后的组分由流动相携带进入检测器时,可得到了一个一个的色谱峰。图 3-9 示意一对分配系数不同($K_A > K_B$)的组分经历色谱分离分析的全过程。

3.8.3　色谱定性和定量分析

流动相携带组分进入色谱检测器后,由检测器记录得到的一条信号-时间曲线称为色谱图,色谱图由基线(无信号处的平直线部分)和若干色谱峰所组成(图 3-10)。保留时间和峰面积,是色谱分析的重要结果。

保留时间(t_R)指从进样开始到检测器测到某组分信号最大值时所需的时间(图 3-10)。色谱峰的保留时间是由组分在固定相上吸附的性质所决定的,是色谱定性分析的依据。

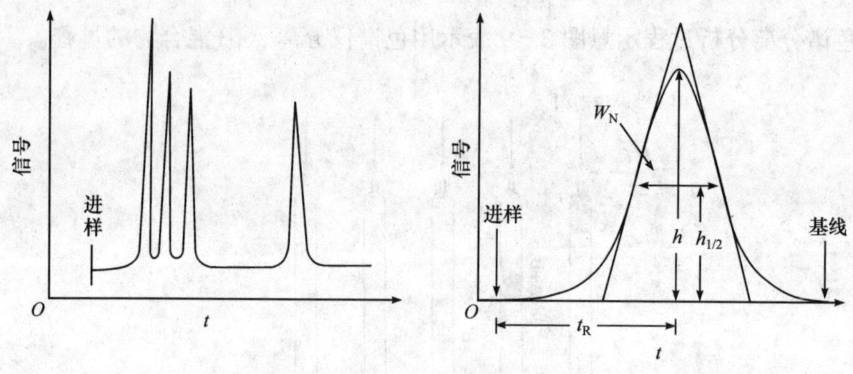

图 3-10　色谱图和色谱峰参数图

峰面积是基线和峰曲线所包围的面积,峰高与试样中组分的含量有关,是色谱定量分析的依据之一。当峰宽相差不大时,峰面积可用峰高来代替。

色谱定性分析的目的是确定未知试样色谱图中各色谱峰所代表的化合物是什么。一般而言,在一定的色谱条件下,各种化合物有其特征的保留时间,色谱定性分析正是以保留时间为依据,通过与标准物色谱峰的对照来实现的。值得指出的是,色谱保留值的特征性并不很强。有时,不同的化合物在一种色谱条件下会具有相近甚至相同的保留值,给定性分析造成困难。因此,依靠保留值的色谱定性分析仅适于组成较简单的试样中的指定化合物分析。对于组成复杂的未知化合物的定性分析,往往要借助于色谱与质谱、光谱的联用才能获得较为可靠的定性鉴定结果。

3.8.4　色谱仪简介

1) 气相色谱仪

图 3-11 是气相色谱仪的结构示意图。气相色谱仪由载气系统、进样系统、分离系统、检测和记录系统组成。

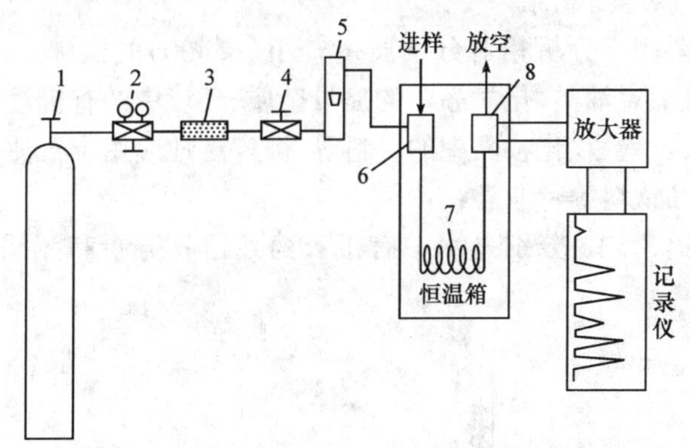

图 3-11　气相色谱仪的结构示意图

1. 载气钢瓶;2. 压力调节器;3. 净化器;4. 稳压阀;5. 转子流量计;6. 进样口;7. 色谱柱;8. 检测器

载气系统的作用是向色谱仪的分离、检测系统提供纯度高、流速稳定的气体流动相。载气系统由气源(一般为 N_2、H_2 钢瓶)、气体净化器、载气流量调节阀和流量表所组成。

进样系统的作用是将一定量的试样溶液注入到色谱分离系统的上游,并迅速气化为气体,由载气携带进入色谱柱进行分离。

分离系统由色谱柱所组成,是色谱分离的关键部分。气相色谱的色谱柱一般使用内径为 4～6mm、长度为 1～4m 的圆盘形不锈钢管或玻璃管,内部填充有色谱固定相。气相色谱往往需要在高于室温的温度下进行分离,因此色谱柱均放置在一个可以控制温度的恒温箱中。

气相色谱的固定相是组分赖以分离的关键所在。对于分配型色谱,固定相由一些高沸点的有机化合物(固定液)涂渍在多孔的担体(最常用的担体是硅藻土担体)之上所形成的液体固定相。由于气相色谱分离的对象多种多样,因此可供选择的固定液也有很多种。对于气体的分离,常用一些固体吸附剂(如 Al_2O_3、硅胶、分子筛等)作为固体固定相使用,此时色谱的分离机理为吸附色谱。

检测、记录系统的作用是将经色谱柱分离并在载气携带下从色谱柱后流出的一个个组分的浓度转换成一定的响应信号并记录为色谱图。气相色谱仪中最常用的检测器有热导池检测器和氢火焰离子化检测器。前者是根据待测组分和载气在导热能力上的差异设计成的一种通用型检测器;后者则根据有机化合物在氢火焰中燃烧时能产生少量的离子而设计成的一种离子化检测器,它的灵敏度较热导池检测器高,但只能响应有机化合物。

色谱仪的记录系统是必不可少的。现代的气相色谱仪均采用微机控制和数据处理。微机中配有色谱工作站,负责色谱图的记录和保留值、峰高、峰面积的计算和记录,并能直接报告分析结果。

气相色谱主要用于分析相对分子质量较小(＜400)的低沸点(＜500℃)化合物,如炼油厂的低沸点油类、化学品中的痕量杂质、环境中的有机污染物、饮料中的成分、食品中的农药残留、化妆品中的香料等,被广泛地应用于石油、化工、环保、轻工、医药卫生、食品饮料等行业。

图 3-12 和图 3-13 分别是水中有机农药残留物分析和无铅汽油的气相色谱图。

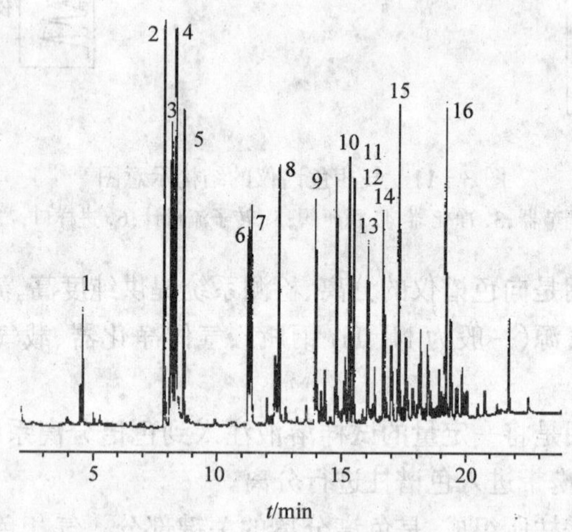

图 3-12　水中有机农药残留物分析

2) 高效液相色谱仪

现代液相色谱分析法一般称为高效液相色谱法。之所以这样称呼,是因为它与经典的液相色谱法比较,由于采用了极细的固定相,柱效大大提高。

高效液相色谱仪的基本结构由流动相供应和驱动系统、进样系统、分离系统、检测和记录系统等部分组成(图 3-14)。

流动相供应和驱动系统由储液器和高压泵组成。由于色谱柱内填充了极细的固定相,柱的渗透性差,因此需要高压泵对流动相施加高压方可使其通过色谱柱。目前高效液相色谱仪上用的高压泵大多是机械式往复柱塞泵,可以产生几百个大气压的压力。

进样系统的作用与气相色谱一样,它由注射器和进样阀组成。高效液相色

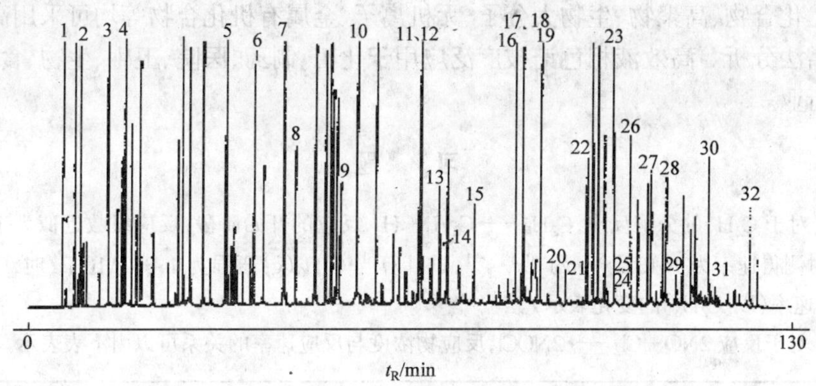

图 3-13 无铅汽油的气相色谱图

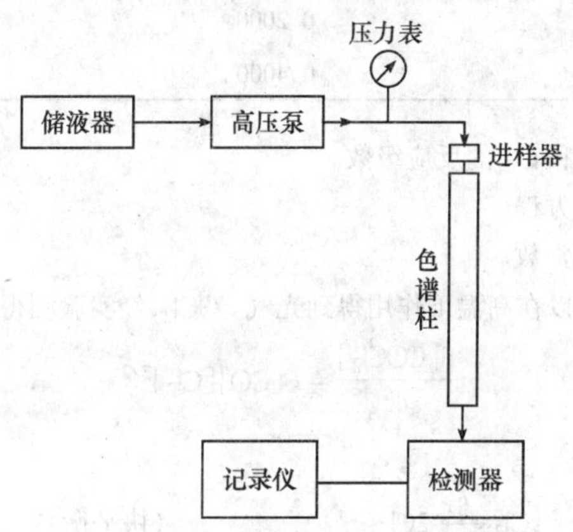

图 3-14 高效液相色谱的基本结构示意图

谱的柱压高,不能用注射器直接进样,往往用注射器取样后,先将试样注入到色谱仪进样阀的采样环中,然后切换进样阀,将一定体积的试样注入到色谱柱的柱头。

分离系统。色谱柱是高效液相色谱的分离系统。高效液相色谱的色谱柱采用内径为 3.9～4.5mm、长度为 15～30cm 的直型不锈钢管,内充极细(粒径 5～10μm)的固定相。最常用的固定相是表面经不同化合物改性后的硅胶,如用 18 个碳的烷烃改性的 C_{18} 硅胶固定相是液液分配高效液相色谱中最常用的一种固定相。

检测记录系统经常采用紫外吸收检测器和折光指数检测器。前者适用于有紫外吸收的化合物的检测;后者是一种通用型检测器。

液相色谱不受组分是否易挥发的限制,因此适用面非常广。化学品、合成药物和天然化合物、高聚物、生物大分子、无机离子、金属有机化合物等均可采用高效液相色谱法分析。高效液相色谱被广泛应用于化工、制药、医院、卫生、生物、食品、轻工等行业。

习　题

1. 对于 C_2H_6 的分解反应，$C_2H_6 \longrightarrow C_2H_4 + H_2$，反应的开始阶段，反应级数近似为 1.5 级，910K 时测得速率为 $1.13 L^{0.5} \cdot mol^{-0.5} \cdot s^{-1}$，试计算当 $C_2H_6(g)$ 压强为 $1.33 \times 10^4 Pa$ 时，C_2H_6 起始分解速率(以$[C_2H_6]$的变化表示)。

2. 对于反应 $2NO + Cl_2 \longrightarrow 2NOCl$，反应物浓度与反应速率的关系可以由下表表示。

$[NO]/(mol \cdot L^{-1})$	$[Cl_2]/(mol \cdot L^{-1})$	$r_{Cl_2}/(mol \cdot L^{-1} \cdot s^{-1})$
0.2000	0.2000	8.0×10^{-3}
0.4000	0.2000	3.2×10^{-2}
0.2000	0.4000	1.6×10^{-2}

(1) 求反应对于 NO 和 Cl_2 的反应级数。

(2) 写出反应的速率方程。

(3) 求解反应的速率常数。

3. 已知 CO 和 Cl_2 可以在高温下作用得到光气 $COCl_2$，经实验测得该反应的速率方程如下

$$\frac{d[COCl_2]}{dt} = k[CO][Cl_2]^{3/2}$$

有人建议的机理为

$$Cl_2 \underset{k_{-1}}{\overset{k_1}{\rightleftharpoons}} 2Cl \cdot \qquad (快平衡)$$

$$Cl \cdot + CO \underset{k_{-2}}{\overset{k_2}{\rightleftharpoons}} COCl \cdot \qquad (快平衡)$$

$$COCl \cdot + Cl_2 \xrightarrow{k_3} COCl_2 + Cl \cdot \qquad (慢反应)$$

根据以上的机理试证明速率方程的正确性，并且证明 k 与 k_1、k_{-1}、k_2、k_{-2}以及 k_3 之间符合关系式 $k = \dfrac{k_1^{1/2} k_2 k_3}{k_{-1}^{1/2} k_{-2}}$。

4. 高温条件下，NO_2 分解为 NO 和 O_2 的反应速率方程为

$$r_{NO_2} = k[NO_2]^2$$

通过测定知，$T = 590K$ 时，$k = 4.9 \times 10^{-1} L \cdot mol^{-1} \cdot s^{-1}$，$T = 650K$ 时，$k = 4.7 L \cdot mol^{-1} \cdot s^{-1}$，求该反应的活化能 E_a。

5. 反应的 $E_a = 109.65 kJ \cdot mol^{-1}$，那么在何温度条件下，反应速率常数 k 是 400K 时速率常数的 2 倍?

6. 已知气相反应 $2A \longrightarrow 2B + D$ 的半衰期 $t_{1/2}$与反应物的初始压力 p_{A0}成反比。

T/K	p_{A0}/kPa	$t_{1/2}$/s
900	39.2	1520
1000	48.0	212

(1) 计算 k_A(900K)和 k_A(1000K)。

(2) 计算该反应的活化能 E_a。

7. 对于某个气相反应的速率可以分别用浓度和压力表示为

$$r_c = k_c[\mathrm{A}]^m,\qquad r_p = k_p p_{\mathrm{A}}^m$$

试推导 k_c 与 k_p 之间的关系(假设气体为理想气体)。

8. 308K 时 N_2O_5(g)分解反应的半衰期 $t_{1/2}$ 为 4.7h,且该时间与 N_2O_5 的初始浓度无关,试求:

(1) 该反应的速率常数。

(2) 反应完成 90%时所需的时间。

9. 某人工放射性元素放出 α 粒子,半衰期为 20min,试问该试样有 75%发生衰变时,需要多少时间。

10. 在 313K 时,用旋光仪测定蔗糖的转化率。在不同时间里测得的溶液旋光度(α_t)如下。

t/min	0	10	20	40	80	180	300	∞
α_t/(°)	6.60	6.17	5.79	5.00	3.71	1.40	−0.24	−1.98

试求该反应的速率常数 k 值。

11. 在 308K 时,测定乙酸乙酯皂化反应速率。反应开始时,溶液中碱和酯浓度均为 $0.01\mathrm{mol\cdot L^{-1}}$,在实验过程中每隔一定时间用标准酸溶液滴定其中的碱含量,实验所得结果列于下表:

t/min	3	5	7	10	15	21	25
$[\mathrm{OH^-}]\times10^3$/(mol·L)	7.40	6.34	5.50	4.64	3.63	2.88	2.54

求该反应的速率。

12. 在某化学反应中,对物质 A 的含量进行随时的检测,2h 后测定得到 A 的浓度减少到初始浓度的 75%,那么 4h 后,剩余的 A 是初始含量的多少?若该反应对于 A 而言是

(1) 一级反应。

(2) 二级反应。

(3) 零级反应(求 A 反应完全所需要的时间)。

13. 在 273.15K 时,NaOH 和 CH_3COOCH_3 的皂化作用的速率常数 k_2 与 NaOH 和 $CH_3COOC_2H_5$ 的皂化作用的速率常数 k'_2 的关系为 $k_2 = 2.3k'_2$。在相同的实验条件下,当有 90%的 CH_3COOCH_3 被分解时,$CH_3COOC_2H_5$ 的分解百分率为多少?(假设碱与酯的初始浓度均相等)

14. 反应 $\mathrm{A+B} \xrightarrow{k} \mathrm{P}$ 的动力学实验数据如下页表所示。

$[A_0]/(mol·L)$	1.0	3.0	5.0	1.0	1.0
$[B_0]/(mol·L)$	1.0	1.0	1.0	3.0	5.0
$r_0/(mol·L)$	0.1	0.3	0.5	0.1	0.1

若该反应的速率方程为 $r=k[A]^{\alpha}[B]^{\beta}$，试分别求 α 和 β 的值。

15. 碳的放射性同位素^{14}C在自然界树木中的分布基本保持为总碳量的$1.10\times10^{-13}\%$。某考古队发现一古树燃烧灰烬，经分析发现，其^{14}C的含量为总含碳量的$9.00\times10^{-14}\%$，已知^{14}C的半衰期为5700年，试估计该古树距今有多少年？

16. 某抗菌素在血液中发生作用时呈现简单级数反应，对小白鼠进行该药物的药效持续时间的活体试验，在上午6时给小鼠进行注射，然后在各个不同时刻对小鼠体内血液中该抗生素的浓度进行测定，得到如下数据：

t/h	3	6	9	12
c/(mg/100mL)	0.480	0.326	0.222	0.151

(1) 确定该反应的级数。

(2) 求反应速率常数 k 和半衰期 $t_{1/2}$。

(3) 若要求该抗生素在血液中的浓度不低于0.35mg/100mL才有药效，那么多久后需要给小鼠打第二针。

17. 在以碘作催化剂的条件下，氯苯(C_6H_5Cl)和氯(Cl_2)在CS_2的溶液中存在下列反应

$$C_6H_5Cl+Cl_2\xrightarrow{k_1}HCl+o\text{-}C_6H_4Cl_2$$

$$C_6H_5Cl+Cl_2\xrightarrow{k_2}HCl+p\text{-}C_6H_4Cl_2$$

设在温度和碘的浓度一定的条件下，C_6H_5Cl和Cl_2在CS_2的溶液中的起始浓度都是$0.5mol·L^{-1}$，25min后有20%的C_6H_5Cl转化为o-$C_6H_4Cl_2$，有30%的C_6H_5Cl转化为p-$C_6H_4Cl_2$，试计算反应k_1和k_2。

18. $N_2O(g)$的热分解反应为

$$2N_2O(g)\xrightarrow{k}2N_2(g)+O_2(g)$$

从实验测得不同的温度时各个起始压力与半衰期的值列于下表：

反应温度 T/K	起始压力 p_0/kPa	半衰期 $t_{1/2}$/s
967	156.787	380
967	39.197	1520
1030	7.066	1440
1030	47.996	212

试求：

(1) 反应级数和两种温度下的速率常数。

(2) 反应的活化能 E_a。

(3) 若 1030K 时 $N_2O(g)$的初始压力为 54.00kPa，求压力达到 64.00kPa 时所需要的时间。

19. 反应 $2NO(g)+H_2(g) \longrightarrow N_2(g)+2H_2O(g)$的速率表达式如下所示

$$r=k[NO]^2[H_2]$$

试讨论下列条件改变时对反应的初速度的影响：

(1) NO的浓度增加1倍。

(2) 反应体系温度下降。

(3) 反应器容积增加1倍。

(4) 催化剂的加入。

(5) 反应体系中加入一定量的 N_2。

(6) 反应体系中加入一定量的 O_2。

20. 有反应 $C_2H_6+H_2 \xlongequal{} 2CH_4$，其反应的历程可能如下

(1) $C_2H_6 \overset{K}{\rightleftharpoons} 2CH_3$

(2) $CH_3+H_2 \xrightarrow{k_2} CH_4+H$

(3) $H+C_2H_6 \xrightarrow{k_3} CH_4+CH_3$

假设反应(1)为快速的对行反应，对 H 可作稳态近似处理，试证明

$$\frac{d[CH_4]}{dt}=2k_2K^{1/2}[C_2H_6]^{1/2}[H_2]$$

21. 反应 $A \underset{k_{-1}}{\overset{k_1}{\rightleftharpoons}} B$，其正、逆反应均为一级，已知

$$\lg k_1(s^{-1})=\frac{2000}{T}+4.0$$

$$\lg K(\text{平衡常数})=\frac{2000}{T}-4.0$$

计算反应的活化能 E_{-1}是多少？

22. 辅酶A(CoA)和乙酰氯反应可得到重要的生物化学中间体乙酰辅酶A，当两反应物初始浓度均为 $10mmol \cdot L^{-1}$时，在不同的时刻测定乙酰辅酶A的浓度如下：

t/h	0	1	1.5	2	2.75	4.41	5
乙酰辅酶 A/($mmol \cdot L^{-1}$)	0	3.3	4.2	4.8	5.8	6.9	7.0

试求该反应的反应级数及相应的速率常数。

23. 药物A进入人体后，一方面在血液中与体液建立平衡；另一方面由肾脏排除体外，若达到平衡时，药物A由血液至肾脏的速度可以用一级反应速率方程表示。如在人体中注入0.5g的药物A，然后在不同的时刻测得其在血液中的浓度，可得下页表格。

t/h	4	8	12	16
c_A/(mg/100mL)	0.48	0.31	0.24	0.15

试求：

(1) 药物A在血液中的半衰期。

(2) 若要求血液中该种药物的浓度不低于0.28mg/100mL,那么多久后需要注射第二次。

24. 在肺部的呼吸作用中,吸入的氧气与肺部血液中的血红蛋白(Hb)反应,生成氧合血红蛋白(HbO_2):$Hb + O_2 \longrightarrow HbO_2$,反应时对于Hb和$O_2$均为一级,为保持肺部的Hb的浓度为$8.0\times10^{-6}mol\cdot L^{-1}$,肺部血液中的氧的浓度应保持在$1.6\times10^{-6}mol\cdot L^{-1}$。已知该反应在体温条件下速率常数为$k = 2.1\times10^{6}L\cdot mol^{-1}\cdot s^{-1}$。试求：

(1) 肺部血液中,正常情况下HbO_2的生成速率和氧的消耗速率。

(2) 某种疾病中,HbO_2的生成速率为$1.1\times10^{-4}mol\cdot L^{-1}\cdot s^{-1}$,为保持Hb的正常浓度需要输氧,请问需要保证肺部血液中氧气浓度达到多少?

25. 某一级反应在300K时完成20%需要3.2min,而在260K时完成20%需要12.6min,试求该反应的实验活化能。

26. 某药物若分解达到40%即为失效,若放置在3℃的冰箱中保质期为1a。若某人购回此药物后,因故在室温下(25℃)搁置了两周,试通过计算说明该药物是否已经失效。(已知该药物的分解速率与浓度无关,反应的$E_a = 12.00\ kJ\cdot mol^{-1}$。)

第4章　电　化　学

电化学研究的是电功与化学反应的关系。化学反应伴随电功的情况可分为两个方面:化学反应产生电功和电功引起化学反应。前者是原电池中的情况;后者是电解池中的情况。

原电池和电解池都是由电极和能导电的电解质溶液组成的。

原电池和电解池在工作过程中都发生化学反应,且都伴随着电功这种非体积功。原电池是通过化学反应而对外界做电功,而电解池是外界对它做电功而导致化学反应的发生。

原电池和电解池中发生化学反应的过程,都涉及电极上的氧化还原反应及电解质溶液中的离子定向移动。

原电池和电解池工作时,都需要通过导线与外界连接。原电池通过导线与用电器相连接,原电池本身是物理学上的内电路。电解池通过导线和外电源连接,电解池是物理学上的外电路。

原电池和电解池的化学本质是相似的,本章以原电池为主进行讨论。

4.1　电极电势的产生

原电池和电解池工作时都有电流通过,电流的流动都与组成原电池或电解池的两电极的电势差有关。

在原电池中,正、负两电极的电势差就是原电池的电动势 E,是外电路上电子流动的推动力。

$$E = \varphi_{正} - \varphi_{负}$$

在电解池中,正、负两电极本身的电势差抵抗着外加电源的电动势,只有当外电源的电动势大于正、负两电极本身的电势差,电解池中的电解反应才能发生。所以,电极的电势是原电池和电解池的重要概念。

电极有很多种类(参见第4.4.1节),最常见的电极是由金属浸在该金属盐的水溶液中构成的。通常用金属离子和金属元素的符号,并在两者之间添加一短线,表示金属电极。例如,铜电极可以表示为 $Cu^{2+}|Cu$。

金属浸在水溶液中,金属表面的金属离子或多或少地会溶解而进入溶液中,使得金属表面带负电,同时金属电极附近的溶液带正电,这样就在金属电极表面附近形成双电层的结构。进入溶液的金属离子,一方面会扩散离开金属电极表面;另一方面受金属表面负电荷的吸引而不会离开表面太远,因此相对于金属表面远近不同处存在如图 4-1 的双电层分布,并产生图 4-1 的电势分布曲线。可以想像,在远离金属表面的溶液中,正负电荷相互抵消,电势为零。事实上,由于离子尺寸很小,离开金属表面几毫米的地方,电势就接近零。电极表面与零电势处的电势差就是该电极的电极电势。

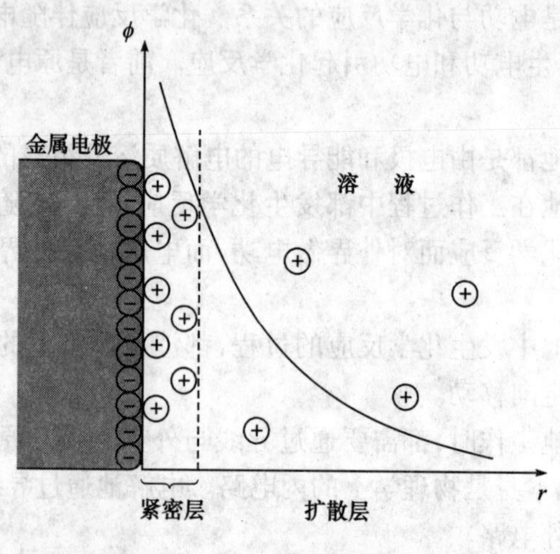

图 4-1 双电层

原电池中,电子在金属导线上从低电势电极向高电势电极流动,形成导线上的电流。为了维持电流的流动,必须把到达高电势电极的电子经过电解质溶液重新搬运回低电势电极。这个工作是由溶液中的阳离子和阴离子共同完成的。

在两电极形成的电场的影响下,溶液中的阳离子定向移动到高电势电极,从电极上得到电子而被还原;溶液中的阴离子移动到低电势电极,把电子转移到该电极上而被氧化。电化学中规定:如果物质在某电极上被氧化,该电极就是阳极;如果物质在某电极上被还原,该电极就是阴极。这样规定的好处是,在大多数情况下,我们可以这么说:阳离子移向阴极(发生还原反应);阴离子移向阳极(发生氧化反应)。

需要指出的是,上述电化学规定,对原电池和电解池都是适用的。无论是原电池还是电解池中,阳极上总是发生还原态物质失去电子的反应,阴极上总是发生氧化态物质得到电子的反应。这里说的还原态物质,多数情况下是阴离子,如 Cl^-,它氧化后成为 Cl_2;但也可以是中性分子,如 H_2O,它氧化后成为 O_2 和 H^+;甚至可以是较低价态的阳离子,如 Fe^{2+},它可以被氧化成更高价态的阳离子 Fe^{3+}。同样,多数情况下氧化态物质是阳离子,如 Cu^{2+},它还原后成为中性 Cu 或低价阳离子 Cu^+;但有些时候也可以是中性分子,如 H_2O,它还原后成为 OH^-。

物理学规定：电势高的电极是正极，电势低的电极是负极；电流（正电荷）在外电路上从正极流向负极。电解池是物理学的外电路，所以电解池的阳极是正极，阴极是负极；原电池属于内电路，所以原电池的阳极是负极，阴极是正极。

4.2 原电池的电池反应

原电池虽然可以由两种金属浸在同一电解质溶液中构成，多数情况是将两种金属浸在各自的盐溶液中构成原电池。为了能实现两溶液间的导电而又不使两种溶液迅速混合，需要在两溶液之间插入一个盐桥。盐桥是由电解质和聚合物胶冻组成的。例如，把适量明胶加入高浓度的 KCl 水溶液中，加热溶液使明胶溶胀直至溶解，趁热将溶液灌注在 U 形玻璃管中，冷却后形成果冻状的盐桥。在盐桥中，明胶等高分子聚合物形成立体的网络结构，盐溶液被包裹在聚合物网络中，分散在溶液中的离子则可以在水中移动而导电。

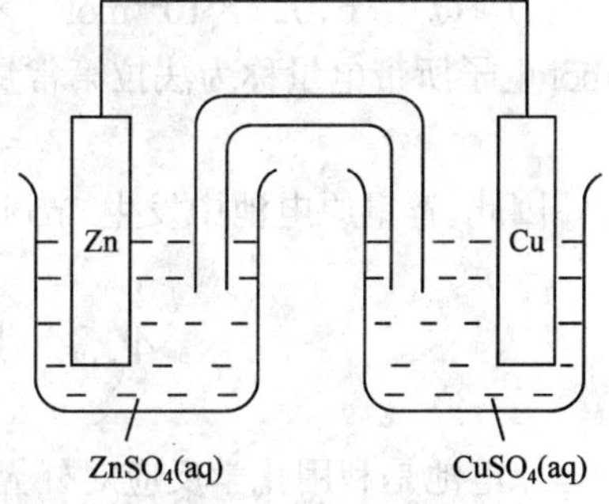

图 4-2 锌铜原电池

下面以图 4-2 的锌铜原电池为例，讨论原电池中发生的化学反应与原电池电动势的关系。

在锌电极和铜电极与溶液接触的表面都形成双电层，由于锌的化学活动性比铜强，Zn^{2+} 比 Cu^{2+} 更容易进入溶液，所以锌片上带有更多的负电荷，锌电极的电势比铜电极的电势低。当外电路接通后，随着电子从锌片经过导线流向铜片（也就是电流从铜电极经过导线流向锌电极），锌片上的 Zn^{2+} 不断溶解进入溶液，溶液中的 Cu^{2+} 则移动到铜片表面，从铜片上获得电子而还原成 Cu 原子，沉积在铜片表面。锌电极附近溶液中富余的 Zn^{2+} 移向盐桥，和盐桥中的 K^+ 一起向铜盐溶液移动，以弥补铜盐溶液中正电荷的不足。同时，铜盐溶液中的 Cl^- 移向盐桥，通过盐桥向锌盐溶液移动，以中和锌盐溶液中富余的正电荷。

为了方便起见，上述锌铜原电池常用以下的图式来表示

$$Zn|ZnSO_4(c_1)\|CuSO_4(c_2)|Cu$$

或

$$Zn|Zn^{2+}(c_1)\|Cu^{2+}(c_2)|Cu$$

其中，c 表示溶液中离子的浓度。

用图式表示原电池时，我们约定把阳极写在左边，阴极写在右边，并以单垂线 | 表示两相的界面，以双垂线 ‖ 表示盐桥。盐桥的两边应是两个电极所处的溶液。

在原电池工作过程中，两个电极上分别发生氧化和还原反应。锌铜原电池两

电极上进行的反应分别是

阳极反应　　$Zn(s) - 2e^- \xlongequal{} Zn^{2+}(aq)$

阴极反应　　$Cu^{2+}(aq) + 2e^- \xlongequal{} Cu(s)$

上式括号中的 s 和 aq 分别表示固态和水溶液。

整个电池进行的化学反应是两个电极反应之和,即

电池反应　　$Zn(s) + Cu^{2+}(aq) \xlongequal{} Zn^{2+}(aq) + Cu(s)$

需要注意的是,电池进行以上摩尔反应的同时,导线上通过 2mol 电子的电量。

由于 1 个电子所带的电量的绝对值为 1.6022×10^{-19}C(库仑),所以 1mol 电子所带电量为

$$Q = 6.022 \times 10^{23} \text{mol}^{-1} \times 1.6022 \times 10^{-19} \text{C} = 96\,485 \text{ C} \cdot \text{mol}^{-1}$$

1mol 电子所带电量称为法拉第常量,简写为 F,即

$$F = 96\,485 \text{ C} \cdot \text{mol}^{-1}$$

因此,锌铜原电池中发生 1mol 化学反应的同时,外电路上通过 $2F$ 的电量。

4.3　原电池的电动势

原电池是利用化学反应对外界做电功的装置。

根据电学知识,电功 W 等于电量与电动势的乘积;根据热力学原理,电功的负值等于恒温恒压下可逆化学反应的摩尔吉布斯函数增量 $\Delta_r G_m$。所以,电动势 E 与电池反应的 $\Delta_r G_m$ 有关。对于第 4.2 节中所讨论的锌铜原电池,电池每进行 1mol 反应,就有 $2F$ 电量通过电路,做电功 $2FE$,所以

$$\Delta_r G_m = -2FE$$

因此,该电池的电动势

$$E = -\Delta_r G_m / 2F$$

一般地,如果某原电池中电池反应的方程式为

$$a\text{A(aq)} + b\text{B(aq)} \xlongequal{} g\text{G(aq)} + d\text{D(aq)}$$

且该电池进行摩尔反应的同时有 n mol 电子通过电路,则

$$\Delta_r G_m = -nFE \tag{4-1a}$$

$$E = \frac{-\Delta_r G_m}{nF} \tag{4-1b}$$

应该指出,原电池电动势 E 的数值与电池反应方程式的写法无关。例如,把电池反应方程式中各组分的计量式系数同时改变成原先的 3 倍,即

$$3a\text{A(aq)} + 3b\text{B(aq)} \xlongequal{} 3g\text{G(aq)} + 3d\text{D(aq)}$$

这样,摩尔反应的 $\Delta_r G_m$ 成为原先的 3 倍,而通过的电量也成为原先的 3 倍。因

此，电动势 E 显然不会改变。

我们进一步讨论电动势与反应组分浓度的关系。

一个化学反应的摩尔吉布斯函数增量 $\Delta_r G_m$ 可用热力学等温方程式表示

$$\Delta_r G_m = \Delta_r G_m^{\ominus} + RT\ln \frac{\left(\frac{c_G}{c^{\ominus}}\right)^g \left(\frac{c_D}{c^{\ominus}}\right)^d}{\left(\frac{c_A}{c^{\ominus}}\right)^a \left(\frac{c_B}{c^{\ominus}}\right)^b}$$

式中，$\Delta_r G_m^{\ominus}$ 是各组分都处于标准状态下的反应摩尔吉布斯函数增量。

若原电池中各组分都处于标准状态下，电池的电动势记为 $E^{\ominus}$，则

$$\Delta_r G_m^{\ominus} = -nFE^{\ominus} \tag{4-1c}$$

所以

$$E = E^{\ominus} - \frac{RT}{nF}\ln \frac{\left(\frac{c_G}{c^{\ominus}}\right)^g \left(\frac{c_D}{c^{\ominus}}\right)^d}{\left(\frac{c_A}{c^{\ominus}}\right)^a \left(\frac{c_B}{c^{\ominus}}\right)^b} \tag{4-2}$$

式(4-2)称为电动势的能斯特方程，表示原电池各组分的浓度、原电池的温度与原电池电动势的关系。

使用能斯特方程时，反应组分浓度的表达应注意以下两点：

(1) 严格地说，式(4-2)中应该用活度 a 而不是浓度 c，本书中近似地以 c 代替 a 使用。因为纯的固体或液体的活度为1，所以，对于纯的固体或液体，式(4-2)中的浓度作为1。

(2) 对于气体组分，能斯特方程中相对浓度 $c/c^{\ominus}$ 改用相对压力 $p/p^{\ominus}$ 表示。

从能斯特方程容易知道，原电池对外做电功的过程中，随着电池反应的进行，原料A与B的浓度逐渐减小，而产物G与D的浓度逐渐增加，所以原电池的电动势将逐渐变小。

4.4 电极和电极电势

4.4.1 电极的种类

电极是由氧化态物质和对应的还原态物质构成的。氧化态物质和还原态物质，可以是离子，也可以是中性分子，已在第4.1节中有过说明。一般说来，同一个电极既可能发生氧化反应，也可能发生还原反应。在原电池中，一个电极究竟发生氧化反应还是发生还原反应，将在第4.5节中讨论。

最常见而简单的电极是由金属和金属离子构成的电极，如银电极 $Ag^+|Ag$。

非金属单质与它的离子也可以构成电极,如氢离子与氢气构成氢电极 $H^+|H_2$。氢电极发生的还原反应和氧化反应分别为

$$2H^+(c) + 2e^- = H_2(p)$$

$$H_2(p) - 2e^- = 2H^+(c)$$

同种元素不同价态的离子也能构成电极,如 Fe^{3+} 和 Fe^{2+} 构成 $Fe^{3+}|Fe^{2+}$ 电极。该电极上发生的还原反应是

$$Fe^{3+}(c_1) + e^- = Fe^{2+}(c_2)$$

发生的氧化反应是

$$Fe^{2+}(c_2) - e^- = Fe^{3+}(c_1)$$

$H^+|H_2$ 电极和 $Fe^{3+}|Fe^{2+}$ 电极的氧化态和还原态物质都在溶液中,通常需要用一导电的惰性材料(如石墨、金属 Pt)把电极发生氧化或还原时产生的电流从溶液中导出或导入。

同种元素不同价态的化合物或单质,也可以构成电极,如 $O_2|OH^-$、$AgCl|Ag$ 等。所构成的两个电极上所进行的还原反应分别是

$$O_2(g) + 2H_2O(l) + 4e^- = 4OH^-(aq)$$

$$AgCl + e^- = Ag + Cl^-$$

电极上进行的氧化反应就是上述反应的逆反应。

4.4.2 相对电极电势的确定

虽然每一个电极都有确定的电极电势数值,但是由于溶液中零电势的位置不易确定,所以不能用测量电极表面与零电势处的电势差的方法来确定该电极的电极电势。国际上根据统一的相对标准来确定电极的电势。所有电极的相对电极电势都是这样确定的:把“标准氢电极”的电极电势规定为零,其他电极的电势与标准氢电极电势的差值就是该电极的相对电极电势,简称电极电势。

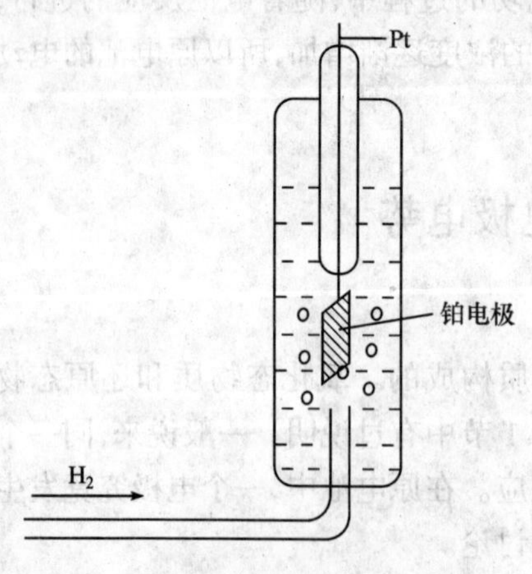

图 4-3 标准氢电极的组成和结构

标准氢电极是指处于标准状态下的氢电极,可表示为

$$Pt|H_2(p = p^\ominus)|H^+(c = 1mol \cdot L^{-1})$$

标准氢电极的组成和结构如图 4-3 所示。它是将镀有一层疏松铂黑的铂片插入标准 H^+ 浓度的酸溶液中,并不断通入压力为 $p^\ominus$ 的纯氢气流,使溶液中的氢离子与被铂片表面吸附的氢气建立下列平衡。

$$2H^+(aq) + 2e^- = H_2(g)$$

严格地说,H^+ 的标准状态应该 H^+ 的活度等于 1($a=1$)的状态,本书中近似地用 H^+ 的浓度等于 1($c=1mol·L^{-1}$)的状态代替严格的标准状态。

用待定电势的电极($A^+|A$)与标准氢电极($H^+|H_2$)组成一个原电池,该原电池的电动势 E 等于电极($A^+|A$)与标准氢电极($H^+|H_2$)电极电势的差,其数值可以测量得到。由于标准氢电极的电极电势 $\varphi^{\ominus}(H^+|H_2)=0$,所以该原电池的电动势就是待定的电极电势的绝对值。计算公式如下

$$E=\varphi^{\ominus}(H^+|H_2)-\varphi(A^+|A)=-\varphi(A^+|A)$$

或

$$E=\varphi(A^+|A)-\varphi^{\ominus}(H^+|H_2)=\varphi(A^+|A)$$

在上述电池中,若待定电极($A^+|A$)进行的是还原反应,标准氢电极($H^+|H_2$)进行的一定是氧化反应,所以电极($A^+|A$)的电极电势比标准氢电极($H^+|H_2$)的高,即电极($A^+|A$)的电极电势为正值。同理,若待定电极上实际进行的是氧化反应,则电极电势为负值。

根据上述方法,已经测定了许多电极在标准状态下的电极电势。一些常见电极在 298.15K 标准状态(活度 $a=1$,压力 $p=p^{\ominus}$)下的标准电极电势 $\varphi^{\ominus}$ 列于附录Ⅱ。

任何电极都可能发生氧化反应,也可能发生还原反应。例如,由标准铜电极和标准锌电极组成的铜锌原电池,两电极上的电极反应分别为

锌电极反应 $Zn(s)-2e^-=\!=\!=Zn^{2+}(aq)$

铜电极反应 $Cu^{2+}(aq)+2e^-=\!=\!=Cu(s)$

所以,电池反应为

$$Zn(s)+Cu^{2+}(aq)=\!=\!=Zn^{2+}(aq)+Cu(s)$$

所组成的原电池应表示为

$$Zn|Zn^{2+}(c_1)\|Cu^{2+}(c_2)|Cu$$

若用标准铜电极和标准银电极组成铜银原电池,由于铜比银容易失去电子(被氧化),所以两电极上的电极反应分别为

铜电极反应 $Cu(s)-2e^-=\!=\!=Cu^{2+}(aq)$

银电极反应 $2Ag^+(aq)+2e^-=\!=\!=2Ag(s)$

因此,电池反应为

$$Cu(s)+2Ag^+(aq)=\!=\!=Cu^{2+}(aq)+2Ag(s)$$

所组成的银铜原电池应该表示为

$$Cu|Cu^{2+}(c_1)\|Ag^+(c_2)|Ag$$

需要注意的是,对于任何确定的电极来说(如上述标准铜电极),无论它发生氧化还是还原,其电极电势的数值都是相同的,这是因为电极电势数值是与标准氢电

极比较而确定的。

4.4.3 电极电势的能斯特方程

大多数情况下,电极并非处于 298.15K 且活度 $a=1$、压力 $p=p^{\ominus}$ 的标准状态下,所以,仅仅知道标准状态下电极电势 $\varphi^{\ominus}$ 的数值显然是不够的。有必要进一步讨论电极在非标准状态下的电极电势,就是讨论电极电势 φ 与活度(本书为浓度 c)、压力 p 及温度 T 的关系。

对任意给定的电极,如果电极的氧化态物质为 A,还原态物质为 B,电极反应为

$$a\,\mathrm{A} + n\mathrm{e}^{-} \longrightarrow b\,\mathrm{B}$$

则

$$\varphi = \varphi^{\ominus} - \frac{RT}{nF}\ln\frac{\left(\frac{c_{\mathrm{B}}}{c^{\ominus}}\right)^{b}}{\left(\frac{c_{\mathrm{A}}}{c^{\ominus}}\right)^{a}} \tag{4-3}$$

式(4-3)称为电极电势的能斯特方程,它与原电池电动势的能斯特方程具有相同的形式。

反应组分若是纯的固体或液体,则式(4-3)中浓度数值取 1;若反应组分是气体,则相对浓度 $c/c^{\ominus}$ 改用相对压力 $p/p^{\ominus}$ 表示。

例如,对于氢电极,电极反应为 $2\mathrm{H}^{+}(\mathrm{aq}) + 2\mathrm{e}^{-} \longrightarrow \mathrm{H_2(g)}$,能斯特方程中氢离子用相对浓度 $c_{\mathrm{H}^{+}}/c^{\ominus}$ 表示,氢气用相对分压 $p_{\mathrm{H_2}}/p^{\ominus}$ 表示,即

$$\varphi(\mathrm{H^{+}|H_2}) = \varphi^{\ominus}(\mathrm{H^{+}|H_2}) - \frac{RT}{2F}\ln\frac{\left(\frac{p_{\mathrm{H_2}}}{p^{\ominus}}\right)}{\left(\frac{c_{\mathrm{H}^{+}}}{c^{\ominus}}\right)^{2}}$$

【例 4-1】 计算 298.15K,$c_{\mathrm{Zn}^{2+}} = 0.001\,00\mathrm{mol\cdot L^{-1}}$ 时锌电极的电极电势。

解 从附录Ⅱ查得锌的标准电极电势 $\varphi^{\ominus}(\mathrm{Zn^{2+}|Zn}) = -0.7618\mathrm{V}$

电极反应为 $\mathrm{Zn^{2+}(aq)} + 2\mathrm{e}^{-} \longrightarrow \mathrm{Zn(s)}$

根据能斯特方程,当 $c_{\mathrm{Zn}^{2+}} = 0.001\,00\mathrm{mol\cdot L^{-1}}$ 时,有

$$\varphi(\mathrm{Zn^{2+}|Zn}) = \varphi^{\ominus}(\mathrm{Zn^{2+}|Zn}) + \frac{RT}{nF}\ln\left(\frac{c_{\mathrm{Zn}^{2+}}}{c^{\ominus}}\right)$$

$$= -0.7618 + \frac{8.314\times 298.15}{2\times 96\,485}\ln 0.001\,00$$

$$= -0.8505\mathrm{V}$$

从本例可以看出,氧化态或还原态物质浓度的改变对电极电势有影响,但在通

常情况下影响不大。与标准状态 $c_{Zn^{2+}}=1mol \cdot L^{-1}$时的电极电势(-0.7618V)相比,当锌离子浓度减小到1/1000时,上面的计算表明,锌的电极电势改变不到0.1V。

【例4-2】 $MnO_4^- | Mn^{2+}$电极的电极反应为

$$MnO_4^- + 8H^+ + 5e^- \rightleftharpoons Mn^{2+} + 4H_2O$$

由能斯特方程可知,其电极电势与H^+浓度也有关。已知 $c_{MnO_4^-}=c_{Mn^{2+}}=1.000mol \cdot L^{-1}$,计算298.15K不同pH时,该电极的电极电势。

(1) pH =5。

(2) pH =1。

解 标准电极电势为 $\varphi^\ominus(MnO_4^- | Mn^{2+}) = 1.507V$

(1) pH =5时,$c_{H^+}=1.000\times10^{-5}mol \cdot L^{-1}$

$$\varphi(MnO_4^- | Mn^{2+}) = \varphi^\ominus(MnO_4^- | Mn^{2+}) - \frac{RT}{5F}\ln\frac{\left(\frac{c_{Mn^{2+}}}{c^\ominus}\right)}{\left(\frac{c_{MnO_4^-}}{c^\ominus}\right)\left(\frac{c_{H^+}}{c^\ominus}\right)^8}$$

$$=1.507-0.473$$

$$=1.034V$$

(2) pH =1时,$c_{H^+}=1.000\times10^{-1}mol \cdot L^{-1}$

$$\varphi(MnO_4^- | Mn^{2+}) = \varphi^\ominus(MnO_4^- | Mn^{2+}) - \frac{RT}{5F}\ln\frac{\left(\frac{c_{Mn^{2+}}}{c^\ominus}\right)}{\left(\frac{c_{MnO_4^-}}{c^\ominus}\right)\left(\frac{c_{H^+}}{c^\ominus}\right)^8}$$

$$=1.507-0.095$$

$$=1.412V$$

从本例可以看出,电解质溶液的酸碱性对含氧酸盐的电极电势有较大影响。酸性增强,电极电势明显增大,则含氧酸盐的氧化性显著增强。

【例4-3】 测得某锌铜原电池的电动势为1.06V,并已知其中 $c_{Cu^{2+}}=0.02mol \cdot L^{-1}$,问该原电池中 $c_{Zn^{2+}}$为多少?

解 该原电池反应为

$$Cu^{2+}(aq) + Zn(s) \rightleftharpoons Cu(s) + Zn^{2+}(aq), \qquad 且\ n=2$$

从附录Ⅱ查得 $\varphi^\ominus(Zn^{2+} | Zn) = -0.7618V$,$\varphi^\ominus(Cu^{2+} | Cu) = 0.3419V$。

该原电池的标准电动势为

$$E^\ominus = \varphi^\ominus_{阴} - \varphi^\ominus_{阳} = 0.3419V - (-0.7618V) = 1.1037V$$

根据能斯特方程

$$E = E^{\ominus} - \frac{8.314 \times 298.15}{2 \times 96\,485} \ln \frac{\left(\frac{c_{Zn^{2+}}}{c^{\ominus}}\right)}{\left(\frac{c_{Cu^{2+}}}{c^{\ominus}}\right)}$$

将有关数据代入,得

$$1.06V = 1.1037V - 0.012\,85\ln \frac{\left(\frac{c_{Zn^{2+}}}{c^{\ominus}}\right)}{\left(\frac{c_{Cu^{2+}}}{c^{\ominus}}\right)}$$

解得 $c_{Zn^{2+}} = 0.59 mol \cdot L^{-3}$。

从上例可见,如果原电池中一个电极的电极电势是确定的,那么可以通过测量该原电池的电动势 E,求得另一电极的电极电势,并由此求得构成这个电极的化学组分的浓度。

前面所讨论的都是原电池中通过的电流无限小,即电极反应和电池反应可逆情况下的电极电势,这种电极电势称为可逆电势或平衡电势。如果电流不是无限小,电极电势就不能简单地用上述能斯特方程进行计算。

电极电势因离子浓度的不同而不同,容易想像,由两种不同浓度的某金属离子的溶液分别与该金属组成电极,这样的两个电极显然也能组成具有一定电动势的原电池,这种原电池称为浓差电池。

4.5　电动势与电极电势在化学上的应用

电动势和电极电势是重要的物理量,从以下几个例子的讨论可以看出,在化学研究中它们有很多应用。

4.5.1　化学反应平衡常数 $K^{\ominus}$ 的测定

由热力学知道化学反应的平衡常数 $K^{\ominus}$ 与标准摩尔吉布斯函数增量 $\Delta_r G_m^{\ominus}$ 有如下关系

$$-RT \ln K^{\ominus} = \Delta_r G_m^{\ominus}$$

另外,从 4.3 节知道

$$\Delta_r G_m^{\ominus} = -nFE^{\ominus}$$

所以

$$\ln K^{\ominus} = nFE^{\ominus}/RT \qquad (4-4)$$

可见，如果能测量原电池的标准电动势 $E^{\ominus}$，就可以求出在温度 T 时电池反应的平衡常数 $K^{\ominus}$。由于电动势能够测量得很精确，所以用这一方法推算出的反应平衡常数，比用测量平衡浓度而得出的结果要准确得多。

为了用标准电动势 $E^{\ominus}$ 来确定反应的平衡常数，需要根据化学反应设计一个合适的原电池，在该电池中进行的反应正好是需确定平衡常数的化学反应。

【例 4-4】 计算下列反应在 298.15K 时的平衡常数 $K^{\ominus}$。

$$Cu(s) + 2Ag^{+}(aq) \longrightarrow Cu^{2+}(aq) + 2Ag(s)$$

解 按上述氧化还原反应设计一个原电池，两电极反应和标准电极电势分别为

阳极反应 $Cu(s) - 2e^{-} \longrightarrow Cu^{2+}(aq)$ $\varphi^{\ominus}(Cu^{2+}|Cu) = 0.3419V$

阴极反应 $2Ag^{+}(aq) + 2e^{-} \longrightarrow 2Ag(s)$ $\varphi^{\ominus}(Ag^{+}|Ag) = 0.7996V$

原电池的标准电动势为

$$E^{\ominus} = \varphi^{\ominus}(正) - \varphi^{\ominus}(负) = \varphi^{\ominus}(Ag^{+}|Ag) - \varphi^{\ominus}(Cu^{2+}|Cu)$$
$$= 0.7996 - 0.3419 = 0.4577V$$

$$\ln K^{\ominus} = 2FE^{\ominus}/RT = 35.63$$

$$K^{\ominus} = 4.2 \times 10^{15}$$

从以上结果可以看出，该反应进行的程度是相当彻底的。

【例 4-5】 设计合适的原电池，根据电动势计算 AgCl 在 298.15K 水溶液中的溶度积。

解 计算 AgCl 的溶度积，就是计算以下反应的平衡常数

$$AgCl \longrightarrow Ag^{+} + Cl^{-}$$

以 $Ag|Ag^{+}$ 电极为阳极，以 $AgCl + Ag|Cl^{-}$ 电极为阴极，构成原电池

$$Ag|Ag^{+}(c_1) \parallel Cl^{-}(c_2)|Ag + AgCl$$

阳极反应 $Ag - e^{-} \longrightarrow Ag^{+}$ $\varphi^{\ominus}(Ag|Ag^{+}) = 0.7996V$

阴极反应 $AgCl + e^{-} \longrightarrow Ag + Cl^{-}$ $\varphi^{\ominus}(AgCl + Ag|Cl^{-}) = 0.2223V$

可见，该原电池的电池反应就是需要讨论的反应

$$AgCl \longrightarrow Ag^{+} + Cl^{-}$$

该原电池的标准电动势为

$$E^{\ominus} = \varphi^{\ominus}(AgCl + Ag|Cl^{-}) - \varphi^{\ominus}(Ag|Ag^{+})$$
$$= 0.2223V - 0.7996V = -0.5773V$$

$$\ln K^{\ominus} = E^{\ominus}F/RT = -0.5773 \times 96\,485/(8.314 \times 298.15) = -22.471$$

$$K^{\ominus} = 1.742 \times 10^{-10}$$

4.5.2 物质氧化还原能力的比较

电极电势是电极氧化或还原能力的度量。例如，标准氢电极与标准锌电极一

起组成原电池时,标准氢电极发生的是还原反应,说明 H^+ 比 Zn^{2+} 容易还原,或者说 H^+ 离子的氧化能力比 Zn^{2+} 离子强。当标准氢电极和标准铜电极组成原电池时,标准氢电极发生的是氧化反应,说明 H_2 比 Cu 更容易氧化,也就是说 H_2 的还原能力比 Cu 强。

由此可见,若某电极电势代数值越小,则该电极上越容易发生氧化反应,或者说该电极的还原态物质越容易失去电子,是较强的还原剂;该电极的氧化态物质越难得到电子,是较弱的氧化剂。若某电极电势的代数值越大,则该电极上越容易发生还原反应,该电极的氧化态物质越容易得到电子,是较强的氧化剂;该电极的还原态物质越难失去电子,是较弱的还原剂。

例如,对于下列三个电极

电极	电极反应	标准电极电势 $\varphi^{\ominus}$/V
$I_2\|I^-$	$I_2(s) + 2e^- \rightleftharpoons 2I^-(aq)$	+0.5355
$Fe^{3+}\|Fe^{2+}$	$Fe^{3+}(aq) + e^- \rightleftharpoons Fe^{2+}(aq)$	+0.771
$Br_2\|Br^-$	$Br_2(l) + 2e^- \rightleftharpoons 2Br^-(aq)$	+1.066

从标准电极电势可以看出,在离子浓度为 $1mol \cdot L^{-1}$ 的条件下,I^- 是其中最强的还原剂,它可以还原 Fe^{3+} 或 Br_2;其对应的 I_2 是最弱的氧化剂,它不能氧化 Br^- 或 Fe^{2+}。Br_2 是其中最强的氧化剂,它可以氧化 Fe^{2+} 或 I^-;其对应的 Br^- 是其中最弱的还原剂,它不能还原 I_2 或 Fe^{3+}。Fe^{3+} 的氧化性比 I_2 要强而比 Br_2 的要弱,因而它只能氧化 I^-,而不能氧化 Br^-;Fe^{2+} 的还原性比 Br^- 的要强而比 I^- 的要弱,因而它可以还原 Br_2,而不能还原 I_2。

当电极中氧化态或还原态离子浓度不是 $1mol \cdot L^{-1}$,或者还有 H^+ 或 OH^- 参加电极反应时,不能直接使用标准电极电势 $\varphi^{\ominus}$ 来判断氧化还原能力,而应考虑离子浓度或溶液酸碱性对电极电势的影响,运用能斯特方程计算 φ 值后,再比较氧化剂或还原剂的相对强弱。

【例 4-6】 下列三个电极中,在标准条件下哪个是最强的氧化剂?若其中的 $MnO_4^-|Mn^{2+}$ 电极改为在 pH=5.00 的条件下,它们的氧化性相对强弱次序将怎样改变?

$$\varphi^{\ominus}(MnO_4^-|Mn^{2+}) = +1.507V$$
$$\varphi^{\ominus}(Br_2|Br^-) = +1.066V$$
$$\varphi^{\ominus}(I_2|I^-) = +0.5355V$$

解 (1)在标准状态下可用 $\varphi^{\ominus}$ 值的相对大小进行比较。$\varphi^{\ominus}$ 值的相对大小次序为

$$\varphi^{\ominus}(MnO_4^-|Mn^{2+}) > \varphi^{\ominus}(Br_2|Br^-) > \varphi^{\ominus}(I_2|I^-)$$

所以在上述物质中 MnO_4^-（或 $KMnO_4$）是最强的氧化剂，I^- 是最强的还原剂，即氧化性的强弱次序为 $MnO_4^- > Br_2 > I_2$

(2) $KMnO_4$ 溶液中的 pH=5.00，即 $c_{H^+} = 1.00\times 10^{-5} mol\cdot L^{-1}$ 时，根据能斯特方程进行计算得（见例 4-2）$\varphi(MnO_4^-|Mn^{2+}) = 1.034V$。此时电极电势相对大小次序为

$$\varphi^{\ominus}(Br_2|Br^-) > \varphi^{\ominus}(MnO_4^-|Mn^{2+}) > \varphi^{\ominus}(I_2|I^-)$$

这就是说，当 $KMnO_4$ 溶液的酸性减弱成 pH=5.00 时，氧化性的强弱次序变为

$$Br_2 > MnO_4^- > I_2$$

还需指出，在选择氧化剂和还原剂时，除了需要考虑上面所讨论的电极电势大小以外，有时还必须注意其他的因素。例如，欲从溶液中将 Cu^{2+} 还原成为金属铜，若只从电极电势大小考虑，可选用金属钠作为还原剂；但实际上，金属钠放入水溶液中，首先便会与水作用，生成 NaOH 和 H_2，而生成的 NaOH 进而与 Cu^{2+} 反应生成 $Cu(OH)_2$ 沉淀。若选用较活泼的金属锌，则过量的锌与还原产物铜会混在一起而不易分离。选用像 H_2SO_3 或 SO_2 这样的还原剂就较合理，一方面可将 Cu^{2+} 还原成铜，同时又易于分离。

4.5.3 氧化还原反应方向的判断

一个化学反应能否自发进行，可用反应的吉布斯函数增量 ΔG 来判断。在没有非体积功的恒温恒压条件下，若反应的 $\Delta G < 0$，反应就能自发进行；若反应的 $\Delta G > 0$，反应就不能自发进行；若反应的 $\Delta G = 0$，则反应处于平衡状态。

如果能设计一个原电池，使电池反应正好是所需判断的化学反应，由于反应的吉布斯函数变 ΔG 与原电池电动势的关系为 $\Delta G = -nEF$，若 $E > 0$，则 $\Delta G < 0$，在没有非体积功的恒温恒压条件下，该反应可以自发进行。

【例 4-7】 用电极电势判断下列反应进行的方向。

(1) $Sn + Pb^{2+}(1mol\cdot L^{-1}) \rightleftharpoons Sn^{2+}(1mol\cdot L^{-1}) + Pb$

(2) $Sn + Pb^{2+}(0.1000mol\cdot L^{-1}) \rightleftharpoons Sn^{2+}(1.000mol\cdot L^{-1}) + Pb$

解 各电极的标准电极电势为

$$\varphi^{\ominus}(Sn^{2+}|Sn) = -0.1375V, \qquad \varphi^{\ominus}(Pb^{2+}|Pb) = -0.1262V$$

(1) 当 $c_{Sn^{2+}} = c_{Pb^{2+}} = 1mol\cdot L^{-1}$ 时

$$\varphi(Pb^{2+}|Pb) = \varphi^{\ominus}(Pb^{2+}|Pb) = -0.1262V$$

$$\varphi(Sn^{2+}|Sn) = \varphi^{\ominus}(Sn^{2+}|Sn) = -0.1375V$$

可见，以 $(Pb^{2+}|Pb)$ 电极为阴极，$(Sn^{2+}|Sn)$ 电极为阳极的原电池，电动势为正。所以，在没有非体积功的情况下，以下正向反应能够自发进行

$$Sn + Pb^{2+}(1mol\cdot L^{-1}) \longrightarrow Sn^{2+}(1mol\cdot L^{-1}) + Pb$$

(2) 当 $c_{Sn^{2+}} = 1.000 mol \cdot L^{-1}, c_{Pb^{2+}} = 0.1000 mol \cdot L^{-1}$

$$\varphi(Pb^{2+}|Pb) = \varphi^{\ominus}(Pb^{2+}/Pb) - (RT/2F)\ln\{1/[c(Pb^{2+})/c^{\ominus}]\}$$
$$= -0.1558V$$
$$\varphi^{\ominus}(Sn^{2+}|Sn) > \varphi(Pb^{2+}/Pb)$$

所以在没有非体积功的情况下,反应按(1)中反应的逆向自发进行,即

$$Pb + Sn^{2+}(1.000 mol \cdot L^{-1}) \longrightarrow Pb^{2+}(0.1000 mol \cdot L^{-1}) + Sn$$

4.5.4 离子浓度的测量

由例 4-3 知道,通过测量原电池的电动势,可以确定溶液中某一离子的浓度 c_{A^+}。构成原电池的两个电极中,一个电极应该是电极电势固定不变且数值已知的电极,称为参比电极;另一个电极的电极电势与溶液中待测离子的浓度有关,称为指示电极($A^+|A$)。

若指示电极的电极电势较参比电极的电极电势高,所构成的原电池为

$$参比电极 \| A^+(c)|A$$

该原电池的电动势

$$E = \varphi(A^+|A) - \varphi(参比)$$

因为 φ(参比)数值已知,所以测量电池电动势 E 的数值,就可以求得电极($A^+|A$)的电极电势 $\varphi(A^+|A)$,然后根据电极电势的能斯特方程(4-3),求得浓度 c_{A^+}。

常用的参比电极是甘汞电极,它由汞、氯化亚汞(Hg_2Cl_2)和 Cl^- 组成,甘汞电极的结构如图 4-4 所示。

甘汞电极的电极反应为

$$Hg_2Cl_2(s) + 2e^- \rightleftharpoons 2Hg + 2Cl^-$$

其电极电势为

$$\varphi(Hg_2Cl_2|Hg) = \varphi^{\ominus}(Hg_2Cl_2|Hg) - \frac{RT}{F}\ln c_{Cl^-}$$

当 Cl^- 离子浓度恒定时,甘汞电极的电势就是一个定值。甘汞电极内部的 KCl 溶液若采用饱和 KCl 溶液,则称为饱和甘汞电极,它在 25℃ 时的电势值为 0.242V。

根据所要测量浓度的离子的性质不同,指示电极可选用金属电极或离子选择性膜电极。金属指示电极由金属及其离子构成。例如,将一根银丝插入 Ag^+ 溶液,就构成了一支能响应溶液中 Ag^+ 浓度的银指示电极。金属电极还可以指示某些阴离子的浓度。例如,$Ag + AgCl|Cl^-$ 电极可以用于溶液中 Cl^- 浓度的测定。

测量溶液中 H^+ 浓度(测量溶液 pH)可采用由特殊薄玻璃制成的玻璃膜电极,

玻璃膜电极的电势与 H^+ 浓度有关。

用酸度计(pH 计)测量 pH 时往往采用玻璃电极,pH 玻璃电极结构如图 4-5 所示。用玻璃电极作为指示电极、甘汞电极为参比电极,与待测溶液组成一个原电池

饱和甘汞电极‖试样溶液|pH 玻璃电极

该电池的电动势为

$$E = K - \frac{2.303RT}{F}\text{pH}$$

式中,K 是与玻璃电极有关的常数,每一玻璃电极的 K 值都不尽相同。测得该电池的电动势,即可求出待测溶液的 pH。商品 pH 计往往直接显示 pH,而不显示电动势的数值。

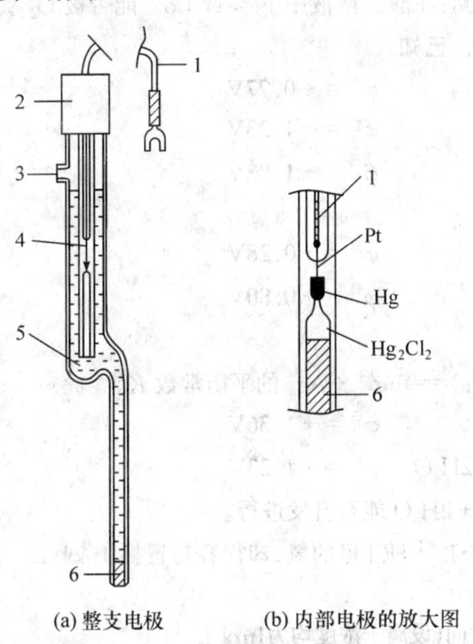

图 4-4 甘汞电极的结构示意图

1. 导线;2. 塑料帽;3. 加液口;4. 内部电极;5. 氯化钾溶液;6. 多孔陶瓷

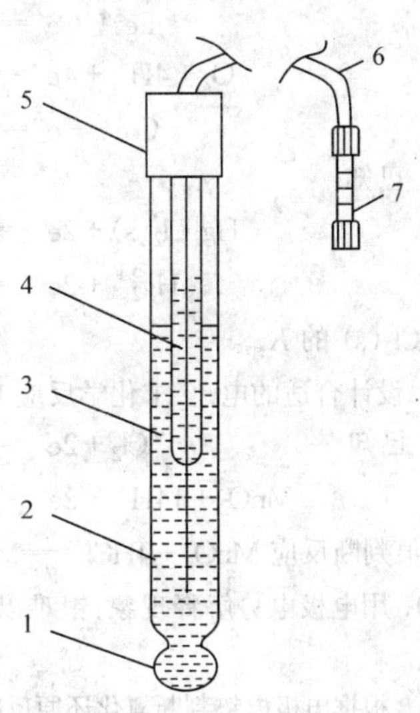

图 4-5 pH 玻璃电极结构示意图

1. 玻璃膜;2. 厚玻璃外壳;3. 0.1mol·L^{-1} HCl;4. Ag-AgCl 内参比电极;5. 绝缘套;6. 电极引线;7. 电极插头

习 题

1. 根据附录Ⅱ中电极的标准电极电势值,判断下列各组中最强的氧化剂和最强的还原剂分别是哪种物质?

(1) $Fe^{3+}|Fe^{2+}$,$I_2|I^-$,$Fe^{2+}|Fe$。

(2) $MnO_4^-|Mn^{2+}$,$Cl_2|Cl^-$,$H_2O_2|H_2O$。

2. 在 298K 时，已知原电池

Pt, O_2(100kPa) | H^+(0.10mol·L^{-1}) ‖ H^+(c)|O_2(100kPa), Pt 的电动势为 0.010V。求 H^+ 的浓度 c 为多少？

3. 写出下列电池中各电极上的反应和电池反应，并计算电极电势。

(1) Pt, H_2(100kPa) | HCl (0.1mol·L^{-1}) | Cl_2(100kPa), Pt。

(2) Ag(s) + AgI(s) | I^-(0.1mol·L^{-1}) ‖ Br^-(0.1mol·L^{-1}) | AgBr(s) + Ag(s)。

4. 当温度为 298.15K，H_2 的分压 p = 100 kPa，H^+ 浓度 c = 0.200 mol·L^{-1}时，求所组成的氢电极的电极电势。

5. 已知 $Cr_2O_7^{2-} + 14H^+ + 6e^- = 2Cr^{3+} + 7H_2O$, $E^\ominus$ = +1.232V。按能斯特方程计算 pH=1和 pH=5 时的 E 值各为多少？然后比较溶液酸性对 $Cr_2O_7^{2-}$ 氧化性强度的影响。

6. 298.15K 时，根据标准电极电势 $E^\ominus$ 值推测：在酸性溶液中 Fe^{2+} 或 Co^{2+} 能否被 O_2 氧化成为 Fe^{3+} 或 Co^{3+}？假设各物质都处于标准状态。已知

$$Fe^{3+} + e^- = Fe^{2+} \qquad \varphi^\ominus = +0.77V$$

$$O_2 + 4H^+ + 4e^- = 2H_2O \qquad \varphi^\ominus = +1.23V$$

$$Co^{3+} + e^- = Co^{2+} \qquad \varphi^\ominus = +1.83V$$

7. 已知

$$Hg_2Cl_2(s) + 2e^- = 2Hg + 2Cl^- \qquad \varphi^\ominus = +0.28V$$

$$Hg_2^{2+} + 2e^- = 2Hg \qquad \varphi^\ominus = +0.80V$$

求 Hg_2Cl_2(s) 的 K_{sp}。

8. 设计合适的电池，求化学反应 $Fe^{3+} + Ag(s) \rightleftharpoons Fe^{2+} + Ag^+$ 的平衡常数 $K^\ominus$。

9. 已知

$$Cl_2 + 2e^- = 2Cl^- \qquad \varphi^\ominus = +1.36V$$

$$MnO_2 + 14H^+ + 2e^- = Mn^{2+} + 2H_2O \qquad \varphi^\ominus = +1.23V$$

按 $E^\ominus$ 值判断反应 $MnO_2 + 4HCl = MnCl_2 + Cl_2 + 2H_2O$ 能否自发进行。

10. 用电极电势解释现象：银难以置换 1mol·L^{-1} HCl 里的氢，却很容易置换 1mol·L^{-1} HI 里的氢。

11. 根据电极电势判断氧化还原反应进行的方向(设离子浓度均为1mol·L^{-1})

$Sn^{2+} + 2Fe^{3+} \rightleftharpoons Sn^{4+} + 2Fe^{2+}$ 并计算反应的标准摩尔吉布斯函数变。

12. 根据有关 $\Delta G_f^\ominus$ 值求电极反应 $ClO_3^- + 6H^+ + 5e^- \rightleftharpoons \frac{1}{2}Cl_2 + 3H_2O$ 的标准电极电势。

第 5 章　物 质 结 构

化学家所说的物质结构，指的是原子如何形成分子，分子如何构成物质。物质通常有气、液、固三种状态。由于晶体是分子规则排列形成的固体，结构规律比较简单，人们对晶体的结构研究已经比较深入。通过对晶体结构的研究，人们还了解了分子结构，认识到原子形成分子时的一些基本规律。

研究晶体结构的现代实验方法，当属晶体 X 射线衍射。本章对物质结构的学习，建立在晶体 X 射线衍射的基础上。先学习测定晶体结构的衍射原理，然后在了解分子结构规律的基础上，讨论原子构成分子的规律，即化学键理论。

5.1　分子结构测定——晶体衍射

5.1.1　用晶体衍射实验测定分子结构

分子是由原子在三维空间上结合而成的，分子具有立体的结构。虽然人们不能用肉眼看到分子，但是已经发明了测定分子结构的实验方法，即可以用实验的方法测定分子中各个原子的相对几何位置和各原子的元素种类。X 射线晶体衍射的实验是目前最有效的测定分子结构的实验方法。迄今为止，人们所知道的分子立体结构大多数是通过 X 射线晶体衍射的实验而测定的。

利用 X 射线晶体衍射技术进行分子结构的测定，建立在测量晶体中各原子坐标的基础上。人们看不见晶体中的原子，如何来测量这些原子的坐标呢？

晶体是由原子（分子）构成的，原子核外绕着电子云，所以晶体中到处都分布着电子云。核外电子数越多的原子，其周围电子云的密度（单位体积中的电子数）也越大。在本章以后几节中（见第 5.1.3 节）将会讨论，可以利用晶体衍射所得到的实验数据，计算晶体中各处的电子云密度。图 5－1 是丁二酸四水合亚铁 $[Fe(C_4H_4O_4)(H_2O)_4]$ 晶体中局部电子云密度图。图 5－1 中电子云密度以等密度线的形式绘制，与地图的等高线相仿。

在电子云密度分布图 5－1 中出现峰值的位置，显然就是原子（核）的位置。根据晶体中电子云密度的分布情况，可以确定晶体中原子的坐标。电子云密度越大的峰，所对应的原子的核外电子数目越多，即原子序数越大。所以，也可以根据电子云密度图初步判断原子的种类。例如，从图 5－1 中电子云密度峰值的位置，可以确定该晶体中 1 个 Fe 原子、4 个 C 原子以及一个羧基上的 2 个 O 原子的坐标。

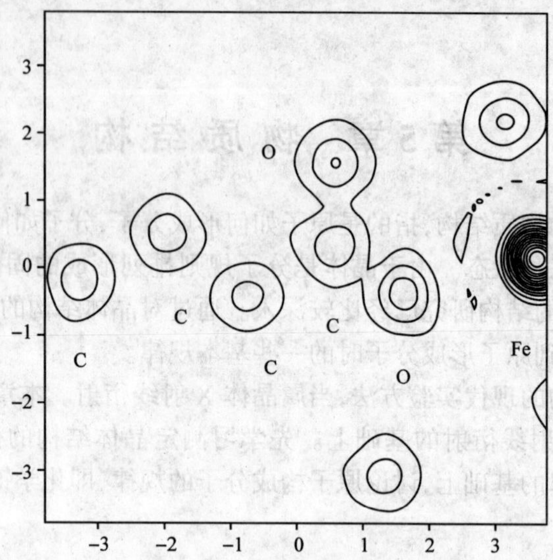

图 5-1　丁二酸四水合亚铁晶体中局部电子云密度图

晶体学研究中所采用的坐标通常是分数坐标。沿着晶胞 a，b，c 三条边的分数坐标，分别记为 x，y，z。在一个晶胞中，分数坐标取 0 到 1 之间的数值。根据图 5-1 中电子云密度峰的坐标，可用小球在晶胞中标记该原子的位置。图 5-2 中用不同半径的小球标记了晶胞中丁二酸四水合亚铁分子各原子的位置分布。

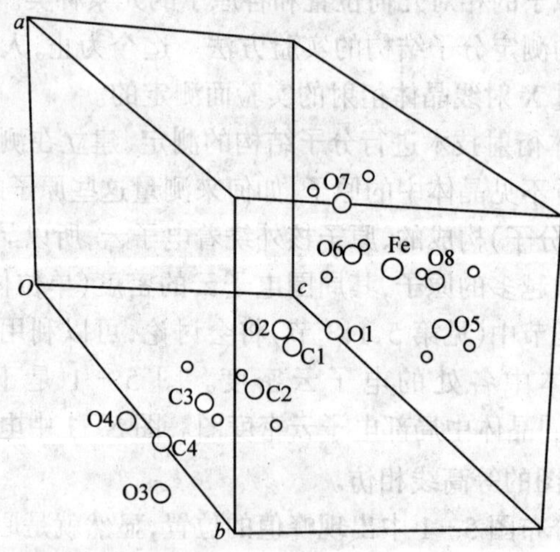

图 5-2　晶胞中丁二酸四水合亚铁分子各原子的位置分布图

确定晶胞中各原子的坐标以后，就不难计算出这些原子相互之间的距离，从而了解哪些原子之间存在化学键（化学键用短棍表示）。这样就测定了该物质分子的三维结构(图 5 - 3)。

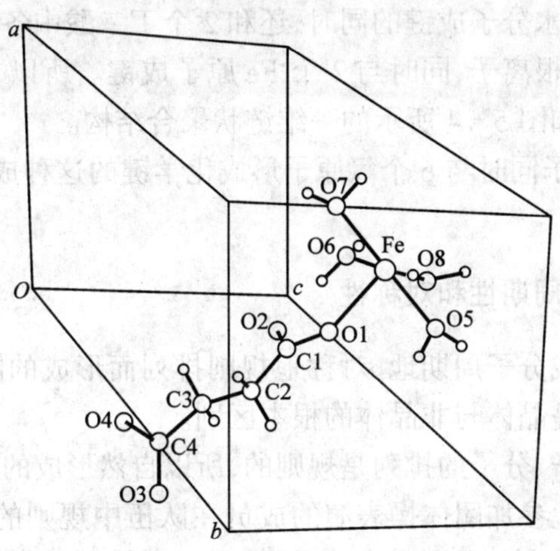

图 5 - 3　丁二酸四水合亚铁分子在晶体中的分子的三维结构图

在晶体中,原子的排列具有周期性(参见第 5.1.2 节)。如果把图 5 - 3 中丁二酸四水合亚铁分子中的所有的原子,沿着晶胞 a 边的方向平移一个周期的距离后再沿 c 边方向平移一个周期的距离,得到另一个丁二酸四水合亚铁分子,其链状聚合结构如图 5 - 4 所示。

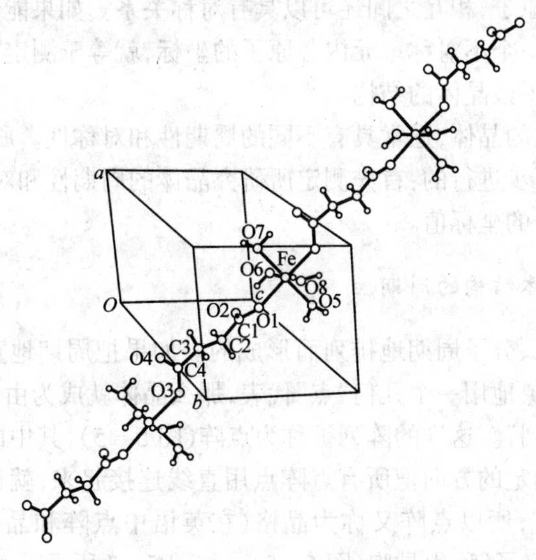

图 5 - 4　丁二酸四水合亚铁分子的链状聚合结构图

从图 5 - 4 可见,后一分子中的一个氧原子(图中标记为 O3)与前一分子中的

Fe 原子距离很近,它们之间存在化学键。因此,在丁二酸四水合亚铁的晶体中,每一个 Fe 原子和 4 个水分子成键的同时,还和 2 个丁二酸中各一个氧原子成键。同样地,每一个丁二酸根离子,同时与 2 个 Fe 原子成键。所以,在晶体状态下,丁二酸四水合亚铁具有如图 5-4 所示的一维链状聚合结构。

1 个二价 Fe 离子同时与 6 个氧原子形成化学键的这种成键方式,将在第 7 章讨论。

5.1.2 晶体结构的周期性和对称性

晶体是由原子或分子周期地、对称地规则排列而形成的固体。周期性与对称性,是晶体的特征,是晶体与非晶体的根本区别。

由于晶体中原子、分子的排列是规则的,所以自然形成的晶体一般都具有规则的几何外形。就好比参加团体操表演的成员在队伍中规则的排列,使得整个团体操队伍的边界显得整齐。需要注意的是,外形规则并不是晶体的特征。如果晶体破了 1 个角,外形虽然不规则了,但并不影响内部原子、分子的规则排列,所以仍是晶体;相反,玻璃内部分子的排列是不规则的,即使通过加工使得外形非常规则,但其内部分子排列仍是不规则的,所以玻璃是非晶体。

晶体结构测定就是测定晶体中各原子的坐标值。如果知道晶体的周期,那么显然只需要测定处于一个周期内的各原子的坐标即可。由于晶体中还存在对称性,同一周期内的原子,相互之间还可以具有对称关系。如果能够确定晶体的对称性,那么只需测定一个不对称单元内各原子的坐标,就等于测定了该晶体中所有原子的坐标,即测定了该晶体的结构。

化学组成不同的晶体,通常具有不同的周期性和对称性。所以,晶体结构的测定可以认为是分两步进行的:首先测定所研究晶体的周期性和对称性,然后测定不对称单元内各原子的坐标值。

5.1.2.1 晶体结构的周期性

晶体是由原子、分子周期地排列而形成的。如果把周期地重复出现的那一部分原子或分子,抽象地用一个几何“点”代表,那么晶体就成为由许多“点”整齐排列而形成的一个“阵列”。这样的阵列被称为点阵(图 5-5),其中的“点”被称为点阵点。如果沿 3 个选定的方向把所有点阵点用直线连接起来,就得到许多由平行六面体构成的“格子”,所以点阵又称为晶格(在英语中点阵和晶格是同一个词 lattice)。每一个小“格子”称为晶胞(图 5-5)。如图 5-5 所示,一个晶胞对应一个点阵点,所以晶胞能表示晶体结构的周期性。如果一个晶胞中所有原子的坐标都被确定,那么整个晶体中的原子坐标也就都被确定了。这样,整个晶体的结构就确定了。

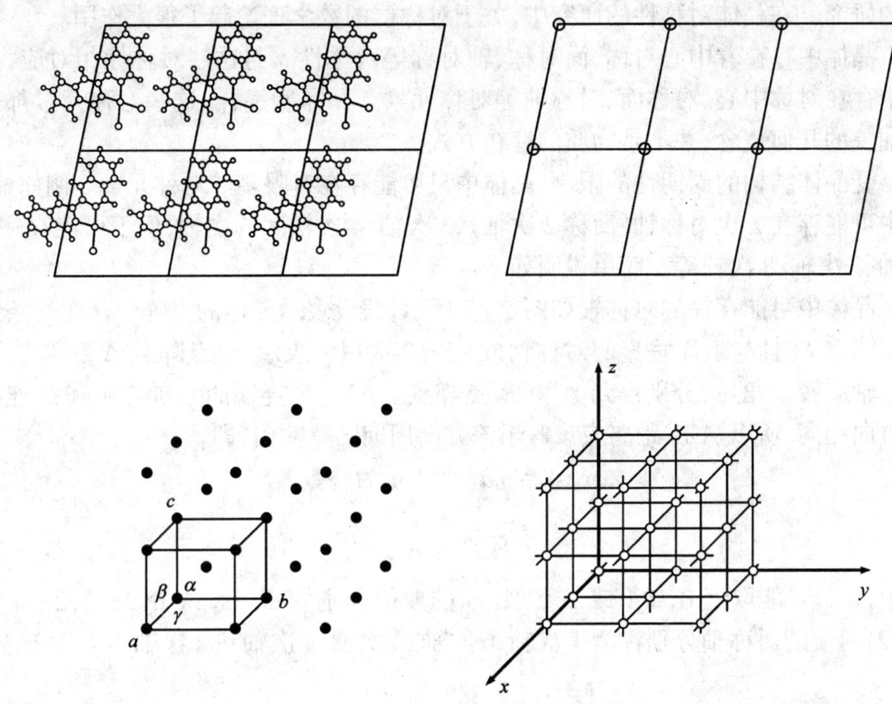

图5-5 点阵和晶胞

晶胞的边长就是该方向上晶体结构的周期。晶胞边长 a,b,c 和3条边两两之间的夹角 α,β,γ,称为晶胞参数。晶胞参数表示了晶胞的大小和形状,定量地表示了晶体结构的周期性。用晶体衍射的实验可以测定晶胞参数(参见第5.1.2节)。在晶体结构和分子结构的表示中,通常采用 Å(埃,angstrom,10^{-1}nm)为单位,大多数晶体的晶胞边长在10Å的数量级。显然,晶胞体积越大,晶胞中包含的原子数就越多,晶体结构的测定就越困难。由结构简单的分子所形成的晶体,通常晶胞较小,结构测定较容易;由生物大分子等复杂分子形成的晶体,仅从晶胞体积看,就可知道结构测定比较困难。

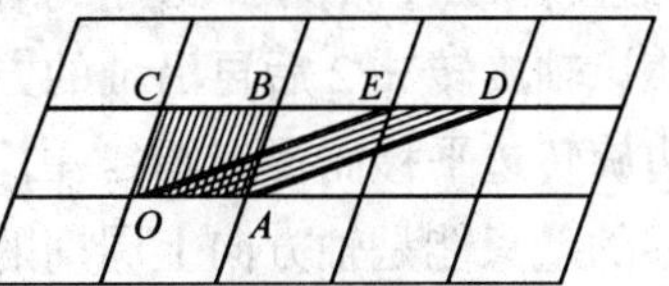

图5-6 不同形状晶胞的选取示意图

用直线连接点阵点时,如果选取的方向不同,就可以得到不同大小、不同形状的晶胞,如图5-6所示。显然,通常以选择体积小而且夹角接近直角的晶胞 *OABC* 较合适。

5.1.2.2 晶体结构的对称性

从19世纪初到19世纪末的近100年时间中,科学家们完成了晶体结构对称性的研究。在晶体对称性的研究中，关于对称群的数学理论起了很大作用。

晶体中存在着中心对称、面对称、轴对称等对称性。与这些对称性相对应，晶体中存在对称中心、对称面、对称轴等对称元素。和晶胞一样，这些对称元素都只是抽象的几何概念，并不是物质的存在方式。

受晶体结构的周期性的限制，晶体中只可能存在有限多的对称元素。例如，晶体中可能存在 2 次对称轴（简称 2 次轴）、3 次轴、4 次轴和 6 次轴，但不可能存在 5 次轴、7 次轴、8 次轴等。简单说明如下。

晶体中可能存在的对称轴如图 5-7 所示，假设表示晶体的点阵中存在一条经过点阵点 O 且与纸面垂直的对称轴（图 5-7 中用×表示）。点阵点 A 和 B 绕该对称轴旋转 ω 角后，分别得到 A' 和 B' 点阵点。A' 和 B' 连线的方向与 A 和 B 连线的方向相同，所以 $A'B'$ 距离应该等于该方向周期的整数倍，即

$$2a\cos\omega = na \qquad (n \text{ 为整数})$$

$$\cos\omega = \frac{n}{2}$$

式中，n 只可能取值 0，±1 或 ±2，则 ω 的取值分别为 $2\pi/1$，$2\pi/6$，$2\pi/3$，$2\pi/4$ 和 $2\pi/2$，对应的对称轴分别称为 1 次轴、6 次轴、3 次轴、4 次轴和 2 次轴。

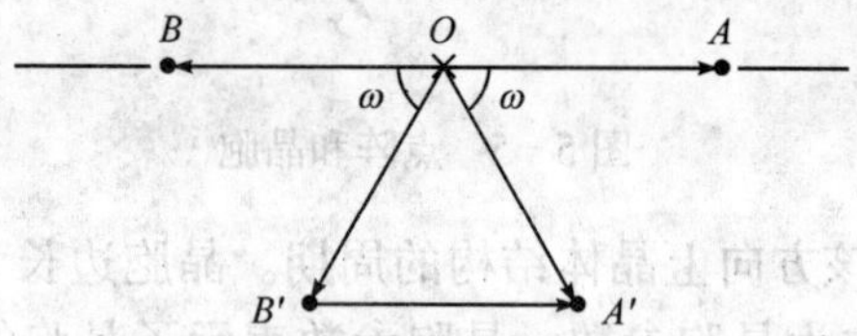

图 5-7 晶体中可能存在的对称轴

除了上述 5 种对称轴以外，晶体中还允许存在另一类对称轴，即螺旋对称轴（简称螺旋轴）。螺旋轴对称可以看成是旋转和沿轴方向平移组合而得到的螺旋对称性（图 5-8），图 5-8 中与 M 具有 2 次螺旋轴对称关系的 M'，可以理解为是 M 绕该轴旋转 $\pi/2$ 后再沿轴的方向平移 1/2 周期而得到的，当然也可以理解为把 M 边旋转边平移而得到 M'。由于晶体结构周期性的限制，在 2 次螺旋轴对称中，平移的量只能是轴方向上周期的 1/2。2 次螺旋轴的晶体学记号为 2_1，其中 2 表示旋转 $\pi/2$，下标 1 表示平移量是 1/2。晶体中可能存在的 3 次螺旋轴有两种，分别表示为 3_1 和 3_2，这两种螺旋轴符号中的 3 表示旋转 $\pi/3$，下标 1 和 2 分别表示平移量是周期的 1/3 和 2/3。晶体中还存在其他的螺旋轴，如 4_1、4_2、4_3 等。

晶体中的对称面，除了大家熟知的镜面以外，还有被称为滑移面的一类对称面。滑移面对称可以看成是镜面对映和平行于对称面的平移组合而得到的滑移对称性（图 5-9），图 5-9 中与 N 有 a 滑移面对称关系的 N'，可以理解为是 N 关于

镜面对映后再沿晶胞 a 边方向平移 1/2 周期而得到的。受晶体周期性的限制，平移的量只能是周期的 1/2。在滑移面对称中，允许有几种不同的平移方向，详细内容可参看晶体学专著。

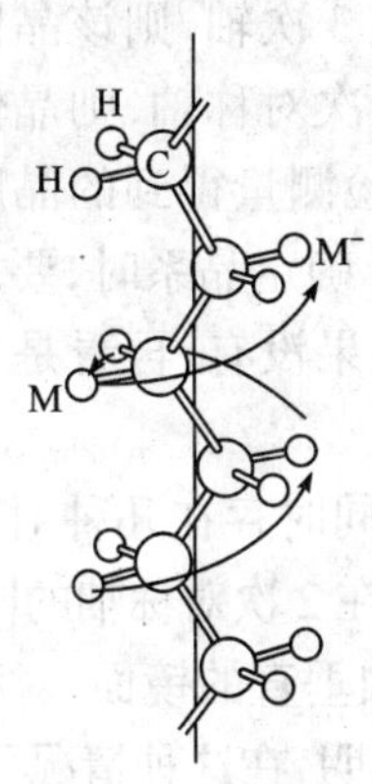

图 5-8　晶体中的螺旋对称性

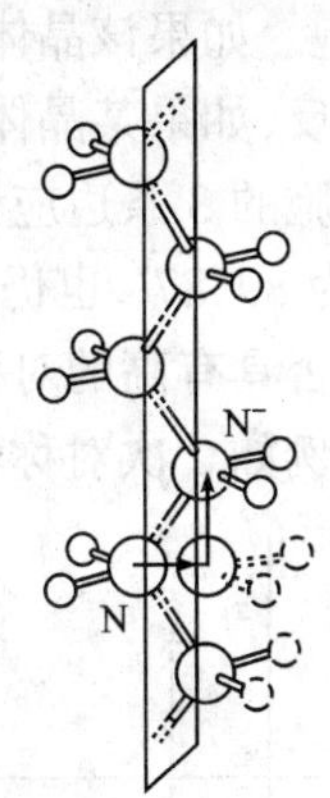

图 5-9　晶体中的滑移对称性

根据晶体中的对称元素，可以把晶体分成 7 个晶系，晶系划分及相应的晶胞形状见表 5-1。可以证明，属于某一晶系的晶体一定具有对应形状的晶胞。例如，正交晶系的晶体，其晶胞的三条边互相正交；立方晶系的晶体，其晶胞形状是立方体。

表 5-1　晶系划分及相应的晶胞形状

晶 系	特征对称元素	晶胞形状
立方晶系	4 个按立方体的对角线取向的 3 次对称轴	$a = b = c$ $\alpha = \beta = \gamma = 90°$
六方晶系	6 次对称轴	$a = b \neq c$ $\alpha = \beta = 90°, \gamma = 120°$
四方晶系	4 次对称轴	$a = b \neq c$ $\alpha = \beta = \gamma = 90°$
三方晶系	3 次对称轴	$a = b = c$ $\alpha = \beta = \gamma$
正交晶系	2 个互相垂直的对称面或 3 个互相垂直的 2 次对称轴	$a \neq b \neq c$ $\alpha = \beta = \gamma = 90°$
单斜晶系	2 次对称轴或对称面	$a \neq b \neq c$ $\alpha = \gamma = 90°$
三斜晶系	没有以上对称元素	$a \neq b \neq c$ $\alpha \neq \beta \neq \gamma$

判断某一晶体属于什么晶系时,要注意两个问题:①晶系是根据该晶体中存在的对称元素来划分的,不是根据晶胞的形状划分的。例如,某种分子所形成的晶体,在3个方向上的周期几乎相等,而且3个方向互相几乎垂直,因此得到形状为立方体的晶胞。如果该晶体中的体对角线方向不存在3次轴,则该晶体并不属于立方晶系;相反,如果某晶体中存在3条互相垂直的2次对称轴,则晶体就属于正交晶系,其晶胞的3条边应该互相垂直。即使衍射实验测量得到的晶胞夹角不是正好90°,如为89.87°,也仍应当成90°;②根据表5-1确定晶系时,要从上往下判断,即先看是否具有高的对称性(例如4次对称轴),如果没有,再看是否具有低一些的对称性(例如2次对称轴)。

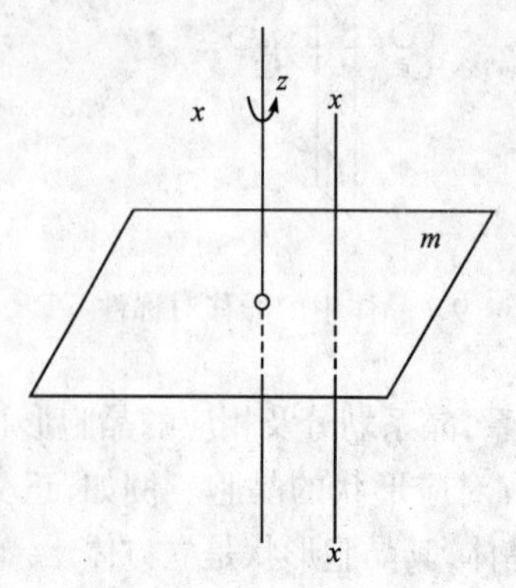

图5-10 对称性组合

一个晶体中,可以同时存在几种对称元素。例如,沿晶胞 b 边方向存在2次对称轴的同时,还可以存在与上述2次对称轴垂直的镜面,对称性组合如图5-10所示。容易证明,在这种情况下,该晶体中必然存在对称中心,其位置就在2次轴与镜面的交点。这一例子说明,晶体中如果同时存在几种对称元素,这些对称元素有可能组合出新的对称元素。

晶体中存在的对称元素种类是有限的,对称性组合的方式也是有限的。只有1次对称轴(也可以理解为没有对称性)的晶体和只有对称中心的晶体,是两种对称性最简单的晶体。早在19世纪末,晶体学家就已证明,晶体中只可能有230种不同的对称性或对称性的组合,称为230种空间群。每一种空间群对应着一种对称性(组合)的情况。按照从简单到复杂的顺序排列,只含有1次对称轴的晶体,属于第1号空间群,除了1次对称轴以外再含有对称中心的晶体,属于第2号空间群。

从晶体的外形并不能知道晶体的周期性(晶胞)和对称性(空间群),但通过晶体的衍射实验,可以测量晶胞参数,并在一定程度上了解晶体中可能存在哪些对称元素,判断晶体可能属于什么空间群(参见第5.1.3节)。

5.1.3 晶体的衍射条件

1911年,德国科学家劳厄(Laue)在研究光的衍射过程中,根据X射线的波长和晶体中原子距离相仿的事实,产生了X射线照射到晶体上应该产生衍射的想法。这一想法于1912年被实验证实。

X射线是穿透能力很强的电磁波。根据物理学的电动力学理论,进入晶体的X射线与晶体中运动着的电子云相互作用,产生强度较弱、波长相同的二次X射线。晶体中每一处有电子云的地方,都能产生这种朝四面八方散射的二次X射线。在散射的某些方向上,这些二次 X 射线互相干涉而得到加强,这就是晶体的 X 射线衍射现象。X 射线因干涉而得到加强的方向,在晶体学中称为衍射方向,在该方向上得到加强的 X 射线,被称为衍射光,简称衍射。所以,在本章后面的叙述中,衍射一词有两种含义,请注意区分。

从光的衍射理论知道,波程差等于波长整数倍的两列电磁波,能相互干涉而得到加强。晶体的 X 射线衍射现象,也服从上述衍射理论。根据这一衍射理论,可以判断什么方向是衍射方向。由于严格的证明涉及较深的晶体学理论,这里晶体的衍射条件只以图 5-11 的二维点阵为例,做一简单的说明。

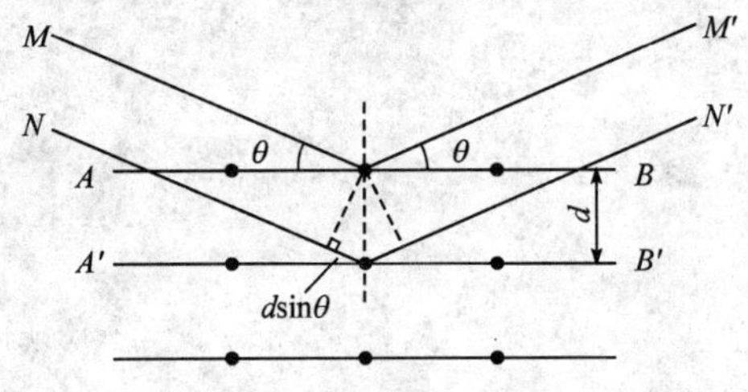

图 5-11 晶体的衍射条件

图 5-11 中 M 和 N 代表入射到晶体的平行 X 射线,M' 和 N' 分别代表从晶体中产生的衍射;在晶体中可以找到平行的 AB 晶面和 $A'B'$ 晶面(通过点阵点的平面),与入射 X 射线及衍射 X 射线有相同的夹角。记晶面间的距离为 d,晶面与 X 射线的夹角为 θ。从图 5-11 可见,沿 NN' 行进的 X 射线与沿 MM' 行进的 X 射线,波程差等于 $2d\sin\theta$。根据衍射理论

$$2d\sin\theta = n\lambda \qquad (5-1)$$

式中,λ——X 射线的波长;

n——整数。

式(5-1)称为布拉格方程。从布拉格方程可以计算入射和衍射 X 射线与晶面之间应该具有的夹角 θ。由于 $\sin\theta$ 在 $+1$ 和 -1 间取值,所以射线的波长 λ 应该和晶面间距 d 有相同的数量级。由于多数晶面间距小于 10Å,所以通常选用波长为 1Å 左右的 X 射线进行晶体衍射实验。

从晶体中产生的衍射,可以使放置在适当位置的感光材料感光,从而在感光材料上记录下衍射信息。以前用 X 射线照相底片作为感光材料来记录衍射信息,近年来发明了对 X 射线更灵敏的新感光材料,如 CCD 和成像板,使得晶体衍射的实验质量得到很大的改进。图 5-12 是一张晶体的 X 射线衍射实验得到的照片,所用的感光材料是 CCD。从图 5-12 可见,有数以百计不同方向的衍射光在照片上留下了感光斑点,通常称为衍射点。进行晶体衍射实验时,通常需要在不同方向上对同一晶体拍摄数十张照片,以尽可能完整地记录下在各个方向上产生的衍射的

信息。

图 5-12 晶体的 X 射线衍射实验照片

各衍射点在照片上的位置,对应了从晶体中产生的该衍射光束的行进方向。各衍射点的黑度,反映了该衍射的强度。各衍射的方向和衍射的强度,都与晶体结构相关,携带着晶体结构的信息,是重要的实验数据。为了能明确表达各衍射的方向和强度,显然有必要给各衍射点"命名"。一张照片上的不同衍射点,可以用第几行第几列两个数值加以区别;不同照片上的衍射点,还应该表明是第几张照片上的衍射点。所以,需要用 3 个整数值来区分不同的衍射点,如这是"2 3 1"衍射点,那是"1 2 5"衍射点,等等。这 3 个用来区分衍射点的整数值,称为衍射指标,通常用字母 hkl 表示。

衍射照片上衍射点的位置,反映了衍射的方向。可以根据衍射点的位置,推算出衍射光与入射光的夹角,进一步求得衍射光与晶面的夹角 θ。然后利用布拉格公式,求得晶面间距 d。如果晶胞夹角为直角,则最大的晶面间距 d 就等于晶胞的边长。根据晶体衍射实验得到的衍射照片,可以测定晶胞边长。根据衍射点在照片上的位置,和可以推导得到晶胞夹角。所以,晶体的衍射实验可以测定晶胞参数。关于晶胞参数测定的详细讨论,可参看晶体学专著。

晶体的衍射强度,反映了晶体中电子云分布情况,与晶体结构密切相关。

5.1.4 晶体的衍射强度

根据物理学光学理论,光的强度与光波的振幅平方成正比。衍射作为一种电

磁波,其强度 I 与波的振幅 F 的平方成正比,即

$$I = K|F|^2 \tag{5-2}$$

式中,K 为比例系数,数值与实验所用晶体的体积、入射 X 射线的强度、实验温度等许多因素有关。如果影响 K 值的上述诸因素都固定不变,更换不同化学组成和结构的晶体来进行衍射实验,容易想像,将会得到不相同的衍射强度。也就是说,晶体的衍射强度 I 应该与晶体结构有关。所以,式(5-2)中的 F,其数值与晶体结构相关,被称为结构因子。

入射 X 射线与晶体中各处的电子云相互作用而得到衍射,所以衍射光的振幅、衍射强度应该与晶体中电子云分布的状况有关。对于衍射指标为 hkl 的衍射,其结构因子 $F(hkl)$与晶体中电子云密度 $\rho(xyz)$的关系,可以从理论上推导得到

$$F(hkl) = \iiint \rho(xyz)\exp[i2\pi(hx + ky + lz)]\mathrm{d}x\mathrm{d}y\mathrm{d}z$$

上式的被积函数,是函数 $\rho(xyz)$与包含 hkl 变量的指数函数 $\exp[i2\pi(hx+ky+lz)]$的乘积,这样的积分,数学上称为对函数 $\rho(xyz)$作傅里叶(Fourier)变换。

根据数学理论,如果函数 $\rho(xyz)$作傅里叶变换后得到函数 $F(hkl)$,那么函数 $F(hkl)$ 作傅里叶逆变换后可以得到函数 $\rho(xyz)$,即

$$\rho(xyz) = \frac{1}{V}\iiint F(hkl)\exp[-i2\pi(hx + ky + lz)]\mathrm{d}h\mathrm{d}k\mathrm{d}l$$

由于 hkl 不是连续的变量,所以上式积分需要改成加和来进行计算,即

$$\rho(xyz) = \frac{1}{V}\sum_{hkl} F(hkl)\exp[-i2\pi(hx + ky + lz)] \tag{5-3}$$

根据晶体衍射照片上衍射点的黑度可以测量衍射强度 I 的相对数值,按照式(5-2),可以进一步计算结构因子 F 的数值①。在求得具有不同指标衍射的结构因子 $F(hkl)$以后,利用式(5-3)就可以计算晶胞中各处的电子云密度 $\rho(xyz)$的数值。

如果固定 xyz 中某一个的数值,例如固定 $y=0.5$,则可得到晶胞中电子云密度分布的截面图。图 5-1 就是丁二酸四水合亚铁晶体中局部的电子云密度截面。

根据晶胞中电子云密度的分布情况,可以得到原子的近似坐标,了解晶体的初步结构。在晶体初步结构的基础上,对数据进行进一步的处理,可以使坐标数值更精确,分子结构更准确。

5.1.5 分子结构的规律

20 世纪后半叶,随着计算机自动化技术的崛起,人们制造出新型的衍射仪,科

---

① 事实上 F 是复变量。按式(5-2)只能得出复数的模而无法得到幅角。幅角的物理意义是衍射光的初相位,讨论过于复杂,本书不便涉及。详见《晶体学》。

学家编写了大量用于晶体学计算和绘图的计算机程序，X 射线晶体学得到了迅速的发展。借助于新型的衍射仪和计算机，人们测定了大量的晶体结构，获得了许多分子结构的知识。

从已经测定的分子结构中，人们发现成键原子之间的距离有基本固定的数值。例如，大多数碳原子与碳原子的成键距离约为 1.542Å(单键)，也有些碳原子的成键距离约为 1.330Å(双键)。如果把原子想像成小球，成键时原子小球互相紧密接触，那么，从 1.542Å 的 C—C 距离可以知道，形成共价单键时 C 原子的半径为 0.771Å，这个距离称为碳原子的共价单键半径；从 1.330Å 的 C—C 距离知道，形成共价双键时 C 原子的半径为 0.665Å，这个距离称为碳原子的共价双键半径。根据大量晶体结构数据，已经推算出各种原子的共价半径，一些常见非金属原子的共价半径列于表 5-2。

表 5-2　一些常见非金属原子的共价半径(单位：Å)

原子	H	B	C	N	O	F	Si	P	S	Cl
单键	0.30	0.88	0.771	0.70	0.66	0.64	1.17	1.10	1.04	0.99
双键		0.76	0.665	0.60	0.55		1.07	1.00	0.94	
叁键		0.68	0.602	0.547			1.00	0.93	0.87	

原子核外围绕着没有明确边界的电子云，所以对于单独存在的原子来说，并没有明确的原子半径。表 5-2 所列出的半径，是建立在成键时原子小球紧密接触的假设基础上的；这些半径数据只具有相对的意义。根据表 5-2 的数据，简单相加就可以计算正常情况下的共价键键长。

在有些情况下，人们发现形成共价键的原子并不符合上述共价半径的规律。例如，在苯分子中，所有的 C 原子间距离都几乎相等，键长为 1.39Å，半径小于单键键长 1.54Å 而大于双键键长 1.32Å。说明了 C—C 键既非典型的单键也非典型的双键。键长处于单键与双键之间，说明这个化学键既有单键成分，也有双键成分。以后我们用成键电子的离域概念来解释这种现象(参见第 6 章 6.2.2 节)

晶体中相邻的两个分子之间不存在化学键，但是，位于分子交界处的原子，它们之间的距离往往也表现出基本固定的数值。例如，两个氧原子之间如果没有化学键作用，那么它们之间最近的距离约为 2.80Å。把这个距离的一半当成氧原子在不成键时表现的半径，称为原子的范德华半径。根据从晶体结构中得到的大量数据，总结出各种原子的范德华半径，一些常见原子的范德华半径列于表 5-3 中。

表 5-3　一些常见原子的范德华半径(单位：Å)

原子	H	N	O	P	S	Cl	Br
范德华半径	1.2	1.5	1.4	1.9	1.85	1.8	1.95

图 5 - 13 是根据晶体结构数据绘制的 C_{60}分子与溶剂之间的范德华接触。C_{60}晶体中还存在着结晶溶剂(结晶苯、结晶二碘甲烷)，根据它们的坐标数值，一起绘制在图 5 - 13 中，图 5 - 13(a)为常见的球棍模型图，其中的原子小球并不按共价半径绘制；图 5 - 13(b)为空间填充模型图，所有的原子根据范德华半径绘制。由图 5 - 13可见，C_{60}分子与溶剂分子间保持着范德华接触；它们之间不可能再插入其他原子、分子。

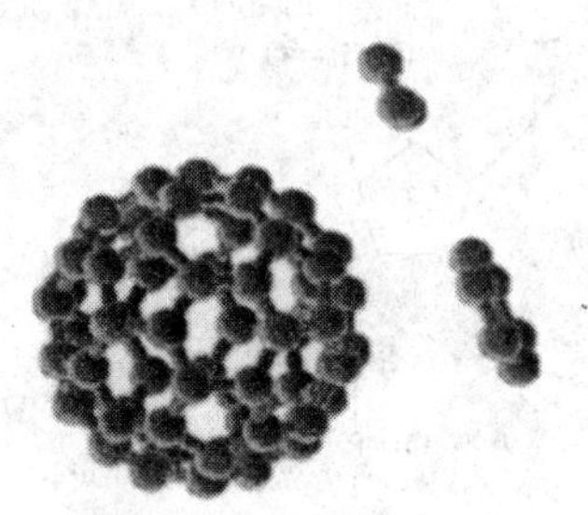

(a) 常见的球棍模型图

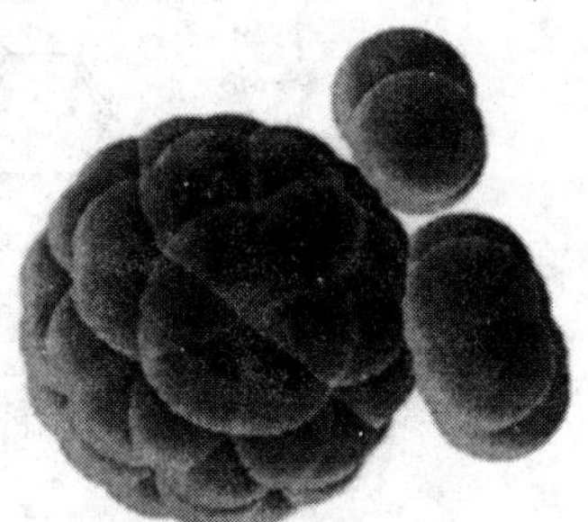

(b) 空间填充模型图

图 5 - 13　C_{60}分子与结晶溶剂之间的范德华接触

在研究不成键原子相互间的距离时，人们发现有些原子既不符合共价半径的规律，也不符合范德华半径的规律。例如，在图 5 - 14所示的螺旋状分子结构中的氢键图，用虚线所指示的 H—N 原子之间的距离约为 2.0Å，比 H 原子和 N 原子的共价半径之和(1.0Å)大得多，但是比两原子的范德华半径之和 2.7Å 又小得多。分子的螺旋结构显示出 H—N 原子间存在着一定的作用力，但这种作用力比共价键弱，比范德华接触要强。这种有 H 原子参与的不同于普通化学键的原子间作用力，称为氢键(参见第 5.3 节)。

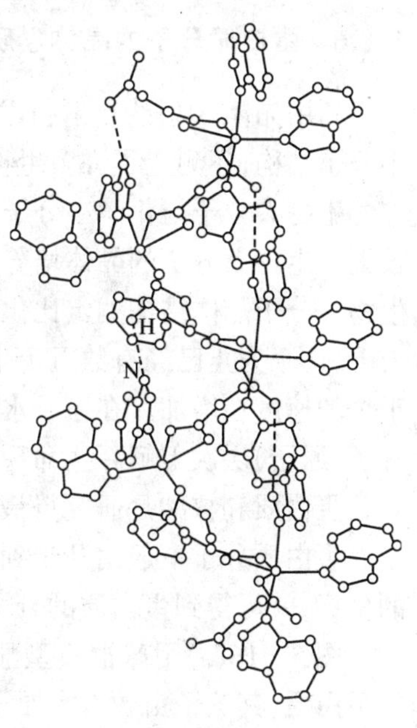

图 5 - 14　螺旋状分子结构中的氢键

根据原子间距离及夹角可以判断是否存在氢键(参见第 5.4.2 节)。

蛋白质、核酸等晶体结构的成功测定，揭示了生物大分子结构中存在着许多氢键(图 5 - 15)，它们对蛋白质、核酸分子的生物功能起着重要作用。

通过对大量晶体结构的测定，还发现键角也存在几乎固定的数值。例如，多数以 C 原子为顶点的化学键，相互形成 180°，120°或 109°左右的键角。

在过渡金属的化合物中,发现很多以金属原子为顶点的 90°的键角。

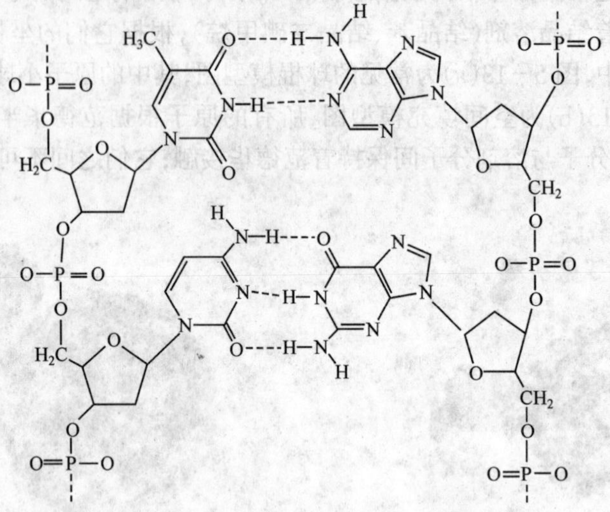

图 5-15 DNA 片段氢键示意

晶体结构测定揭示了分子结构的上述规律性,但并没有能解释这些结构规律的原因。所以还需要发展其他理论,更深刻地解释客观物质世界的规律性。

5.1.6 蛋白质分子的晶体学研究

利用晶体 X 射线衍射技术,人们不仅测定了大量无机化合物和有机化合物的小分子结构,还测定了许多生物大分子的空间结构。

生物大分子与化学小分子晶体结构测定的原理基本相同,但是技术难度相差较大。生物大分子的晶体培养、高强度的 X 射线源、衍射相角解的复杂性等,使得生物大分子晶体结构测定比化学小分子困难很多。尽管如此,在广大科学家的努力下,迄今为止已经有数万个生物大分子的晶体结构得到了测定,而且正以每年数千个的速度在增加。在原子水平上了解生物大分子的结构之后,人们就有可能在分子(原子)层次上解释生命现象和规律。

蛋白质和核酸是研究得最多的生物大分子。

蛋白质分子一般由几千到几十万个原子组成。如果测定了这成千上万个原子的坐标,就可得到蛋白质的分子结构,并可能在此基础上解释蛋白质的生物功能。

图 5-16(a)用球棍模型显示了胰岛素的分子结构。虽然胰岛素是比较简单的蛋白质,其分子由数百个原子组成,但仍有太多化学键在图中相互重叠,分子结构不能清楚显示。蛋白质的生物功能往往与活性部位的结构有关,因此表示其分子结构时,可以忽略非活性部位的结构细节,而仅仅显示分子整体面貌及活性部位

细致结构。

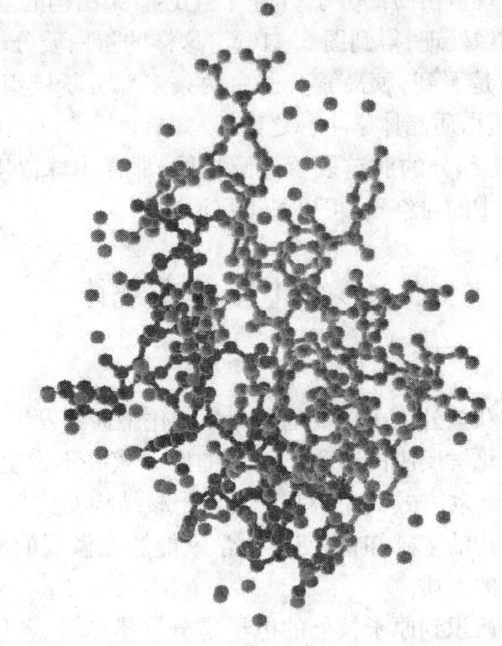

(a) 球棍模型

(b) 骨架模型

(c) 飘带模型

图 5－16　胰岛素分子结构

蛋白质分子是由氨基酸残基构成的，如果用手性碳原子（参见第 6 章 6.4.1 节）代替整个氨基酸残基，就可以使分子结构图更为清晰。图 5－16(b)骨架模型中根据胰岛素分子中手性碳原子的坐标，绘制了这个蛋白质的分子结构。相邻的手性碳原子用短棍连接。因为短棍交接处显然有一个手性碳原子，所以就可省略手性碳原子的“小球”表示，使结构图更为清晰。这样的图可以清楚显示蛋白质分子的骨架结构。

为了更艺术地表现蛋白质的分子结构,在上述骨架结构的基础上,对骨架所显示的折线作平滑的图像处理,得到图 5－16(c)这样的蛋白质分子飘带模型。从飘带图 5－16(c)可以清楚看到,胰岛素分子由两条多肽分子链组成,每条肽链上都存在着螺旋状结构,蛋白质晶体学中称之为 α－螺旋。

也可以将 α－螺旋部分的肽链表示成圆柱体,那样用球棍模型表示的蛋白质辅基(例如,血红蛋白中的血红素)可以显得更清楚。

5.2 核外电子排布规律

5.2.1 波尔模型

原子是由原子核和核外电子构成的。化学变化中通常发生原子核外电子的转移,除了核反应以外,化学反应的过程中物质的原子核并不发生变化。所以,化学家对原子核外电子的运动方式的关心甚于对原子核结构的关心。物理学的研究为化学家提供了原子结构的基础知识,使得化学家能够在微观的原子结构基础上认识化学键和化学反应的本质。

现在大家都已经认识到原子核外的电子是分层排布的,各层可以容纳的电子数分别为 2、8、18…。这一核外电子排布的规律是经过许多著名物理学家的深入研究才逐渐被揭示的。波尔早期所做出的杰出贡献,更为科学界所公认。

1911 年,波尔以“关于金属电子理论”的研究论文获得博士学位后,想去英国剑桥大学著名物理学家汤姆孙的实验室继续从事电子论研究。但是汤姆孙此时对电子论不感兴趣,所以波尔转程来到曼彻斯特的卢瑟福处。当时卢瑟福刚刚提出了“有核原子”的模型,认为原子是由原子核和核外电子构成的。波尔觉得这一原子结构模型很有意义,它可以把元素表现出的化学性质和放射性明显区分开来。波尔在卢瑟福“有核原子”模型的基础上,结合普朗克的能量量子化(即能量不是连续变化)思想,于 1913 年大胆地提出了原子结构的新设想。

波尔假设的主要内容如下:

(1) 电子在原子核外一些特定半径的轨道上运行,半径 r 需满足以下公式

$$r = 0.053\, n^2\ \text{nm} \qquad (n = 1,2,3,\cdots)$$

(2) 在上述特定轨道上运行的电子,具有稳定的能量 E

$$E = -2.18 \times 10^{-18}\frac{1}{n^2}$$

(3) 当电子从一个轨道跃迁到另一轨道时,原子就以电磁波的形式吸收或发射能量。电磁波的频率 ν 满足

$$h\nu = \Delta E$$

式中，h 为普朗克常量，$h=6.626\ 18\times10^{-34}\text{J}\cdot\text{s}$。

例如，当电子从 $n=2$ 的轨道跃迁到 $n=1$ 的轨道时，原子向外界辐射的电磁波的频率 ν

$$\nu=\frac{\Delta E}{h}=\frac{1}{h}\times(-2.18)\times10^{-18}\times\left(\frac{1}{4}-1\right)=2.4773\times10^{15}$$

该电磁波的波长 λ 为

$$\lambda=\frac{C}{\nu}=\frac{30\times10^{16}}{2.4773\times10^{15}}=121\text{nm}$$

波尔用自己的理论结合氢原子结构做了计算，得到氢原子上电子在各轨道间跃迁时辐射的频率 ν，计算结果完全符合氢原子发射光谱(图 5－17)的实验数据。这一成就在当时的科学界引起了很大的震动。

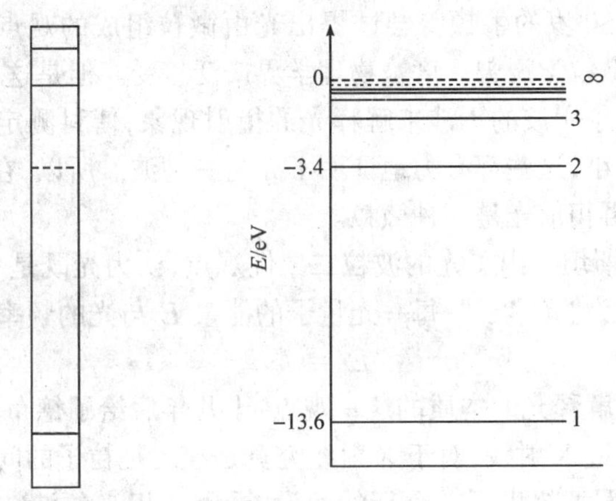

图 5－17　氢原子光谱和能级示意图

但是，波尔的设想显然违背了经典的牛顿力学和麦克斯韦的电磁理论。根据牛顿力学的原理，质点应该可以在任何半径的圆形轨道上运行，没有理由对轨道的半径做特殊的限制。根据牛顿力学的原理，任何带电粒子在圆形轨道上运行时都具有向心加速度；根据麦克斯韦的电磁理论，做加速运动的电荷必定以电磁波的形式向外界发射能量，本身具有的能量将逐渐减小。因此，在波尔轨道上运行的电子，其轨道半径将逐渐变小，最终电子将落入原子核中。有人根据麦克斯韦的理论进行了计算，得到的结论是电子在波尔轨道上运行的时间只有 10^{-12}s，这就意味着电子几乎不可能在波尔的轨道上存在。

波尔并没有受到经典理论的束缚，他认为牛顿力学和麦克斯韦理论等经典的物理学知识在原子尺寸的微观空间中可能并不适用，应该创立新的理论来描述原子中电子运动的规律。

不过,波尔的原子结构理论并非完美无缺。按波尔理论计算含 2 个电子的氦原子中电子跃迁时辐射的频率 ν,计算结果并不符合氦原子光谱实验结果。对于多电子原子,波尔理论认为电子在不同半径的圆形轨道上运行,但无法说明这些圆形轨道是处于同一平面,还是互相倾斜成一定角度。总之,波尔在对电子运动的研究中,虽然在一定程度上摆脱了牛顿力学等传统物理学理论的束缚,但是他把电子运动想像成小质点在圆形轨道上的运动,显然仍旧按照传统的牛顿力学在思考问题。这样就使得他的新理论在发展过程中受到了限制。

5.2.2 核外电子是一种波

在波尔提出原子结构理论以后 10 年,物理学波粒二象性的新思想出现了,它使得后人可以用一种全新的方法来描述原子核外电子运动的规律。

早在 1678 年,30 岁的牛顿曾尝试提出光由微粒组成的观点。随着以后牛顿名气的增长,光的微粒学说曾一度被物理学界广泛接受。但是这一观点在 19 世纪受到了挑战。菲涅尔用波的干涉来解释光的衍射现象,傅科测定出光在水中的传播速度比在空气中小,这些都有力地证明了光是一种波。所以,在 19 世纪后 50 年中,物理学家都不再相信光是一种微粒。

1905 年,爱因斯坦提出了光的波粒二象性观点,认为光既是一种波,也是一种粒子。这种粒子称为"光量子",每一光量子的能量 E 与光的频率有关,即

$$E = h\nu$$

爱因斯坦用来解释光的本质的这一观点,十几年后给了德布罗意很大的启发。德布罗意曾经研究过 X 射线,对于 X 射线究竟是波还是粒子的问题有过深入的思考。1924 年,德布罗意提出了一个新的假设:爱因斯坦光的波粒二象性学说应当可以扩展到一切微观粒子。根据这一假设,原子核外运动着的电子也可以被看作一种波。两年后,这一假设真的被电子衍射的实验所证实。

德布罗意关于物质波的假说,一年后被薛定谔大大向前推进了。薛定谔认为,如果原子核外的电子是一种波,就应该可以用波动方程来描述其运动规律。

5.2.3 振动方程和波动方程

为了理解薛定谔提出的描述电子运动的波动方程,我们先简单讨论质点的振动方程和机械波的波动方程。

一个质点如果做简谐振动,该质点在某时刻偏离平衡位置的位移 y,显然是时间 t 的函数。描述位移 y 与时间 t 关系的方程称为振动方程,一般的形式为

$$y = f(t) \tag{5-4a}$$

如果函数 $f(t)$已经知道,就可以直接用方程表示 y 与 t 的关系。例如

$$y = \sin t$$

如果我们暂时还不知道位移 y 与时间 t 的函数关系，但是已经知道 y 与 t 的导数关系，即知道了 y 怎样随 t 的改变而改变，则可用以下微分方程式(5-4b)来描述 y 与 t 的关系，即

$$\frac{\mathrm{d}y}{\mathrm{d}t} = g(t) \tag{5-4b}$$

式(5-4b)称为微分形式的振动方程，或者说是振动方程的微分形式。如果式(5-4b)中的函数 $g(t)$ 已经知道，就可以通过求解该微分方程，得到 y 与 t 的函数关系。

例如，假设 $g(t)=\cos t$，将式(5-4b)两边同时乘 $\mathrm{d}t$，得

$$\mathrm{d}y = \cos t\ \mathrm{d}t$$

上式两边同时积分，得

$$y = \int \cos t \mathrm{d}t = \sin t + C \tag{5-4c}$$

这样就得到了谐振动质点的位移 y 与时间 t 的函数关系。式(5-4c)是通过积分得到的，所以通常称之为振动方程的积分形式。

如果该质点的振动导致了周围介质中的质点也发生振动，即振动向周围传递，就产生一个波动。例如，将一条细绳的一端固定在墙上，手指握住另一端，让细绳的这一端做一上下方向的抖动(振动)，然后立即固定住这一端的位置。细绳这一端的振动会沿着细绳向固定端传播，产生一个一维波动，如图5-18所示。抖动的剧烈程度不同，细绳上产生的波的形状(周期)也不同。

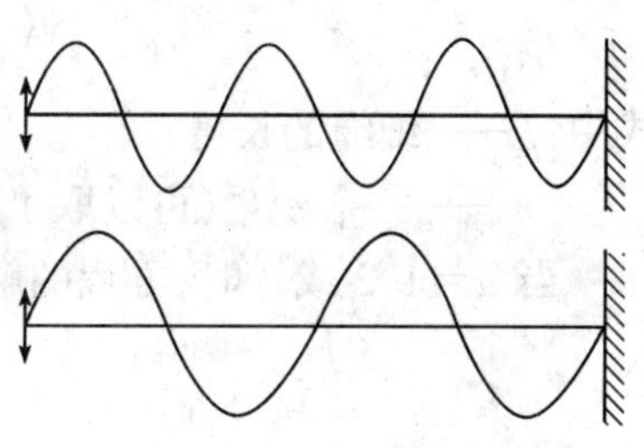

图5-18　一维波动运动

在波动运动中，与波源距离 x 的细绳质点相对于初始位置的位移 y，显然是距离 x 和时间 t 的二元函数，即

$$y = f(x,t)$$

上述描述位移 y 与距离 x、时间 t 之间关系的方程，称为波动方程。

根据物理学知识可以导出波动方程的微分形式。例如

$$\frac{\partial^2 y}{\partial x^2} - \frac{\partial^2 y}{\partial t^2} = f(x,t) \tag{5-5}$$

式(5-5)包含 y 对 x 的二阶偏导数 $\partial^2 y/\partial x^2$ 和 y 对 t 的二阶偏导数 $\partial^2 y/\partial t^2$，称为 y 对 x、t 的二阶偏微分方程。

如果式(5-5)中函数 $f(x,t)$ 已经知道，我们就可能通过求解这个偏微分方程，得到 y 与 x 和 t 的函数关系。波动方程的导出过程及具体的求解方法，将在相关的数学课程中学习，这里只介绍波动方程求解过程的主要思想方法及基本结果。

在以前的化学动力学课程中我们已经知道，微分方程的解不是一个具体的数值，而是一个函数(式)。求解微分方程，就是寻找一个函数，把这个函数代到原微分方程中去，能够使原方程成立。式(5-5)的偏微分方程，其解一般是一个二元函数。求解偏微分方程式(5-5)，就是寻找一个能使式(5-5)左右相等的二元函数 $y(x,t)$。符合条件的函数可能有很多个，它们都是这个微分方程的解。

求解波动方程式(5-5)时，通常先假设方程的解 $y(x,t)$ 可表示为两个一元函数的乘积

$$y(x,t) = X(x)T(t)$$

虽然我们此时并不知道这样的假设是否正确，但是如果我们能够找到两个合适的函数 $X(x)$ 和 $T(t)$，它们的乘积 $y(x,t)$ 能够使式(5-5)左右相等，那么我们就得到了方程(5-5)的一个解，"方程的解 $y(x,t)$ 是两个一元函数乘积"的假设也就自然成立了。这样的求解方法，数学上称为分离变量法。

如果图 5-18 中细绳波动的幅度比较小，通过分离变量法求解细绳的波动方程，得到解

$$y(x,t) = T(t)\sin\frac{n\pi}{l}x \tag{5-6a}$$

式中：l——细绳的长度；

n——一个变量(可以取 1,2,3…整数值)。

当 $n=1,2$ 或 3 时，方程的解分别为

$$y(x,t) = T(t)\sin\frac{\pi}{l}x$$

$$y(x,t) = T(t)\sin\frac{2\pi}{l}x \tag{5-6b}$$

$$y(x,t) = T(t)\sin\frac{3\pi}{l}x$$

……

对于 n 可以取不同整数值的问题，我们可以这样从以下两个方面来理解。

(1) 由于在波动过程中细绳两端是固定不动的，所以细绳两端($x=0$ 和 $x=l$)的位移 y 总是等于零。当 $x=0$ 和 $x=l$ 时，式(5-6)中的 $\sin\frac{n\pi}{l}x$ 分别变成 $\sin 0$和 $\sin n\pi$ 。$\sin 0$ 的数值等于零；为了使得 $\sin n\pi = 0$，n 必须取整数值(1,2,3…)。这就是说，n 必须取整数值才能符合细绳两端固定不动的实际情况。

(2) 图 5-18 细绳一端最初抖动的剧烈程度不同，细绳上波的形状也不同。但不管波的形状怎样不同，由于细绳两端被固定，所以两端的位移总是零。因此，细绳上的波只可能对应于正弦函数的 0.5 个周期、1 个周期、1.5 个周期等情况。n 取 1,2,3…不同数值，对应的方程解是不同的函数，这些函数分别表示在细绳上

传播的是具有不同周期(不同频率)的机械波。

可见,波动方程的解不是一个函数,而是一系列函数。

5.2.4 薛定谔方程和波函数

前面已经说过,在德布罗意提出物质波的假设以后,薛定谔很快就发展了德布罗意波粒二象性的思想。薛定谔认为,原子核外的电子既然可以看成是一种波,就可以尝试用波动方程来描述电子运动的规律。

1926年,薛定谔提出了描述氢原子核外电子运动的波动方程

$$\frac{\partial^2\psi}{\partial x^2}+\frac{\partial^2\psi}{\partial y^2}+\frac{\partial^2\psi}{\partial z^2}+\left(\frac{8\pi^2 m}{h^2}\right)(E-V)\psi=0 \tag{5-7}$$

式中:m——电子的质量;

E——电子的总能量;

V——电子的势能。

式(5-7)的波动方程称为薛定谔方程。薛定谔方程中的 ψ 称为波函数,ψ 是空间坐标 x、y、z 的函数,即 $\psi(x,y,z)$。波函数的物理意义,现在已经公认为与电子在某处出现的概率的大小有关。描述原子核外电子的运动规律时,不能像用牛顿力学描述宏观物体那样,明确指出物体某瞬间存在于什么位置,而只能描述某瞬间电子在某位置上出现的概率有多大。波函数 ψ 是原子核外空间位置的函数,某位置(x,y,z)处的 ψ 数值的平方 ψ^2,代表了电子在该位置的体积元中出现的概率的大小。也就是说(x,y,z)处的 ψ^2 数值代表了该处电子云的概率密度。

因此,通过求解薛定谔方程,就可以了解原子核外各不同地方电子出现的概率的大小。电子出现概率大的地方,我们称之为电子云密度大;电子出现概率小的地方,称为电子云密度小。容易想像,离原子核较近处电子出现在的概率较大,远离原子核处,电子出现的概率必定很小。但是,过于靠近原子核的地方,电子出现的概率显然也不会大。

求解薛定谔方程后,我们就能了解原子核外电子云分布的情况,知道原子核外哪些地方电子云密度大,哪些地方电子云密度小。

由于电子云在原子核外是对称地分布的,所以解薛定谔方程时使用球坐标比使用直角坐标更为方便。

球坐标(r,θ,φ)与直角坐标(x,y,z)的变换关系如下(图5-19)

$$x = r\sin\theta\cos\varphi,\qquad y = r\sin\theta\sin\varphi,$$
$$z = r\cos\theta$$

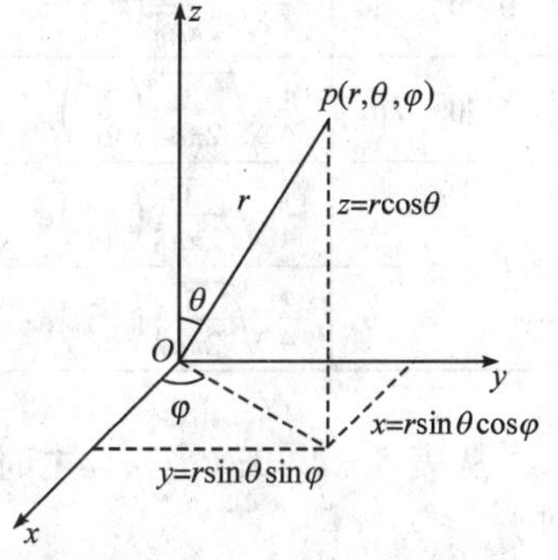

图5-19 坐标变换

经过坐标变换,薛定谔方程将会变成另一种形式,方程的解也变成以 r,θ,φ 为自变量的形式,即 $\psi=\psi(r,\theta,\varphi)$。

采用分离变量法可以解出薛定谔方程。

假设方程的解可以表示为两个函数的乘积

$$\psi(r,\theta,\varphi)=R(r)Y(\theta,\varphi)$$

式中:$R(r)$——径向分布函数(沿着半径方向分布的函数),只与 r 有关;

$Y(\theta,\varphi)$——角度分布函数,与角度 θ,φ 有关。

薛定谔方程的具体求解过程,可以在量子力学课程中学习。以下我们简要地讨论解的结果。

细绳的波动方程有多个解,分别对应于 $n=1,2,3\cdots$ 数值[式(5-6a)]。薛定谔方程也有多个解,分别对应于

$$\begin{aligned} n &= 1,2,3\cdots \\ l &= 0,1,2,\cdots,(n-1) \\ m &= 0,\pm1,\ \pm2,\cdots,\ \pm l \end{aligned} \tag{5-8}$$

n、l、m 在物理上分别称为主量子数、角量子数和磁量子数。这三种量子数的取值范围如式(5-8)所规定。注意,其中 n 可以取任何自然数的数值;l 的取值范围受到 n 数值的限制,最大只能是 $n-1$;m 的取值范围受到 l 数值的限制,可以取 $-l$ 到 $+l$ 范围内的任何整数。

对应于量子数不同的取值,薛定谔方程的解 $\psi(r,\theta,\varphi)$ 有不同的形式。表5-4列出了氢原子的部分波函数 $\psi(r,\theta,\varphi)$[薛定谔方程的解]的结果,同时列出了相应的径向分布函数 $R(r)$ 和角度分布函数 $Y(\theta,\varphi)$,以及相应的量子数数值。

表 5-4 氢原子的部分波函数

n	l	m	轨道	$\psi(r,\theta,\varphi)$	$R(r)$	$Y(\theta,\varphi)$
1	0	0	1s	$\sqrt{\frac{1}{\pi a_0^3}}e^{-r/a_0}$	$2\sqrt{\frac{1}{a_0^3}}e^{-r/a_0}$	$\sqrt{\frac{1}{4\pi}}$
2	0	0	2s	$\frac{1}{4}\sqrt{\frac{1}{2\pi a_0^3}}\left(2-\frac{r}{a_0}\right)e^{-r/2a_0}$	$\sqrt{\frac{1}{8a_0^3}}\left(2-\frac{r}{a_0}\right)e^{-r/2a_0}$	$\sqrt{\frac{1}{4\pi}}$
2	1	0	$2p_z$	$\frac{1}{4}\sqrt{\frac{1}{2\pi a_0^3}}\left(\frac{r}{a_0}\right)e^{-r/2a_0}\cos\theta$	$\sqrt{\frac{1}{24a_0^3}}\left(\frac{r}{a_0}\right)e^{-r/2a_0}$	$\sqrt{\frac{3}{4\pi}}\cos\theta$
2	1	±1	$2p_x$	$\frac{1}{4}\sqrt{\frac{1}{2\pi a_0^3}}\left(\frac{r}{a_0}\right)e^{-r/2a_0}\sin\theta\cos\varphi$		$\sqrt{\frac{3}{4\pi}}\sin\theta\cos\varphi$
			$2p_y$	$\frac{1}{4}\sqrt{\frac{1}{2\pi a_0^3}}\left(\frac{r}{a_0}\right)e^{-r/2a_0}\sin\theta\sin\varphi$		$\sqrt{\frac{3}{4\pi}}\sin\theta\sin\varphi$

从表5-4知道当 $n=1$ 时,径向分布函数 $R(r)$ 和角度分布函数 $Y(\theta,\varphi)$ 分别为

$$R(r) = 2\sqrt{\frac{1}{a_0^3}}e^{-r/a_0}$$

$$Y(\theta,\varphi) = \sqrt{\frac{1}{4\pi}}$$

所以,在距离原点 r 处的、厚度为 dr 的球壳中,电子云出现的概率 P

$$\begin{aligned} P \propto \psi^2 dV &= Y^2(\theta,\varphi)R^2(r)dV \\ &= \frac{1}{4\pi}\left(2\sqrt{\frac{1}{a_0^3}}e^{-r/a_0}\right)^2 dV \\ &= \frac{1}{4\pi}\left(2\sqrt{\frac{1}{a_0^3}}e^{-r/a_0}\right)^2 4\pi r^2 dr \end{aligned} \tag{5-9}$$

根据式(5-9)可以计算得到,当 $r = a_0$时,概率 P 取得极(大)值。这就是说,当主量子数 $n = 1$ 的时候,在距离氢原子核 0.053nm 处电子云出现的概率最大。

类似地,可以计算出当主量子数 $n = 2$ 时,在距离氢原子核 0.21nm 处电子云出现的概率最大。

与原子核距离不同的地方,电子云出现的概率的大小也不同,这一结论可以用径向分布图(图5-20)直观地表示。从图5-20容易看出,氢原子核外的电子云,主要集中在距核 0.053nm 处,或者集中在距核 0.21nm 处,……这与波尔"原子核外电子分层排布"的理论是一致的。主量子数 $n = 1,2,3,\cdots$ 分别对应于原子核外的第1电子层、第2电子层、第3电子层……

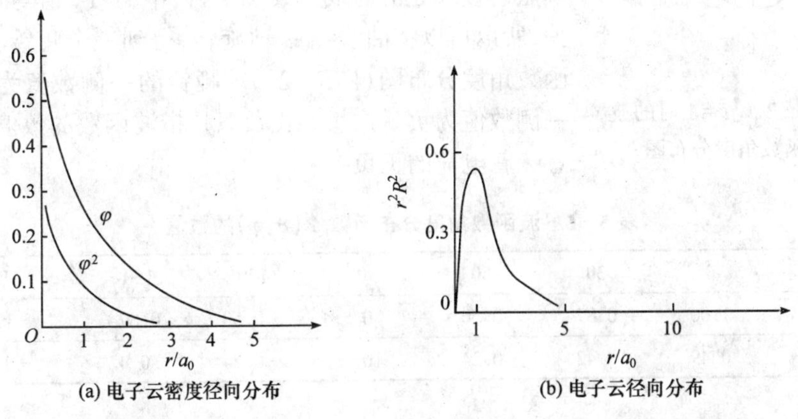

(a) 电子云密度径向分布　　(b) 电子云径向分布

图5-20　径向分布图

从以上讨论可知,径向分布图给了我们"电子云主要出现在离原子核多远的地方"的直观概念。

以下讨论角度 θ 和 φ 对电子云出现概率的影响,即电子云按角度分布的情况。

当主量子数 $n=1$ 时,角量子数 $l=0$,从表 5－4 知道,这时的角度分布函数

$$Y(\theta,\varphi)=\sqrt{\frac{1}{4\pi}} \tag{5-10}$$

可见,角度分布函数的数值与 θ,φ 都无关,在不同方向上 $Y(\theta,\varphi)$都有着相同的数值$\sqrt{\frac{1}{4\pi}}$。这就是说,$l=0$ 时的角度分布函数是球形对称的。当主量子数 $n=2$ 时,如果角量子数 $l=0$,从表 5－4 可知,角度分布函数仍旧是球形对称的。

但是,当 $n=2,l=1,m=0$ 时,角度分布函数

$$Y(\theta,\varphi)=\sqrt{\frac{3}{4\pi}}\cos\theta \tag{5-11}$$

所以,这时的角度分布函数数值与 θ 有关。当 θ 为 0°或 180°时,$|Y(\theta,\varphi)|$数值最大。由于电子云密度与波函数平方成正比,所以波函数角度分布函数取得极大值的方向,也就是电子云密度极大的方向。

如果按以下方法作图,就可以直观地了解电子云密度按角度分布的情况。首先根据式(5－11)计算出不同 θ 值所对应的波函数角度分布函数 $Y(\theta,\varphi)$的数值,列于表 5－5。根据表 5－5 的数值,在球坐标系中作图。从原子核(原点)出发,以 z 轴正方向作为 θ 角起始边,按不同的 θ 角画射线;以原点为起点在射线上截取 Y 长度的线段。将各线段的端点连接成光滑曲线。式(5－11)中的 Y_z 值与 φ 角无关,所以可以将曲线绕 z 轴旋转,得到一个哑铃状的波函数角度分布图(图5－21)。哑铃的一侧数值为正,另一侧数值为负。这里的正负只是指波函数的数值,并不意味着电荷的正负。

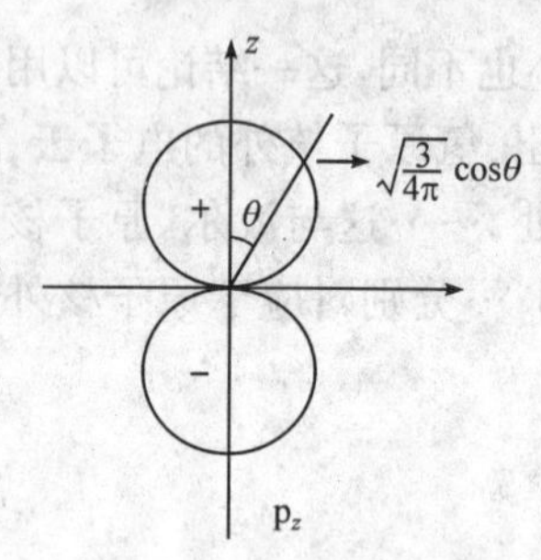

图 5－21　$l=1$ 时的波函数角度分布图

表 5－5　波函数角度分布函数 $Y(\theta,\varphi)$的数值

θ/(°)	0	30	60	90	120	150	180
$\cos\theta$	1.00	0.87	0.50	0	−0.50	0.87	−1.00
Y_{p_z}	0.49	0.42	0.24	0	−0.24	−0.42	−0.49

由于电子云密度与波函数平方成正比,电子云密度按角度分布的情况与波函数按角度分布情况是一致的。因此,波函数角度分布图给了我们“电子云主要出现在哪个方向”的直观概念。在图 5－21 中,沿 θ 轴正方向和反方向,电子云出现的概率最大;与 θ 轴垂直的方向上,电子云出现的概率为零。

$l=2$ 的波函数角度分布图呈十字形(图 5－22)。

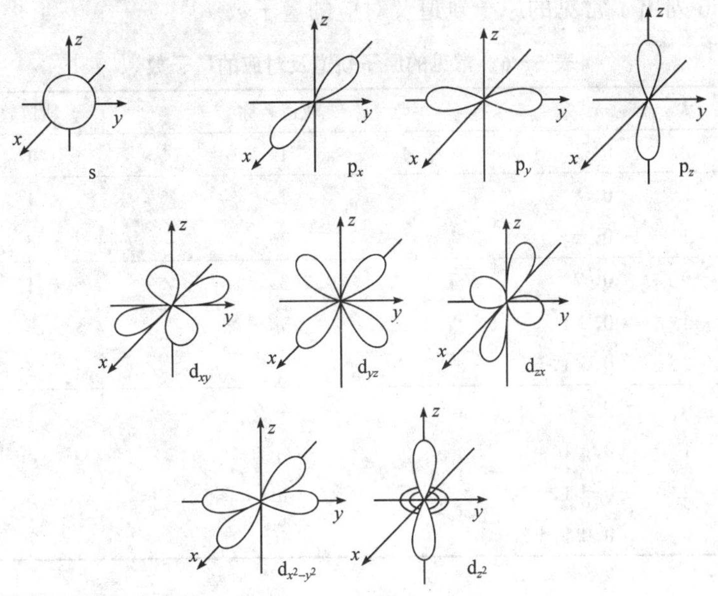

图 5-22　s、p、d 轨道示意图

5.2.5　原子轨道

波函数角度分布图直观地告诉我们电子云主要出现在哪些方向,几乎不会出现在哪些方向,所以我们通常可以近似地认为角度分布图描述了电子出现的区域,或者说是电子运行的"轨道"。这样的"轨道"通常称为"原子轨道",其含义是"原子核外电子运行的轨道"。

由前面的讨论我们知道,角量子数 l 不同,波函数角度分布图不同,原子轨道的形状不同。为了以后讨论方便起见,不同形状的原子轨道被给予了不同的名称。

$l=0$,原子轨道为球形,称为 s 原子轨道,简称 s 轨道。

$l=1$,原子轨道为哑铃形,称为 p 原子轨道,简称 p 轨道。

$l=2$,原子轨道为十字形,称为 d 原子轨道,简称 d 轨道。

对于角量子数相同而主量子 n 不同的原子轨道,结合 n 的取值来命名原子轨道。例如,$n=1$,$l=0$ 的原子轨道,称为 1s 轨道;$n=2$,$l=0$ 的原子轨道,称为 2s 轨道;$n=2$,$l=1$ 的原子轨道,称为 2p 轨道。

原子核外存在的这些原子轨道中,有些轨道填充了电子,有些轨道没有填充电子。没有填充电子的轨道称为空轨道。

填充在某原子轨道上的电子,通常用该轨道的名称来称呼。例如,填充在 2s 轨道上的电子通常称为 2s 电子,填充在 3d 轨道上的电子通常称为 3d 电子,等等。

表 5－6 列出了常见的原子轨道及对应的量子数。

表 5－6 常见的原子轨道及对应的量子数

n	l	m	轨道名称	轨道数
1	0	0	1s	1
2	0	0	2s	1
	1	0, ±1	2p	3
3	0	0	3s	1
	1	0, ±1	3p	3
	2	0, ±1, ±2	3d	5
4	0	0	4s	1
	1	0, ±1	4p	3
	2	0, ±1, ±2	4d	5
	3	0, ±1, ±2, ±3	4f	7

在 n、l、m 三种量子数中，角量子数 l 与原子轨道的形状有关，磁量子数 m 与原子轨道在空间的取向有关。

例如，当 $l=1$ 时原子轨道为哑铃形，根据式(5－8)，此时 m 可取的数值为 0 和 ±1。3 个不同的 m 值，对应了哑铃形 p 轨道在空间的 3 种不同取向，3 种取向的角度分布函数的极大值分别指向 z、x 和 y 轴的正方向。这 3 种不同空间取向的 p 轨道，分别称为 p_z、p_x 和 p_y 轨道，如图 5－22 所示。

当 $l=2$ 时，由式(5－8)可知，m 可以取 5 个不同的数值，－2、－1、0、＋1 和＋2，所对应的 5 种 d 轨道分别称为 d_{xy}、d_{yz}、d_{zx}、$d_{x^2-y^2}$和 d_{z^2}轨道，如图 5－22 所示。

当 $l=0$ 时，m 只能取数值 0，因此 s 轨道没有不同的空间取向。

除上述确定轨道运动状态的三个量子数以外，量子力学中还引入第四个量子数——自旋量子数 m_s。这原是从研究原子光谱线的精细结构中提出来的，但是从量子力学的观点来看，电子并不存在像地球那样绕自转轴而旋转的经典的自旋概念。m_s 可以取的数值只有 $+\frac{1}{2}$ 和 $-\frac{1}{2}$，通常可用向上的箭头↿和向下的箭头⇂来表示电子的两种所谓自旋状态。如果两个电子处于不同的自旋状态则称为自旋反平行，用符号⇅或⇵表示；处于相同的自旋状态则称为自旋平行，用符号⇈或⇊表示状态。

综上所述，电子在核外运动状态由 n、l、m 和 m_s 四个量子数确定。

主量子数 n 决定了电子主要出现在离核多远的地方。

角量子数 l 决定了电子所在原子轨道的形状，常见的有球形、哑铃形及十字形。

磁量子数 m 决定了原子轨道的空间取向。

自旋量子数 m_s 决定了电子的自旋状态。

5.2.6　多电子原子的电子排布方式

5.2.6.1　轨道的能量

在多电子原子中,电子不仅受原子核的吸引,而且还存在着电子之间的相互排斥。多电子原子中核外电子的排布方式,显然比氢原子中更复杂。

考虑电子在核外排布方式时,低能量原则是很容易被想到的。

从薛定谔方程式(5-7)可知,波函数 ψ 与能量 V 有关。所以,确定的原子轨道有确定的能量,不同的原子轨道有不同的能量。这里所说的“轨道的能量”,其实指的是存在该轨道上的电子的能量。

容易想像,电子应该优先填充到低能量的原子轨道上。但是,如果原子核外的所有电子都填充到最低能量的轨道上,电子的相互排斥作用也会使原子的总能量升高。因此,除了能量因素以外,看来还应该有其他因素决定着电子在原子轨道上排布的规律。

我们首先考虑各原子轨道的能量问题。

对于单电子的氢原子,在求解薛定谔方程得到各种波函数后,可以求得各波函数所对应的能量。多电子原子中各原子轨道的能量数据,主要来自于光谱实验。多电子原子中各原子轨道的能量,既与主量子数 n 有关,也与角量子数 l 有关。可归纳出以下 4 条轨道能量大小的规律。

(1) 主量子数 n 相同时,角量子数 l 越大,轨道能量越高。例如

$$E(n\mathrm{s}) < E(n\mathrm{p}) < E(n\mathrm{d}) < E(n\mathrm{f})$$

(2) 角量子数 l 相同时,主量子数 n 越大,轨道能量越高。例如

$$E(1\mathrm{s}) < E(2\mathrm{s}) < E(3\mathrm{s})$$

(3) n 和 l 都相同的轨道,能量相同,称为等价轨道。例如

$$E(2p_x) = E(2p_y) = E(2p_z)$$

(4) 当 n 和 l 都不同时,有时出现能级交错现象。例如

$$E(4\mathrm{s}) < E(3\mathrm{d})$$

$$E(5\mathrm{s}) < E(4\mathrm{d}) < E(6\mathrm{s}) < E(4\mathrm{f}) < E(5\mathrm{d})$$

各轨道能量的相对大小,如图 5-23 原子轨道近似能级图所示。

影响多电子原子能级的因素较复杂,随着原子序数的递增,各元素原子轨道的能级还会发生变化。从图 5-23 可以看出,自 7 号元素氮(N)开始至 20 号元素钙(Ca),它们的 3d 轨道能量高于 4s 轨道能量,出现了交错现象。从 21 号元素

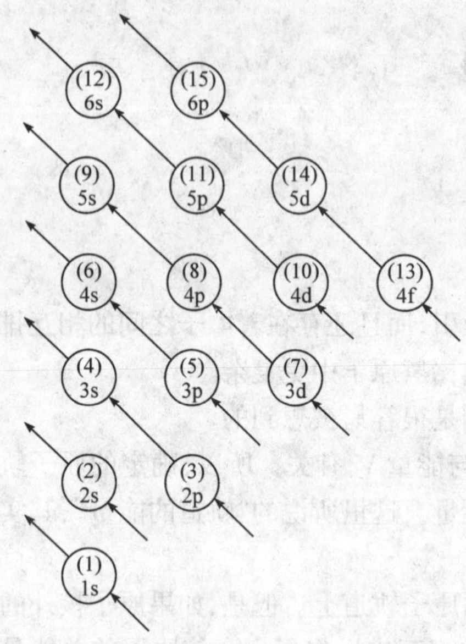

图 5-23 原子轨道近似能级图

钪(Sc)开始，3d 能量急剧下降，出现了 3d 轨道能量又低于 4s 轨道能量。由此可知 3d 和 4s 轨道能级交错并不发生在所有元素之中。其余如 4d 和 5s 轨道、5d 和 6s 轨道等，也有类似情况。

5.2.6.2 核外电子排布的三原则

各元素原子核外电子的排布，基本上服从以下三个原则：泡利不相容原理、最低能量原理、洪德规则。

1) 泡利不相容原理

任何原子中都不允许有量子数完全相同的 2 个电子。根据这一原理可以知道，同一原子轨道中最多能容纳 2 个电子，而且它们的自旋量子数必须相反。进一步根据表5-6中归纳的各电子层原子轨道数，容易知道，第 n 电子层上可容纳的电子数最多为 $2n^2$。

2) 最低能量原理

核外电子尽可能优先占据能级较低的轨道，以使系统能量处于最低。例如，氢原子的电子应该处在 1s 轨道而不是 2s 或 2p 轨道。

3) 洪德规则

若有多个等价轨道，电子优先占据磁量子数不同的轨道，且自旋平行。

例如，碳原子核外的 6 个电子，4 个占据 1s 和 2s 轨道，另外 2 个分别占据 $2p_x$ 和 $2p_y$ 轨道，且自旋平行。

洪德规则虽然是一个经验规律，但运用量子力学理论，也可证明电子按洪德规则排列，可使原子体系的能量最低。作为洪德规则的补充，下面这一规则也反映了电子排布的规律：

等价轨道在电子全充满状态(p^6，d^{10}，f^{14})、半充满状态(p^3，d^5，f^7)或全空状态(p^0，d^0，f^0)时比较稳定。

按上述电子分布的三个基本原理，可以确定大多数元素原子核外电子排布的方式。

为了方便起见，我们常用以下两种方式书面表达电子排布的方式。

(1) 电子构型，例如，碳原子的电子构型表示为

$$1s^2 2s^2 2p^2 \quad 或 \quad 1s^2 2s^2 2p_x^1 2p_y^1$$

(2) 电子轨道图，例如，碳原子的电子轨道图如下

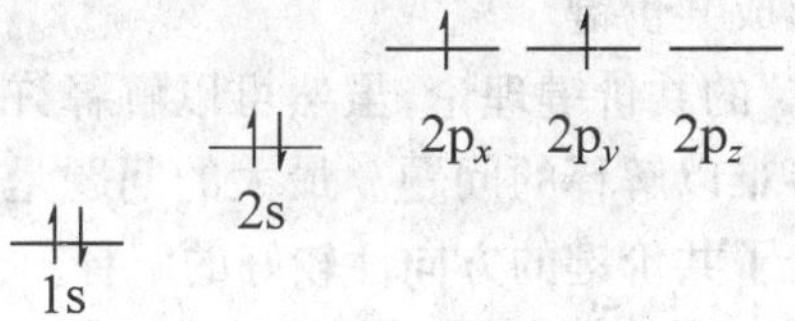

$2p_x$　$2p_y$　$2p_z$

2s

1s

书面表示原子核外电子排布方式时，一般还有以下两个约定：①按电子层从内层到外层的顺序书写。例如，钛(Ti)原子有 22 个电子，按近似能级顺序，4s 轨道上的电子能量比 3d 轨道低，但是书写电子构型时先写 3d 后写 4s，即 $1s^22s^22p^63s^23p^63d^24s^2$；②反应中通常涉及外层电子的转移，所以可以简化书写，只表达外层电子的排布方式即可。例如，氯原子的外层电子分布式为 $3s^23p^5$；或者用稀有气体元素符号加外层电子构型表示，即[Ne]$2s^22p^5$。

需要注意，对于副族元素，外层电子指的是最外层 s 电子和次外层 d 电子。例如，锰原子的外层电子构型应该写成 $3d^54s^2$，而不是 $4s^2$。

对于镧系和锕系元素，一般除最外层电子以外还需要考虑外数(自最外层向内计数)第三层的 f 电子。

应当指出，当原子失去电子而成为正离子时，一般是能量较高(不是最高)的最外层的电子先失去，而且往往引起电子层数的减少。例如，Mn 原子失去 2 个电子变成 Mn^{2+} 时，失去的是 2 个 4s 电子而不是 3d 电子。所以，Mn^{2+} 外层电子构型是 $3s^23p^63d^5$，而不是 $3s^23p^63d^34s^2$。

5.3　共价键理论

5.3.1　共价键的形成

原子是依靠化学键而结合成分子的，这已经是众所周知的化学基本知识了。1856 年，当英国化学家弗兰克兰第一次在化学上使用 bond 这个词时，词典上 bond 一词的意思是“契约”，复数也常作“镣铐”解。弗兰克兰显然是用 bond 这个词来表示原子间的一种“束缚”作用。那么这种束缚作用的本质是什么呢？

波尔提出原子核外电子分层排布的理论以后不久，物理学家柯塞尔于 1916 年指出，原子失去或得到电子而形成外层电子的稳定结构，正、负离子进一步因库仑力而结合成化合物。这就是建立在波尔模型上的离子键理论。离子键理论满意地解释了离子型化合物，但对于非离子型化合物就无能为力了。

1919 年，朗缪尔在解释 HCl 的化学键时提出了一个新的设想，氢原子并非依靠失去电子形成外层电子稳定结构，而是与氯原子“共享”一对电子，使两个原子的外层电子都达到稳定的结构。这就是最初的共价键理论。共价键理论认为，一个原子核外的未成对电子可以与另一原子核外的自旋相反的未成对电子配对，这一对电子被两原子共享，形成共价键。

最初的“电子对共享”的共价键理论，虽然可以解释许多非离子型化合物的成键规律，但是也面临许多难以解释的问题。最大的问题是无法解释共价键的方向性。量子力学的诞生，给了共价键的方向性较好的解释。

1927 年，物理学家海特勒和伦敦利用刚刚诞生的薛定谔方程研究氢分子中的化学键，他们发现当两个氢原子很靠近时，如果两个电子的自旋是相反的，就会形成被两个原子共用的电子云，这时体系的能量小于两原子单独存在时的能量之和。这一研究还通过计算显示了，被共享的电子对在两原子核之间出现的概率比别处大，这意味着两个原子的 1s 轨道发生了部分重叠。“轨道重叠”的学说，把共价键理论发展到一个新的高度。

现代的共价键理论是建立在量子力学基础上的，主要内容为：两个具有未成对的电子的原子，如果两个电子的自旋是相反的，那么这两个电子所在的原子轨道尽可能多地互相重叠，一对自旋相反的电子既出现在一个原子的轨道上，也出现在另一原子的轨道上，即这对自旋相反的电子被两个原子所共用，这就形成了共价键。

根据以上共价键理论，一个原子能够形成的共价键数目受到该原子中未成对电子数的限制，因此共价键具有饱和性。例如，氢原子、氯原子核外都只有 1 个未成对电子，所以只能与一个原子形成共价键；氮原子核外有 3 个未成对电子，最多可以与 3 个原子形成共价键。由于共价键的形成需要原子轨道互相重叠，而有些原子轨道(如 p 轨道)有自己的空间取向，轨道重叠时必须沿着特定的方向，所以共价键有方向性。

形成共价键时，原子轨道有不同的重叠方式，如图 5 - 24 所示。例如，两个 p 轨道重叠成键时，一种方式是两个原子轨道以“头碰头”的方式重叠，形成的共价键称为 σ 键；另一种方式是两个原子轨道以“肩并肩”的方式重叠，形成的共价键称为 π 键。

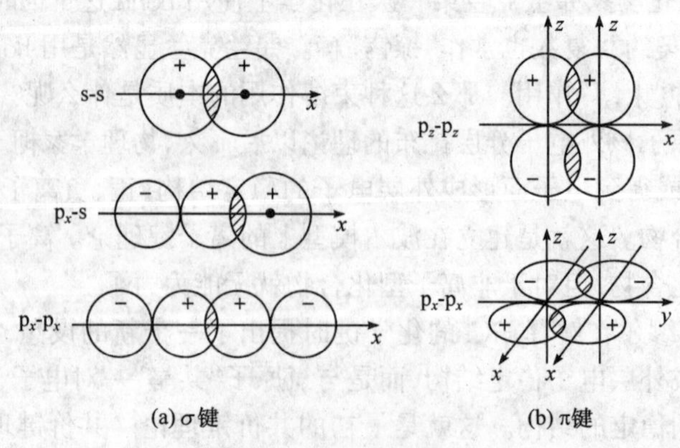

图 5 - 24　原子轨道重叠方式示意图

以 σ 键结合的两个原子,如果绕原子核连线转动,不会影响原子轨道的重叠,即不会破坏 σ 键。但是,以 π 键结合的两个原子,如果绕着原子核连线转动,就使得 p 轨道不能重叠,即转动会破坏 π 键。

s 轨道参与形成的共价键,只能以"头碰头"的方式实现轨道重叠,所以只能形成 σ 键。

两个原子形成共价键时,可以同时采用"头碰头"和"肩并肩"的方式。例如,氮原子的核外电子排布用电子轨道图表示如下

1s ↑↓　2s ↑↓　2p ↑ ↑ ↑

当两个氮原子形成共价键时,氮原子的 p_x 轨道"头碰头"重叠形成 σ 键,p_y 轨道"肩并肩"形成 π 键,p_z 轨道也"肩并肩"地形成 π 键,两个 π 键相互垂直。这样,两个氮原子间的共价键包括了 1 个 σ 键和 2 个 π 键,一共是 3 个化学键。氮分子中叁键如图 5-25 所示。

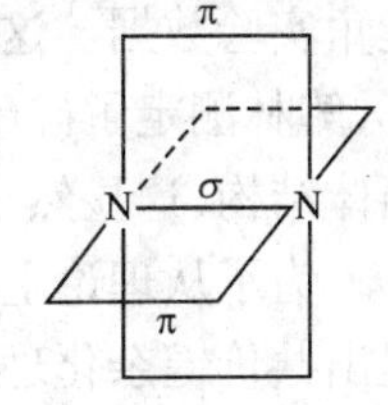

图 5-25 氮分子中叁键示意图

一般说来,π 键没有 σ 键牢固,比较容易断裂。含双键或叁键的化合物中,总包含了 π 键,多数比较容易发生化学反应。

5.3.2 杂化轨道理论

上述共价键理论比较成功地解释了非离子型化合物的成键规律,但是仍存在一些明显的缺陷。

在解释 CH_4 分子中的化学键时,就遇到难以逾越的困难。

19 世纪的化学家根据甲烷中碳氢元素的比推断出甲烷分子式是 CH_4,即 1 个碳原子与 4 个氢原子结合。开始时不了解甲烷分子的立体结构,以为甲烷中 5 个原子处于同一平面,如此,甲烷衍生物 CH_2Cl_2 应该有顺、反异构体(图 5-26)。但是,经过长期的探索仍然没有发现想像中的 CH_2Cl_2 顺、反异构体。

这一事实使得化学家想到甲烷分子具有立体的结构(图 5-26),C 原子位于纸面上,2 个 H 原子位于纸面后方(图中用楔形虚线表示),另外 2 个 H 原子位于纸

```
      Cl                 Cl                 H
      |                  |                  ▼
 H —  C — Cl        H —  C — H         H ··· C ··· H
      |                  |                  ▲
      H                  Cl                 H
```

图 5-26 想像中的 CH_2Cl_2 顺、反异构体和甲烷分子的立体结构

面前方(图中用楔形实线表示)。

甲烷分子中的 4 个 H 原子构成一个四面体,C 原子则位于四面体中心。因此,4 个 C—H 键不在同一平面上,相互间形成 109°28′的键角。如此,CH_2Cl_2 就不存在顺、反异构体。

但是,根据第 5.2.6 节中讨论的电子排布规律,碳原子的电子构型为 $1s^2 2s^2 2p_x^{\ 1} 2p_y^{\ 1}$,原子核外只有 2 个占据着 p_x 和 p_y 原子轨道的未成对电子。根据第 5.3.1 节的共价键理论,每个碳原子的 2 个未成对电子最多只能形成 2 个共价键,而且这 2 个共价键应该形成 90°的键角。可见,5.3.1 节的共价键理论还有缺陷,有待于改进。

薛定谔方程诞生的同时,X 射线晶体学开始发展起来。物理学家和化学家们用 X 射线晶体衍射的实验方法,测定了一些分子的空间结构,获取了最初的键长、键角实验数据。这些数据中,有一些与已有的共价键理论也是矛盾的。例如,1930 年,鲍林测定了硅酸盐的晶体结构,发现硅原子与氧原子形成类似甲烷分子中的四面体结构,这显然也不能用已有的共价键理论来解释。

为了从理论上解释分子的空间结构,1931 年鲍林等在共价键理论的基础上,提出共价键杂化理论。这个理论认为,核外电子具有波动性,波是可以叠加的,所以波函数也可以叠加。例如,可以把碳原子的 1 个 2s 波函数与 3 个 2p 波函数($2p_x$,$2p_y$,$2p_z$)按以下方法相加

$$\begin{aligned}
\psi_1(sp^3) &= \frac{1}{2}\psi(2s)+\frac{1}{2}\psi(2p_x)+\frac{1}{2}\psi(2p_y)+\frac{1}{2}\psi(2p_z)\\
\psi_2(sp^3) &= \frac{1}{2}\psi(2s)-\frac{1}{2}\psi(2p_x)+\frac{1}{2}\psi(2p_y)-\frac{1}{2}\psi(2p_z)\\
\psi_3(sp^3) &= \frac{1}{2}\psi(2s)-\frac{1}{2}\psi(2p_x)-\frac{1}{2}\psi(2p_y)+\frac{1}{2}\psi(2p_z)\\
\psi_4(sp^3) &= \frac{1}{2}\psi(2s)+\frac{1}{2}\psi(2p_x)-\frac{1}{2}\psi(2p_y)-\frac{1}{2}\psi(2p_z)
\end{aligned} \tag{5-12}$$

得到 4 个由 s 轨道和 p 轨道组成的"杂化"轨道。以上杂化轨道由 1 个 s 和 3 个 p 轨道组成,称为 sp^3 杂化轨道。

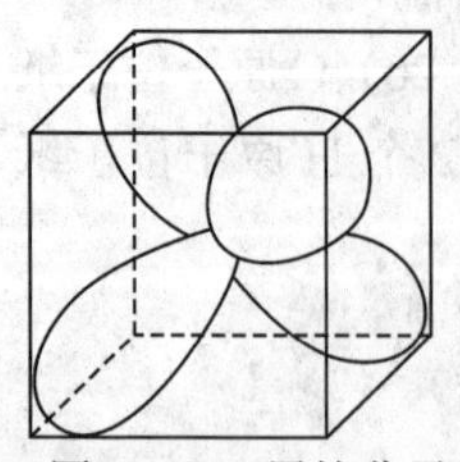

图 5-27 甲烷分子中的 sp^3 杂化轨道

用量子力学的方法计算出这些杂化轨道波函数的角度分布函数,并按照图 5-21 的作图方法直观地表达角度分布函数在空间不同方向上的数值,甲烷分子中的 sp^3 杂化轨道如图 5-27所示。从图 5-27 可见,4 个杂化轨道角度分布函数的最大值方向,正好指向四面体的 4 个顶点。

杂化轨道理论的主要内容如下:

(1) 同一原子中若干个能量相近的原子轨道可以线性组

合形成杂化轨道(杂化了的原子轨道),杂化轨道的能量介于形成杂化轨道的原子轨道之间。例如,sp^3 杂化轨道的能量比相应的 p 轨道低,但比 s 轨道高。

(2) 杂化轨道的数目等于参与形成杂化轨道的原子轨道数目。例如,1 个 s 轨道和 3 个 p 轨道,形成 4 个 sp^3 杂化轨道。

(3) 原子核外电子填充到杂化轨道上。电子排布在杂化轨道上,仍需符合泡利不相容、最低能量及洪德规则。

(4) 不同原子的轨道互相重叠,共享电子对,形成化学键。可以是杂化轨道互相重叠,也可以是杂化轨道和原子轨道(未杂化的轨道)互相重叠。

按照以上杂化轨道理论,可以很好地解释甲烷分子的四面体结构:①碳原子的 1 个 s 轨道和 3 个 p 轨道组成 4 个 sp^3 杂化轨道;②碳原子原先的 2 个 2s 电子和 2 个 2p 电子,分别进入 4 个 sp^3 杂化轨道,每个杂化轨道排布 1 个电子;③4 个 sp^3 杂化轨道分别与 4 个氢原子的 1s 轨道重叠,并共享一对电子,形成 4 个 σ 键。

原子轨道可以有多种不同的杂化方式。除了以上讨论的 sp^3 的杂化方式以外,常见的杂化方式还有以下几种(图 5－28)。

sp^2 杂化:1 个 s 轨道和 2 个 p 轨道线性组合形成 3 个 sp^2 杂化轨道;3 个 sp^2 杂化轨道两两之间的夹角为 120°。

sp 杂化:1 个 s 轨道和 1 个 p 轨道线性组合形成 2 个 sp 杂化轨道,2 个 sp 杂化轨道的夹角为 180°。

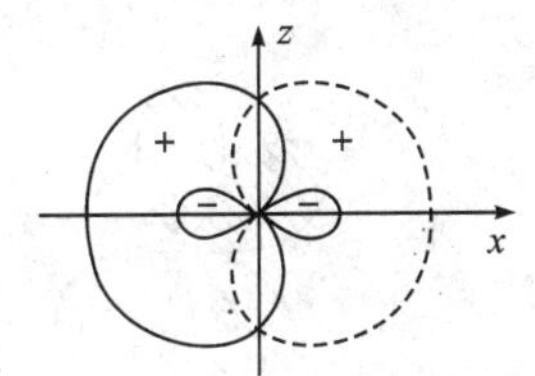

(a) 2个sp杂化轨道的角度分布图

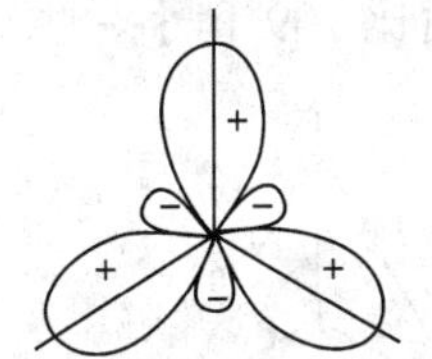

(b) 3个sp^2杂化轨道角度分布图

图 5－28 sp 杂化轨道和 sp^2 杂化轨道示意图

此外,在过渡金属配合物中(参看第 7 章),金属原子经常形成 d^2sp^3 或 sp^3d^2 杂化轨道。在稀土配合物中,稀土离子的 spdf 原子轨道一起参与杂化。我国物理化学家唐敖庆等用量子化学研究了 s-p-d-f 轨道的杂化过程,丰富了杂化轨道理论的内容。

杂化轨道理论较成功地解释了多原子分子的空间构型,在讨论有机化合物和金属配合物的分子结构时,经常会用到杂化轨道的概念。

以下用杂化轨道理论再举例说明一些代表性分子的空间结构。

1) 二氯化汞($HgCl_2$)分子

晶体结构测定发现 $HgCl_2$ 分子是直线形的。导电性测量表明 $HgCl_2$ 分子中的

Cl—Hg 键不是离子键,所以用共价键来解释其直线分子结构。汞原子外层电子构型为 $d^{10}6s^2$,不包含未成对电子。根据杂化轨道理论,汞原子采用 sp 杂化方式形成 2 个 sp 杂化轨道,原先处于 6s 原子轨道的 2 个电子,进入 2 个 sp 杂化轨道。汞的 2 个 sp 杂化轨道与 2 个氯原子含未成对电子的 3p 轨道重叠成键,形成直线形 $HgCl_2$分子。

2) 三氟化硼(BF_3)分子

晶体结构测定发现 BF_3 分子的空间结构具有平面三角形结构(图 5-29)。硼原子外层电子构型为 $2s^22p^1$。在成键过程中,硼原子的 1 个 s 轨道与 2 个 p 轨道进行杂化,形成 3 个互成 120°角的 sp^2 杂化轨道。原先处于 2s 和 2p 轨道的 3 个电子,进入 3 个 sp^2 杂化轨道。这 3 个 sp^2 杂化轨道分别与 3 个 F 原子的 2p 轨道重叠,共享电子对,形成平面三角形的 BF_3 分子。

3) 水分子

冰的晶体结构表明,水分子结构是 V 字形的(图 5-30),H—C—H 键角为 105°左右。氧原子外层电子构型为 $2s^22p^4$,杂化。氧原子杂化形成 4 个 sp^3 杂化轨道,原先处于 $2s^2$ 和 $2p^4$ 轨道的 6 个电子,进入 4 个 sp^3 杂化轨道,其中 2 个杂化轨道中各排布 1 个电子,另外 2 个杂化轨道中各排布 2 个电子。只有 1 个电子的 sp^3 杂化轨道与氢原子的 1s 轨道重叠,共享电子对,形成 2 个 O—H 键。由于相邻的 2 个杂化轨道上存在着成对的电子,比共享的电子对更加靠近氧原子核,使得 2 个 O—H 键的夹角比 109°稍小一些。

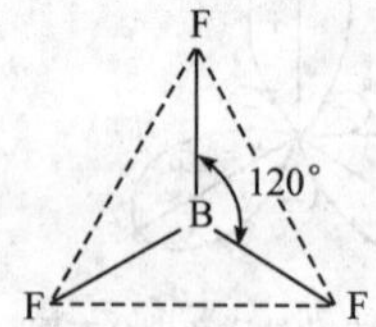

图 5-29　BF_3 分子的空间结构

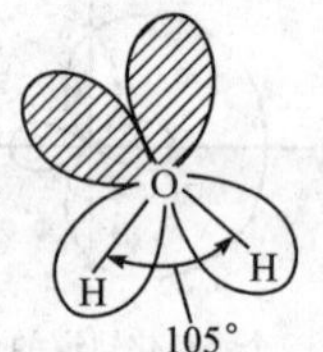

图 5-30　水分子的结构

4) 氨分子和氨基

晶体结构测定揭示了氨分子中 4 个原子并不处于同一平面,而是形成三角锥的形状(图 5-31),N—H 键之间的夹角约为 107°。氮原子外层电子构型为 $2s^22p^3$。根据杂化轨道理论,氮原子采用 sp^3 方式形成 4 个杂化轨道。其中 3 个杂化轨道上各排布 1 个电子,另外 1 个杂化轨道上排布一对电子。3 个含单电子的杂化轨道与 3 个氢原子的 1s 轨道重叠,共享电子对,形成 3 个 σ 键。由于相邻杂化轨道上的成对电子比较靠近氮原子核,使得 N—H 键之间的夹角略小于 109°。

氨基(—NH_2)不会孤立地存在,在分子中总是与其他基团(R)结合在一起。称为 R—NH_2。晶体结构测定发现,R—NH_2 通常表现为 2 种不同的空间结构,平面形或三角锥形。在平面形结构中，H—N—H 键角接近 120°，在三角锥形结构中，H—N—H 键角接近 109°。杂化轨道理论认为，氮原子既可以采取 sp^3 杂化方式，也可以采取 sp^2 杂化方式。在 sp^2 杂化的情况中，氮原子上保留着 1 个 2p 轨道，一对电子排布在这个 2p 轨道上(图 5-31)。

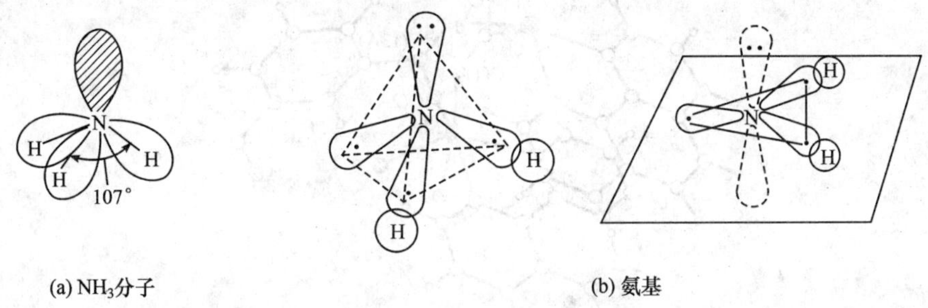

(a) NH_3分子　　(b) 氨基

图 5-31　氨分子和氨基的结构

在化合物分子中，氨基中的氮原子究竟采取什么杂化方式，人们尚不能预测。在测定了化合物分子结构后，人们可以根据分子表现出的空间结构，选择 sp^2 杂化或 sp^3 杂化来解释客观存在的结构现象。

5.3.3　化学键理论的拓展话题

根据以上讨论，共价键的本质是 2 个原子的轨道(原子轨道或者杂化轨道)重叠且共用电子对。我们还应该可以设想，共价键是否可能由 3 个或更多个原子的轨道相互重叠形成呢？如果可能由 3 个原子的轨道互相重叠形成共价键，那么这样的共价键中包括 2 个电子还是 3 个电子？显然，共价键理论的讨论还有待于深化。我们将在第 6 章(有机化合物)中继续深入讨论以上问题。

以上讨论的是分子中形成共价键的规律，但是人们有时很难判断一个化合物中的哪些化学键是共价键，哪些键又是离子键。尤其在配位化合物中(参见第 7 章)，化学键可能既具有离子键的性质，又具有共价键的性质。例如，在图 5-32 所示的 Mn 配合物的键长中，Mn—O(2A)—C(13A)键角 161.7°远偏离 120°，这意味着 O(2A)原子的轨道与 Mn 原子的轨道重叠得不好，所以 O(2A)—Mn 化学键应该比较弱，O(2A)—Mn 键长应该比另外的 O(1A)—Mn 键更长一些，但是，X 射线晶体结构测定却显示了，O(2A)—Mn 的键长为 2.104A，比 O(1)—Mn 的键长 2.121A 短。看来，我们需要用离子键理论来解释这一现象。化学键理论还有待于后人的发展创新。

杂化轨道理论是化学家对客观存在的分子结构的一种解释和理解。与以往的化学键理论相比，杂化轨道理论能够解释更多的现象。但是，仍有一些与化学键有关的问题，杂化轨道理论并不能给予合理的解释。例如，氧分子表现出的顺磁性

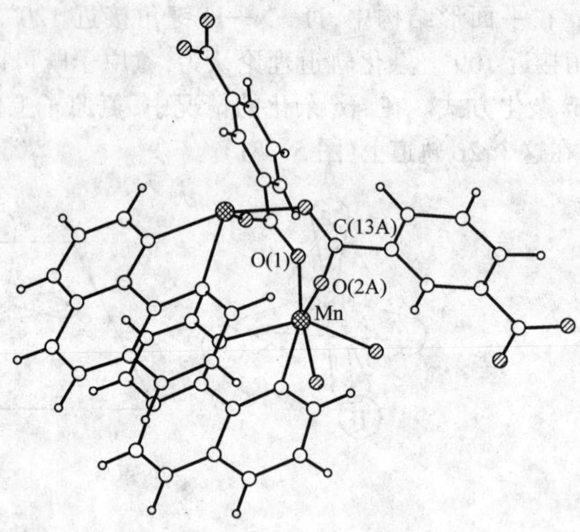

图 5-32　Mn 配合物中的键长

(一种物理性质，具体讨论在结构化学课程中进行)，说明氧分子中存在着未成对的电子；但根据共价键理论，氧分子中并不存在未成对的电子。所以，无论是原子轨道理论还是杂化轨道理论，都无法解释氧分子的这种物理性质。显然，杂化轨道理论本身还需要进一步发展。事实上，在杂化轨道理论诞生以后，物理学家和化学家又提出了新的化学键理论——分子轨道理论。按照分子轨道理论，可以很好地解释为什么氧分子会具有顺磁性。关于分子轨道的理论，将在结构化学课程中学习。

5.4　分子间作用力

5.4.1　分子间作用的重要性

长期以来，人们以为分子是体现物质性质的最小微粒。但是，随着近年来对生命体系的深入研究，人们已经开始认识到，生物体系内许多与化学有关的复杂过程，并非是由单一的分子来完成，而是由许多按一定规律聚集在一起的分子集合体相互协同才能完成。例如，大家都知道叶绿素能够催化光合作用，但是，事实上叶绿素只有在生物体内才有可能起作用；如果把叶绿素配制成溶液，或者把叶绿素溶液涂布在某些固体表面，即使满足阳光、水和二氧化碳的条件，也并不能发生光合作用。这就是说，叶绿素这种催化光合作用的化学性质，必须在特定的化学环境中才能实现。这个特定的环境是蛋白质分子、叶绿素分子等多种分子相互作用而形成的(参看第 7 章)。

分子间相互作用又称为分子间作用力，这就是说，分子间的相互作用可能是一种物理学意义上的“力”。对于这些相互作用的本质，以及这些作用对物质性能的影响的研究,属于超分子化学的领域。

超分子化学是近 30 年发展起来的化学分支。它所研究的主要内容是,分子如何利用相互间作用而聚集形成有序的空间结构,和分子聚集体的有序结构对物质性质的影响。因此,超分子化学也被称为分子以上层次的化学。

分子通过相互间的作用,聚集成有序的空间结构。这样所形成的有序聚集体,既可能表现出不同于分子单独存在时的性质,也可能有不同于分子无序聚集而表现的性质。细胞膜就是由许多类磷脂分子依靠分子间力有序聚集的一个典型例子。细胞膜所具有的许多生物功能,都与分子的有序聚集有关。这些功能,不是类磷脂分子单独存在时就具有的,也不是类磷脂分子无序地堆积而能表现的。显然,超分子化学的研究,对于人类更深入地认识生命等复杂现象是极为重要的。

超分子(supra-molecule)并非指某一个具有“超能力”的分子,而是指由许多分子形成的有序体系。超分子与分子的区别或许可以用集体与个人的区别来比喻:个人不能完成的复杂工作,依靠集体的力量就有可能完成;足球场上,后卫的堵截和中卫的传递,使得前锋能够射门成功;大家的协同作用,对于复杂任务的完成是必不可少的。超分子体系中,分子间的相互作用,为有序的分子群体协同完成复杂任务提供了必需的条件。

5.4.2 分子间作用力的形式

分子间作用力是在凝聚态物质中普遍存在的。超分子体系中存在着分子间作用力,同样由许多分子构成的混乱无序的体系中,也存在着分子间作用力。

分子间作用力,顾名思义是存在于分子之间的力;但更准确地说,应该是存在于不同分子的原子之间的力。这好比两个人握手时的“握力”,与其说成是两个人之间的力,不如更准确地说是存在于两只手之间的力。

分子间作用力主要有范德华力、氢键及疏水作用等几种形式。分子间作用力的本质与化学键相似,但比化学键作用要弱得多。

1) 范德华力

范德华力的本质是正负电荷的静电作用,普遍存在于分子之间。

范德华力的静电作用与离子键的静电作用不同。离子键中的静电作用来自带电的正负离子;但范德华力的静电作用,发生在电中性的分子或原子之间。根据静电作用发生原因的不同,范德华力可以区分为色散力、取向力和诱导力三类。

由于电子和原子核的不停运动,原子中的正负电荷中心在某一瞬间可能发生不重合的现象,使得电中性的原子变成一侧带正电、另一侧带负电,这种现象称为色散。相邻原子因色散作用产生瞬间电荷而发生的相互吸引(排斥)作用,就是色散力。

当极性分子互相靠近时,极性分子在空间按异性相吸的原理取向(图 5-33),

从而产生分子间的静电吸引作用,这种分子间作用力称为取向力。

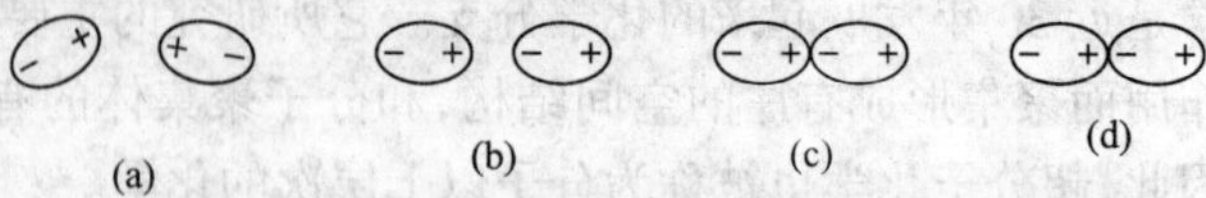

图 5-33 极性分子相互作用的示意图

由于取向力的存在,使得极性分子互相之间靠得更近(图 5-33),诱导分子中正、负电荷中心分得更开,分子间的静电作用也就变得更强一些。由上述诱导作用而产生的分子间作用力称为诱导力。容易想像,诱导力也存在于非极性分子与极性分子之间。

从以上分析可知,范德华力没有方向性和饱和性。

范德华力本质上是不成键的原子之间的吸引力。范德华力的作用范围很近,是一种近程作用力。当分子间距离较远时,范德华力几乎就不存在了。

在液体和固体中,分子依靠范德华力聚集在一起,但如果分子之间的距离太近,分子又会受核外电子云的排斥而远离。当范德华力和电子云排斥作用达到平衡时,相邻的分子间保持一定的"接触"距离。科学家们测定了大量化合物的晶体结构,推算出各类原子范德华接触距离的数据。例如,测定了低温下 Cl_2 的晶体结构,就可以知道相邻 Cl_2 分子中相互接触的原子之间的距离约为 0.36 nm。这个距离的一半(0.18 nm)被定义为氯原子的范德华半径。氯原子的范德华半径的数据,也已经在其他含氯化合物的晶体结构中得到了验证。

一些常见原子的范德华半径见表 5-3。

2) 氢键

当氢原子与电负性[①] 较大的 X 原子(如 Cl、O、N 原子等)以共价键相结合时,由于 X 原子的吸引电子能力强,使得共价键中的共用电子对偏向 X 原子一侧,氢原子相应地显示正电性;这样,带有部分正电荷的氢原子能够与另一个电负性较大的 Y 原子(如 Cl、O、N 原子等)发生静电吸引,形成如下所示的氢键

$$X—H\cdots Y$$

式中,虚线表示氢键;短实线是普通的共价键。

通常把 X—H···Y 整体称为氢键系统,简称氢键。氢键中 X 原子与 Y 原子可以相同,也可不相同。

在氢键中,H···Y 的距离通常比 H 原子和 Y 原子的范德华半径之和小得多;

① 为了衡量分子中各原子吸引电子的能力,鲍林在 1932 年引入了电负性的概念。电负性数值越大,表明原子在分子中吸引电子的能力越强;电负性数值越小,表明原子在分子中吸引电子的能力越弱。元素的电负性较全面地反映了元素的金属性和非金属性的强弱。一般金属元素(除铂系外)的电负性数值小于 2.0,而非金属元素(除 Si 外)则大于 2.0。

X—H—Y角通常比较接近180°。结合H···Y距离及X—H—Y角度两方面的数据，可以判断分子间是否存在氢键。目前大家比较公认的判断标准是，X—H—Y角度不小于120°，同时，H···Y距离比H原子和Y原子范德华半径之和小0.01nm。

氢键虽然比共价键弱得多，但氢键比范德华力强得多。电负性越强的原子，参与形成的氢键也越强。

能形成氢键的物质相当广泛，液态和固态水中都存在着丰富的氢键；羧酸、醇及胺类化合物之间，也普遍存在着氢键；蛋白质及核酸等生物大分子之间也存在着氢键。氢键除了可以存在于相邻分子之间[图5-34(a)]，也能存在于分子内部没有化学键直接连接的两个部分。这种氢键，称为分子内氢键[图5-34(b)]。

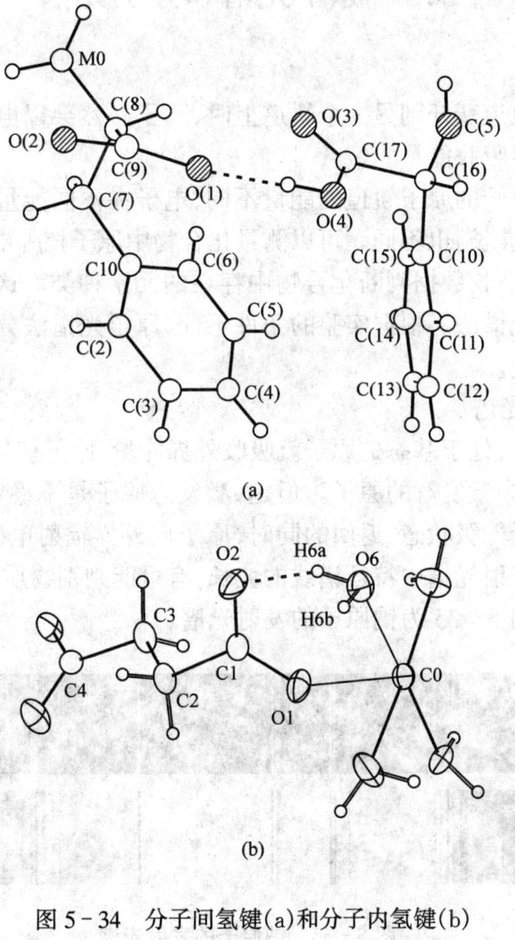

(a)

(b)

图5-34　分子间氢键(a)和分子内氢键(b)

5.4.3　氢键对物质性质的影响

已经发现，氢键对物质的性质有显著的影响。

氢键对物质的熔点和沸点有影响。例如,第Ⅶ主族元素的氢化物的沸点分别为:HF 20℃,HCl -85℃,HBr -67℃,HI -36℃。除 HF 以外,后三者表现出相对分子质量越大,沸点越高的规律。HF 沸点比其他三个化合物都高,可以归因于 HF 分子间存在着强的氢键。第Ⅴ、Ⅵ主族元素的氢化物的情况也类似。

氢键在生命体系中发挥着非常重要的作用。蛋白质分子中的分子内氢键使得蛋白质分子能够形成稳定的螺旋结构,蛋白质分子间存在的氢键使蛋白质分子聚集成四级结构,完成特定的生物功能。DNA 中通过分子间氢键而实现碱基配对,形成双螺旋的特殊结构(见第 7 章)。

5.5　原子光谱和分子光谱

5.5.1　原子光谱

电子从一个轨道跃迁到另一个轨道上时,原子必然会以电磁波的形式向外界释放能量或从外界吸收能量。

不同元素的原子的原子轨道的能量不同,电子在不同能量的轨道间跃迁时产生的电磁波频率(波长)也不同。可以测量化合物中原子核外电子跃迁时产生的电磁波的波长,根据波长数据判断化合物中存在的元素种类。这样的分析元素种类的方法称为原子光谱法。根据实验的条件不同,原子光谱法分为原子发射光谱和原子吸收光谱两类。

1) 原子发射光谱

若对样品加热,处于基态的原子就吸收外界能量,原子核外低能级的电子可跃迁到高能级上,成为激发态的原子。但是,激发态原子是不稳定的,电子在很短的时间内就会返回低能级状态,返回的同时,原子向外界辐射电磁波,产生原子发射光谱。分析原子发射光谱中特征谱线的波长,有可能判别物质中元素的种类,即元素的定性分析。图 5-35 为钠原子的发射光谱。

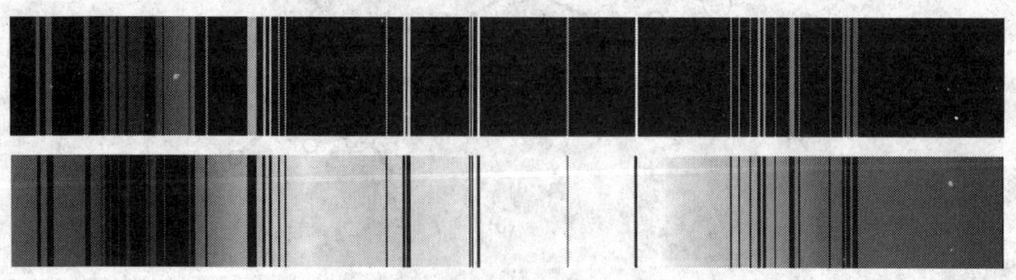

图 5-35　钠原子的发射光谱

2) 原子吸收光谱

用待分析元素为灯丝,制成光源(灯泡)。根据原子发射光谱的原理可知,光源工作时发射的光线中,必定含有能量等于第一激发态与基态能级差的特征光。让这样的特征光照射到含待检测元素的样品上,根据待测样品对特征光的吸收情况,可以判断样品中待测元素的含量(即元素的定量分析)。

5.5.2 分子光谱

物质的分子是在不停运动的,分子的内部运动会产生分子光谱。分子内部运动有转动、振动、电子运动等几种形式。这几种运动形式的能量都是量子化的,分子能级示意图5-36表示了这几种运动能级间隔的情况。

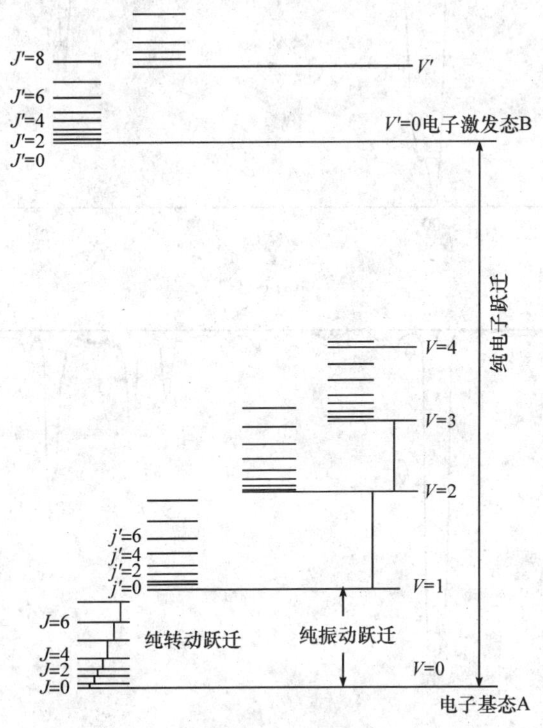

图5-36 分子能级示意图

从图5-36中可以看到,转动能间隔较小,振动能间隔其次,电子运动的能量间隔最大。当分子内部运动从一个能级跃迁到另一个能级时,分子就会吸收或释放能量,这种能量以电磁波(光)的形式出现,就产生分子光谱。

分子转动能级跃迁所产生的分子光谱称为分子转动光谱。分子转动能级之间的间隔为10~1000J·mol^{-1},转动能级之间跃迁所吸收的光的波长为0.01~1cm,这种光谱落在远红外光区域,故称为远红外光谱。

分子振动能级之间的跃迁产生的分子光谱称为分子振动光谱。振动能级间隔为 1～100kJ·mol^{-1},对应的光的波长为 1000～25 000nm,落在红外光区域,故称为红外光谱。图 5－37 显示了 1-己炔和苯两种化合物的红外光谱图。

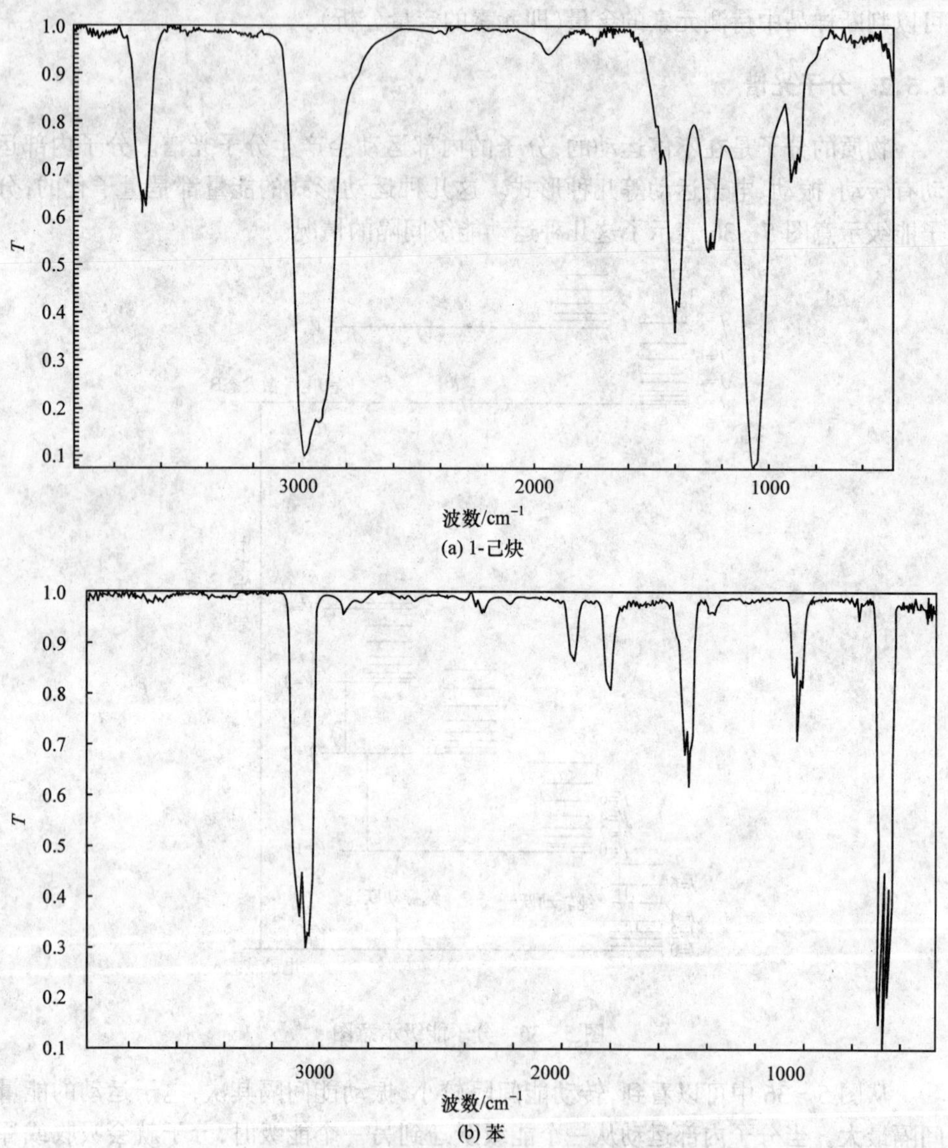

图 5－37　1-己炔(a)和苯(b)两种化合物的红外光谱

分子光谱包括发射光谱和吸收光谱,主要是应用吸收光谱。所用仪器称为分光光度仪。光源发射连续波长的光照射到样品上,一部分被样品吸收,一部分透过样品进入分光器,分光器将各种波长的光分开,用检测器上测出各种波长的光被吸收的量，便得到吸收光谱。

红外光谱的光源一般用碳化硅棒，检测则用热电偶或热敏电阻，利用它们接收红外光(受热)后所产生的电势差或电阻变化来测量光的强度；样品池等也需要用能透过红外光的材料，如 KBr、NaCl 晶体等来制备。由于这些材料易溶于水，所以仪器必须避免受潮。

红外光谱的技术，可以帮助人们分析物质的结构和组成。人们在总结大量红外光谱实验资料的基础上，发现在不同的化合物中，同一种化学基团或化学键会呈现大致相同波长的吸收峰，这些吸收峰所对应的频率称为基团或化学键的特征振动频率。人们总结了各种基团或化学键的特征振动频率，汇编成多种图表。例如，图 5-38 是某些化学键和基团的特征振动频率。在测定某一种化合物的红外光谱以后，可以利用这些特征振动频率图表来判断某种基团或化学键是否存在，由此帮助判断分子组成和结构。

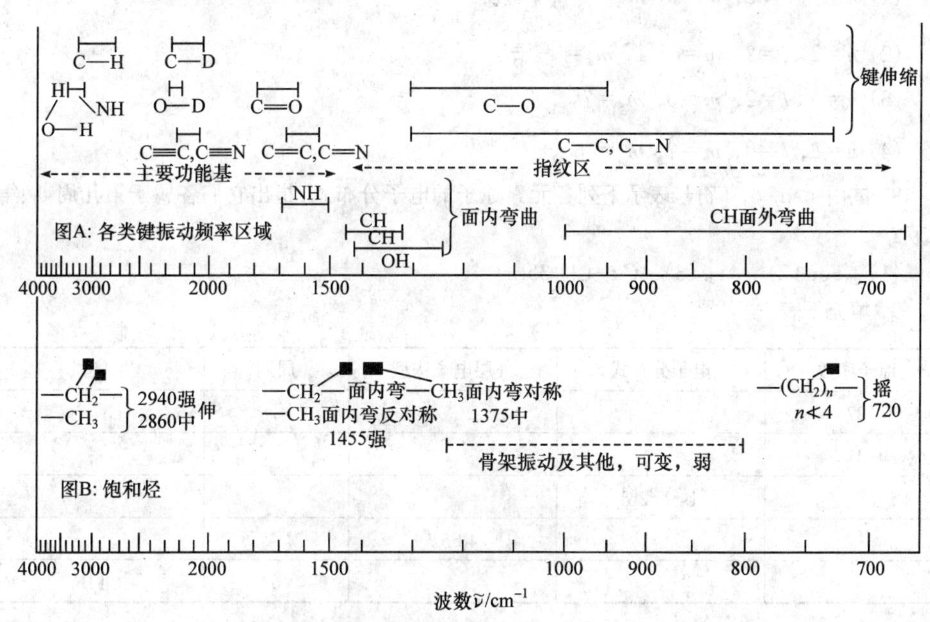

图 5-38 某些化学键和基团的特征振动频率

习 题

1. 氢原子的发射光谱中有一条谱线，是电子从 $n=4$ 跃迁到 $n=2$ 的轨道时放出的辐射能所产生的，试计算该谱线的波长并指出该谱线属于哪一波段。

2. 根据波尔理论计算第五个波尔轨道的半径和电子在此轨道上的能量。

3. 用原子轨道符号表示下列各套量子数。

(1) $n=2$, $l=1$, $m=-1$; (2) $n=4$, $l=0$, $m=0$; (3) $n=5$, $l=2$, $m=0$。

4. 以下各亚层哪些能够存在？包含多少轨道？

(1) 2s; (2) 3f; (3) 4p; (4) 5d; (5) 1p; (6) 2d。

5. 画出 Si、V、Fe 电子轨道图，指出这些原子各有几个未成对电子？

6. 下列的电子运动状态是否存在？为什么？

(1) $n=2$, $l=2$, $m=0$, $m_s=+\frac{1}{2}$。

(2) $n=3$, $l=2$, $m=2$, $m_s=+\frac{1}{2}$。

(3) $n=4$, $l=1$, $m=-3$, $m_s=+\frac{1}{2}$。

(4) $n=3$, $l=2$, $m=0$, $m_s=+\frac{1}{2}$。

7. 对下列各组轨道，填充合适的量子数。

(1) $n=?$, $l=2$, $m=0$, $m_s=+\frac{1}{2}$。

(2) $n=2$, $l=?$, $m=-1$, $m_s=-\frac{1}{2}$。

(3) $n=4$, $l=2$, $m=0$, $m_s=?$。

(4) $n=2$, $l=0$, $m=?$, $m_s=+\frac{1}{2}$。

8. 试用 s, p, d, f 符号表示下列各元素原子的电子分布式，指出它们各属于第几周期、第几族？

(1) $_{26}$Fe; (2) $_{18}$Ar; (3) $_{29}$Cu; (4) 35Br。

9. 填充下表

原子序数	电子分布式	外层电子构型	周期	族
27				
31				
	$1s^22s^22p^5$			
		$4d^55s^1$		
			6	ⅡB

10. 已知下列元素的原子的外层电子构型分别是：

(1) $3s^2$; (2) $2s^2p^4$; (3) $3d^34s^2$; (4) $4d^{10}5s^2$。

请指出它们是什么元素，处于哪一周期，哪一族。

11. 若元素最外层仅有一个电子，该电子的量子数如下

$$n=4,\quad l=0,\quad m=0,\quad m_s=+\frac{1}{2}$$

(1) 符合上述条件的元素可以有几个？原子序数各为多少？

(2) 写出相应元素的电子分布式，指出在周期表中所处的位置。

12. 写出下列各种离子的外层电子构型：

(1) Ti^{4+}；(2) Mn^{2+}；(3) Fe^{3+}；(4) Cd^{2+}。

13. 指出下列分子的中心原子可能采用的杂化轨道类型,并写出分子的空间构型。

(1) BBr_3；(2) SiH_4；(3) BeH_2；(4) PH_3；(5) H_2S。

14. 解释 H_2O 和 $BeCl_2$ 都是三原子分子,为何前者为 V 形,而后者为直线形?

15. 指出下列分子之间存在哪几种分子间作用力(包括氢键)。

(1) H_2 分子间；(2) H_2O 与 O_2 分子间；(3) H_2O 分子间；(4) HCl 与 H_2O 分子间；(5) CH_3Cl 分子间。

16. 为什么 (1) 室温下 CH_4 为气体,CCl_4 为液体,而 CI_4 为固体?(2) H_2O 的沸点高于 H_2S, 而 CH_4 的沸点却低于 SiH_4?

17. 乙醇和二甲醚的组成相同,但前者的沸点为 78.5℃,后者的沸点为 −23℃,为什么?

第 6 章　有机化合物

有机化学是化学的一个重要分支,是研究碳氢化合物及其衍生物的一门学科。经过近 200 年来的不断探索,有机化学取得了很大的进展,已经可以合成许多复杂的物质。生命科学和生物技术的发展,又为有机化学提供了广阔的舞台。本章主要介绍与生命现象相关的有机化学。

6.1　有机化合物的分类

有机化合物的种类繁多,在自然界发现的和在实验室人工合成的有机化合物,至今已经超过 2000 万种。把有机化合物按某些标准进行分类,有利于掌握众多有机化合物的结构和性能的规律性。

有机化合物,可以按碳链进行分类(表 6 - 1)或按官能团进行分类(表 6 - 2)。

表 6 - 1　有机化合物按碳链分类

开链族化合物	直链化合物 如 $CH_3CH_2CH_2CH_3$ 支链化合物 如 $CH_3\overset{\overset{\displaystyle CH_3}{\vert}}{C}HCH_2CH_2OH$
环状化合物	脂肪环化合物 如 (环己烷)、(环戊基)—COOH 芳香族化合物 如 (苯)、(苯基)—CH_2OH 杂环化合物 如 (吡啶, N)、(噻唑, N, S)

绝大多数有机化合物分子的骨架是由碳原子链接而形成的。按碳链对有机化合物进行分类,有利于从分子结构上认识它们的共同规律。

如果按表 6 - 1 进行分类,有机化合物可分为开链化合物(又称脂肪化合物)和环状化合物;环状化合物又进一步可以分成脂肪环化合物、芳香族化合物和杂环化合物等。

有机物进行化学反应时,发生变化的往往是分子某一很小的部分,分子的其他部分则基本不发生改变。分子中容易发生变化的部分称为官能团(functional group),意思是具有功能的基团。例如,乙醇中的羟基就是一种官能团。

表 6-2　有机化合物按官能团分类

官能团名称	官能团结构	化合物类别	化合物举例
碳-碳双键	$>C=C<$	烯	乙烯 $CH_2=CH_2$
碳-碳叁键	$-C\equiv C-$	炔	乙炔 $HC\equiv CH$
羟基	$-OH$	醇、酚	乙醇 CH_3CH_2OH 苯酚 C_6H_5-OH
羰基	$-C(=O)-$	醛、酮	丙酮 $CH_3-C(=O)-CH_3$ 苯甲醛 $C_6H_5-C(=O)-H$
羧基	$-C(=O)-OH$	羧酸	乙酸 CH_3COOH
醚键	$-O-$	醚	乙醚 $CH_3CH_2OCH_2CH_3$
卤素	$-X$	卤代物	溴乙烷 CH_3CH_2Br 氯苯 C_6H_5-Cl
巯基	$-SH$	硫醇、硫酚	乙硫醇 CH_3CH_2SH 苯硫酚 C_6H_5-SH
氨基	$-NH_2$	胺	苯胺 $C_6H_5-NH_2$
酰胺基	$-C(=O)-NH_2$	酰胺	乙酰胺 $CH_3-C(=O)-NH_2$
硝基	$-NO_2$	硝基化合物	硝基苯 $C_6H_5-NO_2$
磺酸基	$-SO_3H$	磺酸	苯磺酸 $C_6H_5-SO_3H$
肽键	$-C(=O)-NH-$	肽	二甘肽 $NH_2-CH_2-C(=O)-NH-CH_2-COOH$
酯基	$-C(=O)-O-$	酯	乙酸乙酯 $CH_3C(=O)-OCH_2CH_3$
氰基	$-C\equiv N$	腈	丙烯腈 $CH_2=CH-C\equiv N$

有机物也可以如表 6－2 那样按官能团进行分类，把其分成烯、醇、酸、酯等不同类别。由于含有相同官能团的有机化合物具有类似的性质，所以按官能团分类有利于从反应性能方面总结有机化合物的规律。在有机化学课程中，常按官能团类别分章讨论各类有机化合物。

两种分类方法的结合使用，能使我们对有机化合物的类别有了清晰的认识。例如，苯甲酸是环状芳香族羧酸化合物，丁胺则是脂肪胺。

有些有机化合物，从碳链看，既含有成环的碳链，又含有开链的碳链，如丁基苯。其结构式如下

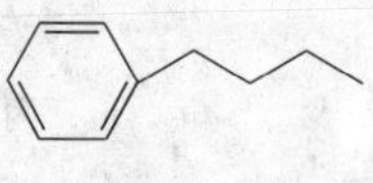

有些有机化合物的分子中同时含有两个或多个不同的官能团，如氯乙酸。其结构式如下

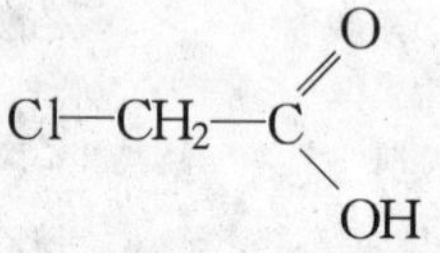

$$Cl—CH_2—C(=O)OH$$

既含有成环的碳链，又含有开链的碳链，同时还含有两个或多个不同官能团的有机化合物也是很常见的，如苯丙氨酸。其结构式如下

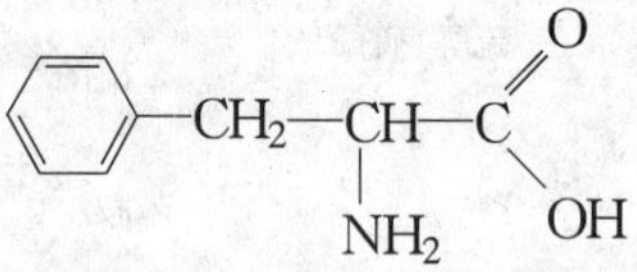

$$—CH_2—CH(NH_2)—C(=O)OH$$

6.2 有机物分子结构的基本规律

6.2.1 共价键的类型与有机物的分子结构

1) 单键

单键是有机化合物中最常见的键。按照共价键理论，单键是由原子轨道头对头重叠形成的；形成单键的原子轨道可以是 s 轨道、p 轨道或者杂化轨道。以乙烷为例，两个碳原子上的 sp^3 杂化轨道互相重叠形成 σ 键。C—C 键绕键轴旋转不会影响两个 sp^3 杂化轨道的重叠，所以一般认为 C—C 键可以绕键轴自由旋转。在旋转过程中，两个甲基上氢原子的相对位置不断改变，因而产生了多种不同的构象。在所有构象中，有两种构象最为典型，分别为重叠式构象和交叉式构象(图 6－1)。交叉式构象能量最低；重叠式构象能量最高；其他构象的能量介于交叉式和重叠式之间。交叉式和重叠式构象之间的能量差仅为 $12.6kJ\cdot mol^{-1}$，室温下分子的热运

动足以越过此能垒,因此在室温各种构象的分子同时存在。

交叉式构象　　　重叠式构象

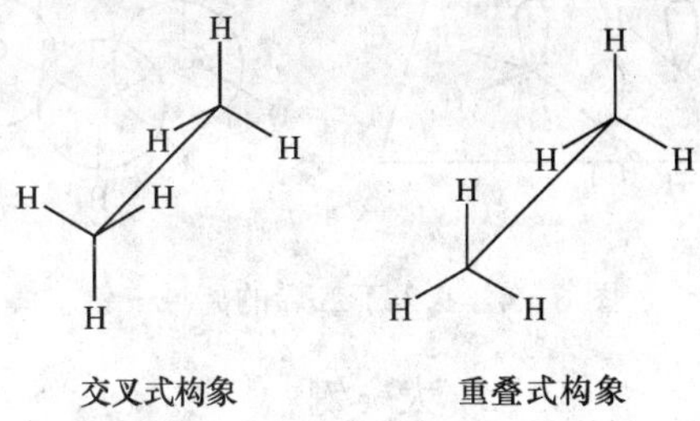

图 6-1　乙烷的构象

2）双键

双键在有机化合物中也较常见,它由一个 σ 键和一个 π 键组成。由于 π 键是由两个 p 轨道以肩并肩的方式重叠形成的,双键两端的基团绕键轴旋转,会使 π 键断裂。所以,基团不能绕双键自由旋转,使含双键的分子可能存在顺反异构体(图 6-2)。

顺-2-丁烯　　反-2-丁烯

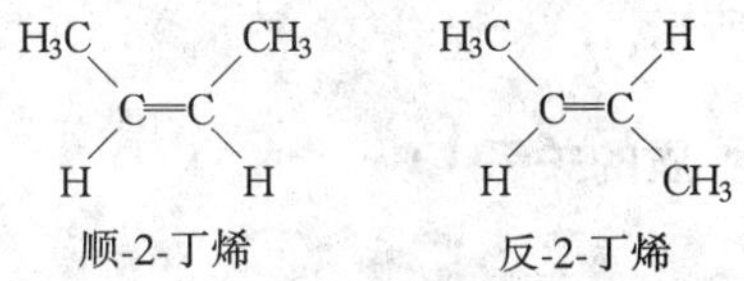

图 6-2　烯烃的顺反异构体

3）叁键

叁键是由一个 σ 键和两个 π 键所组成的。σ 键由两个 sp 杂化轨道重叠而成;两个 π 键相互垂直且垂直于 σ 键。在炔烃、腈类分子中就存在叁键。含叁键的分子是直线形的,因此不存在顺反异构现象。

4）离域键

单键、双键和叁键是有机化合物中典型的化学键,化学家曾用它们很好地解释了很多有机化合物的结构,但后来发现某些结构不能用这些典型的化学键来解释,羧酸就是其中的一个例子。羧基从形式上看是羰基碳上连了一个羟基,但由于羰基和羟基互相影响,使得羧基并不表现出酮和醇的性质,而表现出羧酸特有的性质。X 射线晶体衍射实验证实,羧酸根中两个碳氧键是基本等长的,键长介于双键与单键之间,这样的键称为离域键,羧酸的离域键如图 6-3 所示。

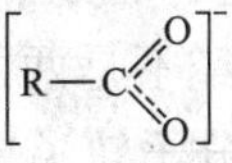

图 6-3　羧酸的离域键

1,3-丁二烯分子中的两对 π 电子也是离域的,1,3-丁二烯的离域 π 键见图 6-4。离域导致键长的平均化。

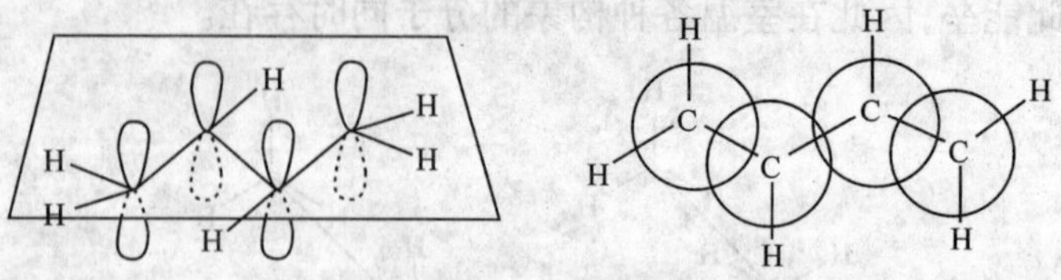

图 6-4 1,3-丁二烯的离域 π 键

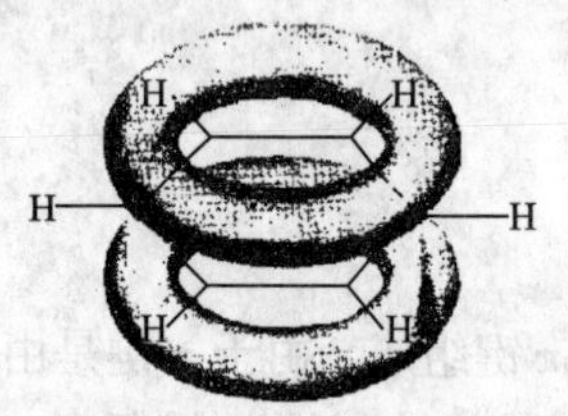

图 6-5 苯分子中的大 π 键

5) 大 π 键

X 射线晶体衍射证实苯分子中碳-碳键的键长都为 0.139nm,介于碳-碳单键(0.154nm)与碳-碳双键(0.134nm)之间。杂化轨道理论认为,苯分子中 6 个碳原子以 sp^2 杂化轨道两两重叠形成 σ 键,组成一个六元环;6 个碳原子的垂直于环平面的 6 个 p 轨道互相平行重叠,共用 6 个 p 电子形成一个大 π 键,苯分子中的大 π 键如图 6-5 所示。

6.2.2 分子结构与物质性质的关系

1) 双键的性质

双键的化学性质比较活泼。前面已经提到双键是由一个 σ 键和一个 π 键所组成的。现在再来讨论一下键能的情况。碳-碳双键(σ+π)的键能是 $611kJ\cdot mol^{-1}$,而碳-碳单键(σ)的键能是 $347kJ\cdot mol^{-1}$。两者的差值为 $264kJ\cdot mol^{-1}$,可以认为这是 π 键的键能,它比 σ 键的键能小得多,所以烯烃的 π 键容易打开。在烯烃的加成反应中往往是断裂 π 键而保留 σ 键。

2) 共轭 π 键的性质

在 1,3-丁二烯($^1CH_2={}^2CH-{}^3CH={}^4CH_2$)分子中,碳-碳单键的键长是 0.146nm,比乙烷分子中的碳-碳单键 0.154nm 要短;碳-碳双键的键长是 0.137nm,比乙烯的碳-碳双键 0.134nm 要长。这是因为除了 C^1-C^2 以及 C^3-C^4 的 p 轨道从侧面重叠以外,C^2-C^3 之间也有一定程度的重叠。因此,C^2-C^3 之间的电子云密度比一般的 C—C 单键有所增加、键长缩短,具有部分双键性质;相应地,C=C 双键有所拉长,可以看到单键和双键发生了部分平均化。我们把这样的体系称为共轭体系。共轭体系中的 4 个 π 电子已经不是两两局限在 C^1-C^2 和 C^3-C^4 之间,而是在 4 个碳原子的 p 轨道所组成的分子轨道中运动,电子的离域导致电子云密度分布的改变,引起分子性能的改变,由此产生的影响叫做共轭效应。

共轭体系具有以下特点:①共平面性。这是共轭体系中一个重要的几何特点。共轭效应的产生,一般是共轭体系中各个 sp^2 杂化碳原子都在同一个平面上,这样方能使参加共轭的 p 轨道互相平行，从而在侧面发生重叠。如果这种共平面性受到破坏，p 轨道的互相平行就发生偏离，减少了它们之间的重叠程度或完全不重叠，共轭效应就随之减弱或完全消失；②键长趋于平均化。由于电子云密度分布的改变，共轭体系中的单双键键长发生了变化，趋于平均化，单键具有了部分双键的性质；③体系能量降低。由于电子的离域分子能量显著降低，稳定性明显增加。共轭二烯烃比相应的孤立二烯烃稳定。

3) 大 π 键及芳香性

苯的分子式是 C_6H_6，从分子式看，苯应显示高度的不饱和性。然而，在一般条件下苯并不发生类似于烯烃的加成反应，也不被高锰酸钾所氧化，却容易发生取代反应。例如，苯分子中的氢原子容易被硝基（$—NO_2$）、磺酸基（$—SO_3H$）、卤原子等取代，分别生成硝基苯、苯磺酸、溴苯和氯苯等。在这些取代反应中都保持了苯环原有的结构。以上的事实表明了苯环的化学稳定性，苯的不易加成、不易氧化、比较容易取代和苯环的稳定性等不同于一般不饱和化合物的特性，总称为芳香性。

苯在比较剧烈的条件下，如在高压下催化加氢可以生成环己烷，说明苯具有六碳环的结构；苯的一元取代产物只有一种，说明碳环上 6 个碳原子和 6 个氢原子的地位是等同的。因此，1865 年，德国化学家凯库勒提出，苯的结构是一个对称的六碳环，每个碳原子上都连有 1 个氢原子。这个式子就叫做苯的凯库勒式。苯的结构式如下

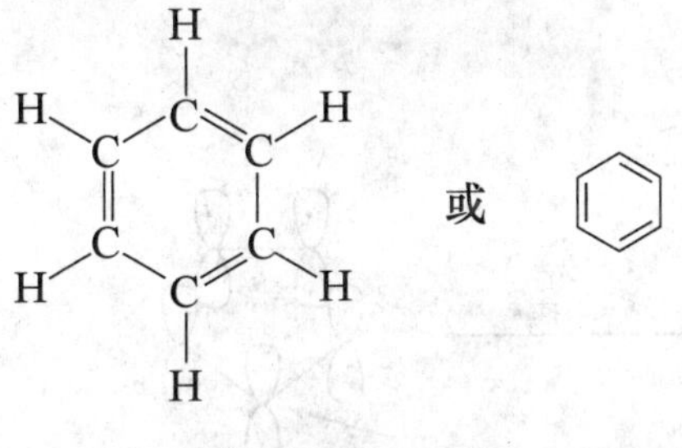

凯库勒提出苯的环状结构观点是正确的，在有机化学发展史上起了卓越的作用，但从形式上看它是一个环己三烯，这与事实是不相符的。苯分子其实形成了闭合的大 π 键，使 π 电子云高度离域，达到完全平均化，从而降低能量，形成了稳定的共轭体系结构。苯分子中 6 个离域的 π 电子的总能量，和它们分别处在孤立的定域的 π 轨道中的能量相比，要低得多，因此苯的结构很稳定。苯环的加成或开环都将破坏这种稳定的共轭体系，而环上的取代反应仍然保持了其大 π 键结构。这就是苯环不易加成，不易氧化，而比较容易发生环上取代反应的根本原因。

前面讨论了苯环由于形成了大 π 键而具有芳香性。那么是不是具有芳香性的化合物一定要含有苯环呢？为了回答这个问题，休克尔通过大量的研究发现，一个单环状化合物只要它具有平面的离域体系，且它的 π 电子数为 $4n+2$（$n=0,1,2,3\cdots$整数），就具有芳香性。这就是休克尔规则，也叫做休克尔 $4n+2$ 规则。

凡符合休克尔规则而具有芳香性,但又不含苯环的环状烃类化合物叫做非苯芳烃。非苯芳烃包括一些环多烯和芳香离子。例如,[18]轮烯、环丙烯正离子、环戊二烯负离子、环庚三烯正离子等都具有芳香性。

[18]轮烯分子中的碳原子都是 sp^2 杂化,所有原子都在同一个平面上,π 电子数为 18,符合休克尔规则,具有芳香性。[10]轮烯由于两个内氢相互干扰,使成环原子不能共平面,破坏了共轭,尽管 π 电子数为 $4n+2(n=2)$,[10]轮烯仍然没有芳香性,该分子不稳定。若是将这两个内氢去掉,让相应的两个碳原子以 σ 键相连,则成环原子就可以共平面而使该分子具有芳香性,这实际上就是萘。

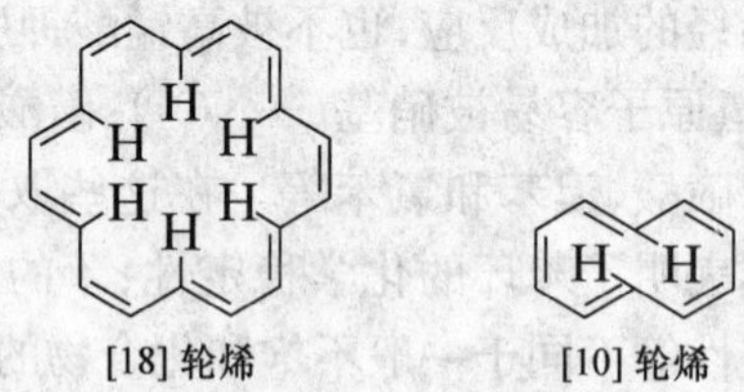

环戊二烯本身无芳香性,但当用强碱和它作用时,亚甲基上失去了一个质子,而成为环戊二烯负离子,5 个碳原子共平面,π 电子数为 6,符合休克尔规则,此时该负离子具有芳香性。目前,人们已经合成了许多含环戊二烯负离子的化合物,如二茂铁(图 6-6)等。

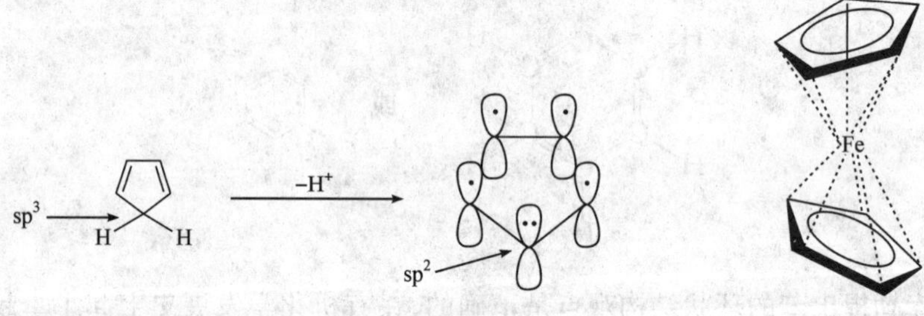

图 6-6 二茂铁的结构

6.3 有机化合物的反应规律

6.3.1 官能团的转变

各类官能团在一定条件下可以互相转变。尽管有机化合物中官能团的种类并不是很多,但官能团互相转变的内容比较丰富。官能团转变受反应条件的影响较大,学习官能团的性质和转变规律,构成了有机化学课程学习的主要内容。

下面是几个常见官能团相互转变的例子。

6.3.1.1　烯烃加成反应

$$CH_3CH{=}CH_2 + HBr \longrightarrow \underset{\displaystyle |\atop \displaystyle Br}{CH_3CHCH_3}$$

$$CH_3CH{=}CH_2 + HBr \xrightarrow{\text{过氧化物}} CH_3CH_2CH_2Br$$

以上两个反应是丙烯通过加成而转变成卤代烃的反应。尽管起始物都是丙烯和溴化氢,但由于反应条件不同,发生加成反应的机理也就不同。第一个反应按亲电加成机理进行,产物符合马氏规则,即氢原子加到含氢较多的双键碳原子上,主要得到 2-溴丙烷;第二个反应按自由基加成机理进行,产物符合反马氏规则,主要得到 1-溴丙烷。

6.3.1.2　卤代烃的取代反应

$$CH_3CH_2Br + NaOH \longrightarrow CH_3CH_2OH + NaBr$$
$$CH_3CH_2Br + NaOCH_3 \longrightarrow CH_3CH_2OCH_3 + NaBr$$
$$CH_3CH_2Br + 2NH_3 \longrightarrow CH_3CH_2NH_2 + NH_4Br$$
$$CH_3CH_2Br + NaCN \longrightarrow CH_3CH_2CN + NaBr$$

以上反应都是卤代烃的亲核取代反应,但亲核试剂不同,产物也各不相同。卤原子被羟基取代得到醇;被烷氧基取代得到醚;被氨基取代得到胺;被氰基取代得到腈。

6.3.1.3　醇的氧化反应

$$CH_3CH_2CH_2OH \xrightarrow{KMnO_4} CH_3CH_2CHO \xrightarrow{KMnO_4} CH_3CH_2COOH$$

$$\underset{\displaystyle |\atop \displaystyle OH}{CH_3CHCH_3} \xrightarrow{KMnO_4} \underset{\displaystyle \|\atop \displaystyle O}{CH_3CCH_3}$$

醇在氧化过程中,羟基被氧化成了羰基。若是伯醇的氧化反应,首先得到的是醛,醛再进一步被氧化,最后得到的产物是羧酸。若是仲醇的氧化反应,得到的是酮。叔醇由于没有 α-H,一般不能被氧化。

6.3.1.4　羧酸与醇的酯化反应

$$CH_3COOH + CH_2CH_2OH \underset{OH^-}{\overset{H^+}{\rightleftharpoons}} CH_3COOCH_2CH_3 + H_2O$$

酯化反应是可逆反应,羧酸与醇在无机酸的催化下可脱水形成酯,酯在碱性条件下也可以水解成羧酸与醇。

为了深入研究酯化反应的机理,到底是按酰氧键断裂(Ⅰ)还是按烷氧键断裂(Ⅱ)的方式脱水,化学家们将醇羟基中的氧用重氧标记,即 O^{18},然后通过分析酯化后的产物来确定反应机理。

$$R-\overset{\overset{\displaystyle O}{\|}}{C}-\boxed{O-H+H}-O^{18}-R' \xrightarrow{H^+} R-\overset{\overset{\displaystyle O}{\|}}{C}-O^{18}-R' + H_2O \quad (\text{Ⅰ})$$

$$R-\overset{\overset{\displaystyle O}{\|}}{C}-O-\boxed{H+H-O^{18}}-R' \xrightarrow{H^+} R-\overset{\overset{\displaystyle O}{\|}}{C}-O-R' + H_2O^{18} \quad (\text{Ⅱ})$$

研究结果表明:醇的结构对脱水方式影响较大。一般情况下伯醇和仲醇酯化后生成的是普通的水,说明酯化是按酰氧键断裂的方式进行,而叔醇酯化后生成的是重水,说明酯化是按烷氧键断裂的方式进行。上述方法称为同位素示踪法,是研究反应机理的一种重要方法。

6.3.1.5 醇的脱水反应

$$CH_3CH_2OH \xrightarrow[170℃]{H_2SO_4} CH_2{=}CH_2 + H_2O$$

$$2CH_3CH_2OH \xrightarrow[140℃]{H_2SO_4} CH_3CH_2OCH_2CH_3 + H_2O$$

醇在浓硫酸催化下加热脱水,在较高温度下主要发生分子内脱水反应而得到烯烃,属于消除反应;在较低温度下主要发生分子间脱水反应而得到醚,属于取代反应。

有机反应不像无机反应那样单一,常常是数个反应同时发生。醇在硫酸催化下加热,同时发生分子内脱水和分子间脱水反应,生成烯烃和醚,两个反应是竞争的,我们可以通过改变反应条件而控制反应,得到以某一产物为主的结果。

限于篇幅,以上仅仅列举了几个非常简单的有机化学反应,从中我们可以看出,许多有机物的合成,其本质是官能团的转变。通过长期的研究,人们已经发现了官能团转变的一些基本规律,在有机化学和有机合成的课程中,对这些规律有详细讨论。

由于各类官能团的转变丰富多彩,合成一个目标产物,往往有多种途径。使用各种不同的原料,收率也各不相同。人们在选择时通常考虑的因素有:①反应步骤尽可能少;②原料廉价易得;③收率尽量要高;④反应过程尽可能绿色化。

在掌握了官能团转变规律的基础上,化学家们通过人工方法合成了许多自然界原先不存在的有机化合物,为改善人类的生活做出了重大的贡献。抗疟药的合成就是一个很好的例子。尽管从金鸡纳树皮中提取到的金鸡纳碱对于某些疟原虫具有迅速杀灭作用,但对于人们经常感染的一种疟疾效果不是很好,由此育起了合成抗疟剂的研究。特别是在第二次世界大战期间,士兵在热带地区患疟疾的很多,因此许多国家进行了大规模的研究。在金鸡纳碱结构的基础上,合成了数千种化合物,从中筛选出了氯喹、戊喹啉等几个最有效的结构,它们都是喹啉的衍生物。氯喹直到现在仍在临床应用。

6.3.2 官能团的保护

有机化合物中的官能团,在一定的反应条件下会转变成其他种类的官能团。但是在有些情况下,我们并不希望某些官能团发生转变。对于不希望其发生变化的那些官能团,往往需要在反应过程中采取措施加以保护。例如,从苯胺出发合成对硝基苯胺时,需要用硝酸作为硝化试剂取代苯环上的氢原子。但是,硝酸同时会把苯胺氧化,故常伴有苯醌类化合物生成。为了保护氨基不被硝酸氧化,可以先用乙酸与苯胺进行酰基化反应,生成乙酰苯胺,使氨基($—NH_2$)转变成酰胺基($—NH—\overset{O}{\overset{\|}{C}}—$)。酰胺基比较稳定,不会再被硝酸氧化,所以可以安全地用硝酸的硝基取代苯环上的氢原子,即进行苯环的硝化反应。所得到的产物(对硝基乙酰基苯胺),可以利用水解的方法将乙酰基($—\overset{O}{\overset{\|}{C}}—CH_3$)除去,从而得到目标产物——对硝基苯胺。反应式如下

$$C_6H_5NH_2 \xrightarrow{CH_3COOH} C_6H_5NHCOCH_3 \xrightarrow[H_2SO_4]{HNO_3} p\text{-}O_2N—C_6H_4—NHCOCH_3 \xrightarrow[H^+\text{或}OH^-]{H_2O} p\text{-}O_2N—C_6H_4—NH_2$$

通过多年的研究,有机化学家们已经掌握了许多官能团保护的规律。例如,对醇、酚羟基的保护通常是将其转化成醚或酯;对氨基的保护通常是将其转化成酰胺;对醛基的保护通常是将其转化成缩醛。一般的原则是这些转化要比较容易,反应收率比较高。更重要的是保护的任务完成后,要能够方便地除去保护基团,将原来的官能团释放出来。

我国科学家在人工合成牛胰岛素时,采用了许多官能团保护的措施。合成过程中必须把各种氨基酸按一定的顺序连接成肽链。当A氨基酸和B氨基酸形成肽键时,要防止A和A之间形成肽键,也要防止B和B之间形成肽键。因此,在合成时,必须把其中一种氨基酸的氨基或羧基,用合适的保护剂保护起来。

6.3.3 关环与开环

研究发现,开链化合物和环状化合物在合适的条件下可以互变。在一定的条件下,开链化合物的分子会转变成环状结构,成为环状化合物;环状化合物也可以转变成开链化合物。例如,葡萄糖在水溶液中就存在着下列互变异构:

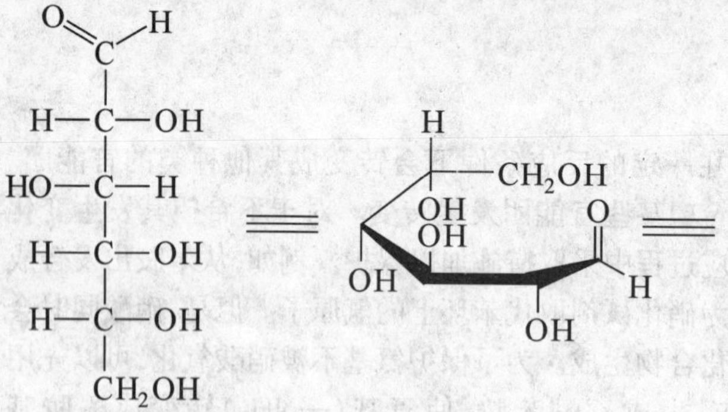

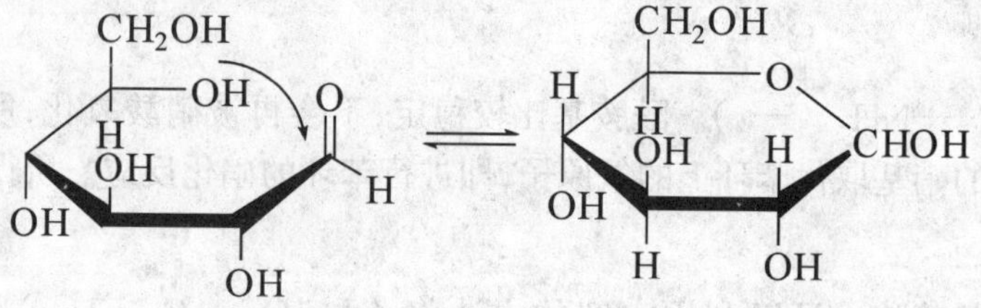

O=C(H)—H—C—OH,HO—C—H,H—C—OH,H—C—OH,CH_2OH ≡ (H, CH_2OH, OH, O, OH, OH, H, OH) ≡

(CH_2OH, OH, O, H, OH, OH, H, OH) ⇌ (CH_2OH, O, H, H, OH, H, CHOH, OH, H, OH)

在有机合成中经常涉及到分子的关环或开环,这些反应一般也是利用官能团的反应来实现的。关环或开环可按照多种不同的历程进行,有些是缩合反应,有些是取代反应,有些是加成反应,下面举两个简单的例子。

例如,己二醛在稀碱催化下关环,即

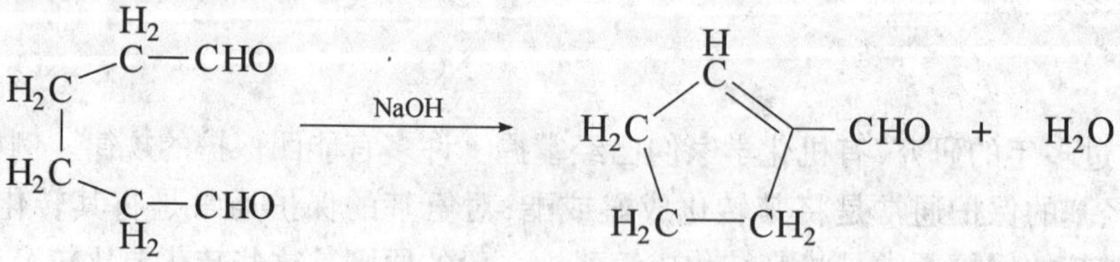

$$\mathrm{OHC{-}CH_2{-}CH_2{-}CH_2{-}CH_2{-}CHO} \xrightarrow{\mathrm{NaOH}} \text{(环戊烯甲醛: }H_2C, CH, C{-}CHO, CH_2, H_2C\text{)} + H_2O$$

本反应是缩合反应。在稀碱的作用下,己二醛的一个 α-H 先脱去,形成碳负离子;然后该碳负离子进攻羰基,发生亲核加成反应,形成五元环;最后脱水生成产物。羟基左右两侧的碳原子上都有 H 原子,研究表明羟基与醛的 α-H 发生了脱水反应。由于脱水后,碳-碳双键与碳氧双键形成了共轭结构,得到的产物比较稳定,因此醛的 α-H 更容易脱去。反应机理如下

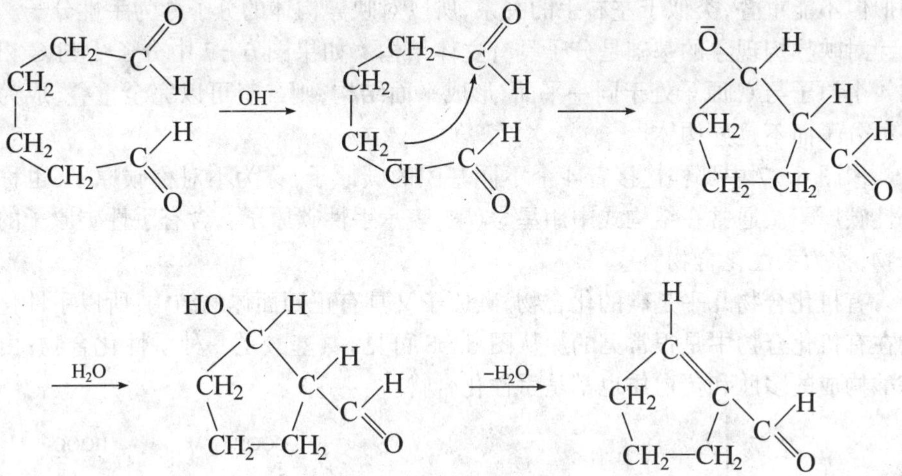

$$OHC{-}CH_2CH_2CH_2CH_2{-}CHO \xrightarrow{OH^-} OHC{-}CH_2CH_2CH_2{-}\overset{-}{C}H{-}CHO \longrightarrow \text{(环状) } {}^{-}O{-}CH{-}CH(CHO){-}CH_2CH_2CH_2$$

$$\xrightarrow{H_2O} \text{(环状) } HO{-}CH{-}CH(CHO){-}CH_2CH_2CH_2 \xrightarrow{-H_2O} \text{(环状) } HC{=}C(CHO){-}CH_2CH_2CH_2$$

又如,四氢呋喃与氢碘酸作用,发生开环反应,即

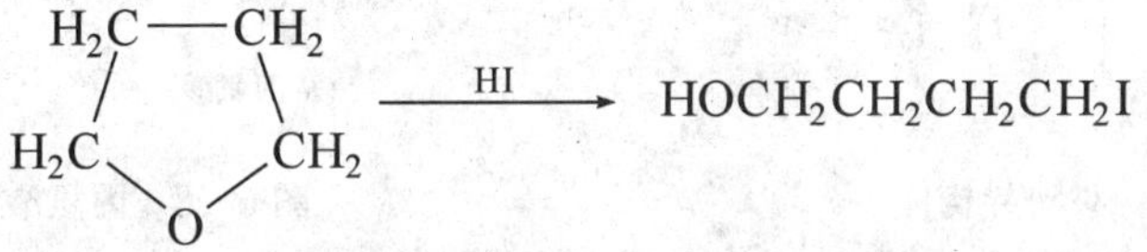

$$\text{(四氢呋喃) } H_2C{-}CH_2{-}CH_2{-}CH_2{-}O \text{ (环)} \xrightarrow{HI} HOCH_2CH_2CH_2CH_2I$$

本反应是加成反应。四氢呋喃是一种环醚,氧原子上电子密度较大,首先与酸作用形成质子化的醚,此时醚键变弱(C—O 键上的电子对向氧偏移),I^- 进攻碳原子,发生了醚键的断裂而开环,即

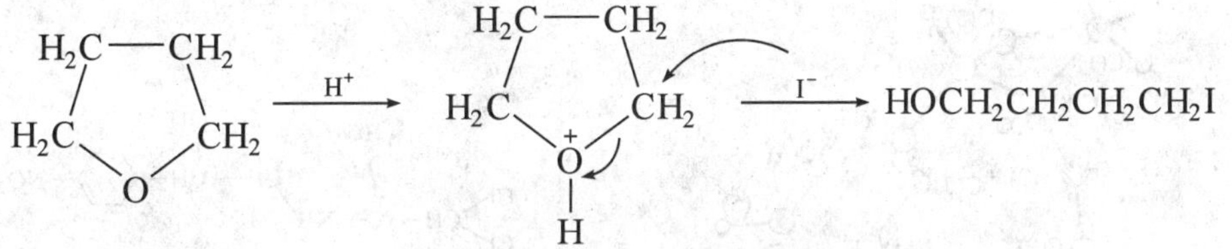

$$\text{(四氢呋喃)} \xrightarrow{H^+} \text{(质子化四氢呋喃, } \overset{+}{O}{-}H \text{)} \xrightarrow{I^-} HOCH_2CH_2CH_2CH_2I$$

6.4　有机化合物的手性

6.4.1　手性分子和手性碳原子

化学家早年推测的碳正四面体结构,现在已从晶体结构中得到了证实,同时也得到了杂化轨道理论的合理解释(参见第 5.3.2 节)。

若四面体碳原子上连接的 4 个基团(或原子)全不相同,这 4 个基团在四面体顶点上可以有两种不同的排列方式,所得到的两种分子相互不能重叠,构成镜像的关系,如图 6 - 7 所示。这两种分子构成一对对映异构体。对映异构体的分子结构相似但不能重叠，类似于左右手的关系，所以对映异构体的分子称为手性分子。

对映异构现象的基础是分子具有立体结构。如果图 6－7 中分子中与 C 相连的 4 个原子与 C 原子处于同一平面，形成平面结构，则二者可以完全重叠，成为同一种分子而不是异构体。

像图 6－7 中那样连接着 4 个不同基团的碳原子，称为不对称碳原子，也称为手性碳原子。通常在结构式中用星号（ * ）表示手性碳原子。含有手性碳原子的化合物，称为手性化合物。

有机化合物几乎是碳的化合物，碳原子又具有正四面体的结构，所以手性化合物在有机化合物中是很常见的。从图 6－8 可见，氨基酸是一种手性化合物；由氨基酸构成的多肽和蛋白质也都是手性化合物。

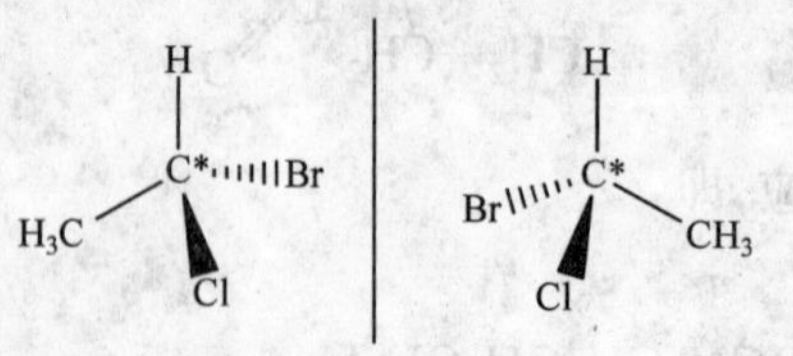

图 6－7 对映异构体

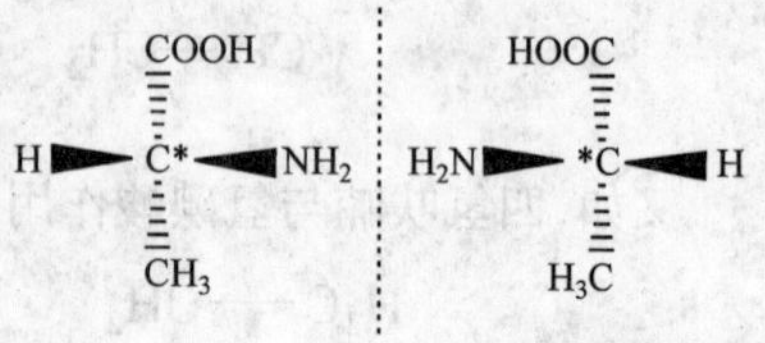

(*R*-丙氨酸) (*S*-丙氨酸)

图 6－8 丙氨酸分子结构

现在普遍使用的合成药物中，有不少也是手性化合物。例如，图 6－9 所示的氯霉素就是一种手性化合物，它的一个分子中含有两个手性碳原子。

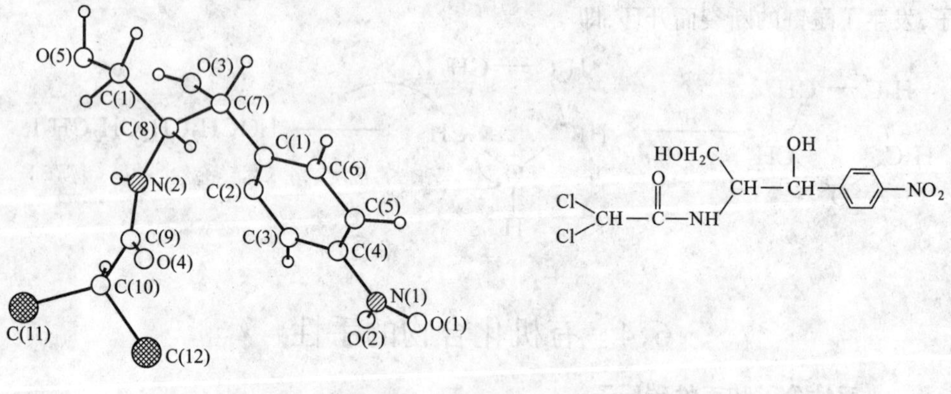

图 6－9 氯霉素分子结构

手性化合物具有“左”化合物和“右”化合物这样一对异构体。左异构体和右异构体的性质是否相同？如何从结构上来区分左异构体和右异构体？这些问题都具有科学的和现实的重要意义。例如，假设人体中的蛋白质是由“左”氨基酸构成的，那么服用“左”氯霉素或“右”氯霉素，对于人体是否具有不同的作用，有前者治病、后者致命的可能吗？

6.4.2　手性化合物构型的标记

手性化合物存在着“左”和“右”两种不同构型的异构体，为了区分它们，需要给它们分别命名。“左”、“右”的称呼显然是不够明确的，需要另外规定统一的命名原则。

过去曾普遍使用D-L标记法，但由于D-L标记法存在较大的缺陷，现在正在逐渐被*R*-*S*标记法取代。两种标记法之间没有简单的对映关系。例如，曾经用L表示的某异构体，按*R*-*S*标记法规定，现在可能被标记为*R*，也可能被标记为*S*。在具体讨论某手性化合物时，读者需要自己留心D-L标记法和*R*-*S*标记法之间的区别。

本书采用*R*-*S*标记法。

R-*S*标记法是按照手性碳原子上所连接的4个不同基团的空间位置关系来确定手性异构体的构型名称的。

(1) 采用*R*-*S*命名法时，先要规定手性碳上连接的4个不同基团的大小顺序。

我们约定，按手性碳原子连接的原子的原子序数来规定基团的大小，例如，对于图6－7中分子，按Br、Cl、C、H的顺序，规定Br为第一基团，用a表示，Cl、CH_3和H基团分别为第二、第三、第四基团，分别用b、c、d表示。如果有多个与C^*原子直接相连的原子的原子序数相同，则根据与该原子相邻的原子来确定基团的大小。例如，确定图6－8中丙氨酸上基团的大小顺序时，容易确定氨基为第一基团，氢为第四基团；但是COOH与CH_3与手性碳原子连接的都是C原子，则需要比较与这两个非手性碳连接的原子的序数，与COOH中C原子连接的是O原子，与CH_3基团中C原子连接的是H原子，所以COOH基团比CH_3基团大。这样就确定了丙氨酸中手性碳原子上4个基团的大小顺序如下

$$\underset{a}{NH_3} > \underset{b}{COOH} > \underset{c}{CH_3} > \underset{d}{H}$$

(2) 根据4个基团的空间排列情况，标记手性分子的构型。

如图6－10构型的标记所示，把手性分子的手性碳原子置于纸面上，让最小的基团d处于纸面后方(图6－10中用虚楔形线表示)，其余3个基团a、b、c处于纸面前方(图6－10中用实楔形线表示)。如果a、b、c基团轮转顺序是顺时针的，则该手性碳原子的构型标记为*R*；如果a、b、c基团轮转顺序是逆时针的，则该手性碳原子的构型标记为*S*。

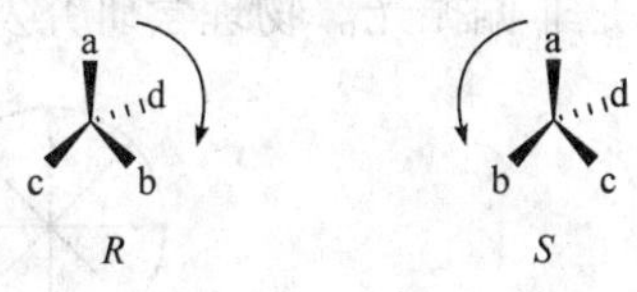

图6－10　构型的标记

如果手性化合物分子中只有一个手性碳原子，则该碳原子的*R*或*S*构型也就是该手性分子的构型，如图6－8中的*R*-丙氨酸和*S*-丙氨酸。

如果手性分子中含有 2 个或多个手性碳原子，则该手性化合物的构型命名时需要分别指明各手性碳原子的构型。

6.4.3　手性化合物的旋光性

对映异构体的许多性质十分相似。例如，具有几乎一样的熔点、沸点、密度和溶解度；谱学性质也几乎相同；在与非手性试剂作用时，它们的化学性质也相同。

但是，对映体对偏振光的作用是显著不同的，所以经常利用偏振光来区分对映异构体。

光是一种电磁波。光波在传播时，光波的电场强度和磁场强度是交替发生变化的（图 6－11）。电场强度变小的同时，磁场强度变大；电场强度变大的同时，磁场强度变小。

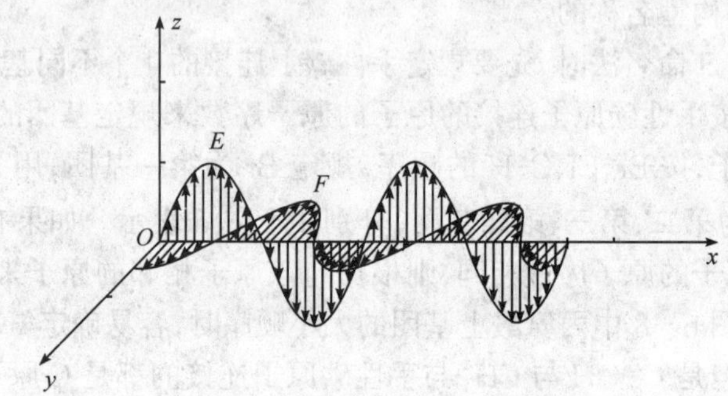

图 6－11　光是电磁波

x 方向为光波行进方向；E 与 F 分别为电场强度与磁场强度矢量的方向

电场强度和磁场强度都是矢量。如果一束光的电场强度矢量的方向是单一的，则称为偏振光，可以用图 6－12 偏振光的形成示意图中的双箭头来表示电场强度矢量的方向。自然光的电场强度矢量指向各个方向，如图 6－12 所示，所以自然光是非偏振光。物理学研究发现，让非偏振光通过尼科尔棱镜，可以获得偏振光。

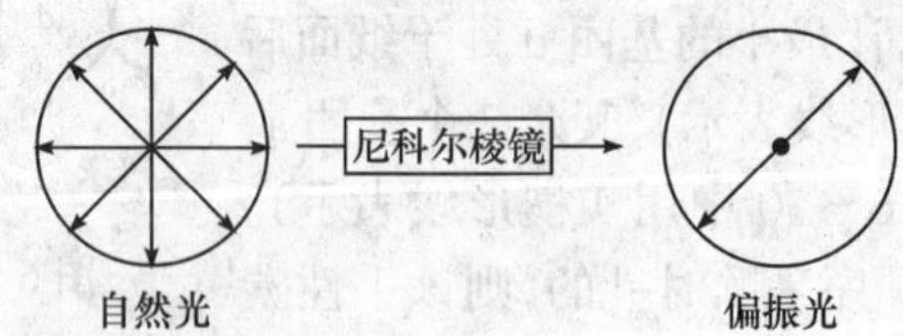

图 6－12　偏振光的形成（光的行进方向垂直于纸面）

偏振光的电场强度矢量与光波行进方向构成的平面，称为偏振光的偏振面。

偏振光经过手性化合物或它的溶液时，偏振面会发生旋转。例如，让一束偏振

光透过 *S*-丙氨酸水溶液(图 6－13),进入溶液之前,如果偏振面垂直于地面,则从溶液中透射出的偏振光的偏振面不再垂直于地面。偏振面改变的角度 α,称为溶液的旋光度。测量旋光度,可以知道实验样品是否为手性化合物。

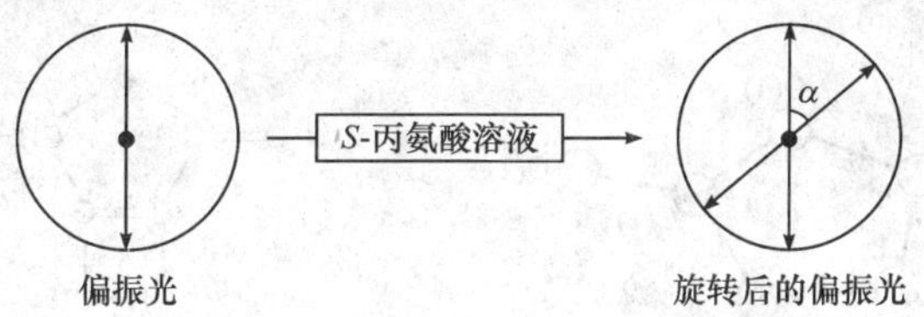

图 6－13　偏振光通过手性溶液后偏振面发生偏转

旋光度的值可能是正的,也可能是负的,大小也不相同。溶液的旋光度的正负及大小,与溶质的种类、浓度以及溶液厚度等因素有关。

研究发现,对映的 *R*-异构体和 *S*-异构体都能使偏振光的偏振面旋转,但是旋转的方向恰好相反。如果某手性化合物的 *R*-异构体使偏振面发生右旋,则 *S*-异构体使偏振面发生左旋。

R-、*S*-构型与左旋、右旋并无对映关系。这就是说,并非所有 *R*-异构体都能使偏振光发生右旋,也不是所有 *R*-异构体都能使偏振光发生左旋。对于同一个手性化合物异构体,溶剂不同,其旋光度会发生改变,甚至可能从正变为负或从负变为正。

由同一手性化合物的 *R*-异构体和 *S*-异构体等量组成的混合物,其溶液中含有 *R*-异构体和 *S*-异构体的量相同,所以使偏振面发生右旋转的角度与发生左旋转的角度大小相等,可以互相抵消,这样的溶液旋光度为零。由等量的 *R*-和 *S*-对映异构体组成的混合物,被称为外消旋混合物。

由于有机合成方面的原因,不容易得到单一构型的手性化合物,所以许多合成药物都是外消旋混合物。

有些药物进入人体后,会与人体蛋白质发生作用。构成人体蛋白质的每一种氨基酸都只含有一种构型,除了半胱氨酸是 *R*-构型、甘氨酸无手性以外,其余的氨基酸全都是 *S*-构型的。可以想像,不同构型的手性药物,对人体内蛋白质的影响是不同的。也许其中一种构型的药物对人体有利,而另一种构型的药物对人体却有害。

医学和药物学的研究早已证实了不同构型的药物的药效有很大不同。例如,维生素 C 是一种手性药物(图 6－14),它的一种对映异构体的抗坏血作用是另一种对映异构体的 20 倍。

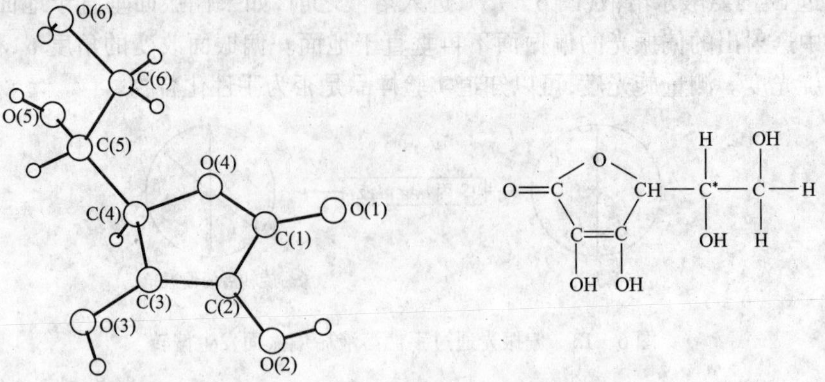

图 6-14　维生素 C 的分子结构

6.4.4 外消旋体的拆分

合成得到的手性药物,通常是对映异构体的混合物。在许多情况下,化合物的一对对映体在生物体内的药理活性、代谢过程及毒性等均存在显著差异。因此,拆分对映异构体混合物是十分必要的。

由于对映异构体的熔点、沸点、溶解度等物理性质很相近,蒸馏、沉淀等物理方法都不能将对映异构体拆分开。但是,选用合适的化学拆分剂,可以比较有效地拆分对映异构体混合物。化学拆分的基本原理如下。

如果需要拆分手性化合物(A)的 *R*-异构体 *R*-(A)和 *S*-异构体的混合物 *S*-(A),选择合适的化学拆分剂(B),(B)本身也应该是手性化合物的一种对映体,如*S*-(B)。

在合适的条件下使(A)的分子与(B)的分子结合成新的物质(A-B)。由于 *R*-(A)和 *S*-(A)与 *S*-(B)的化学反应能力相近,所以同时得到两种新物质,即

[*R*-(A)]-[*S*-(B)]　[*S*-(A)]-[*S*-(B)]

由于[*R*-(A)]-[*S*-(B)]的对映异构体是[*S*-(A)]-[*R*-(B)],所以上述两种新物质不构成一对对映异构体,它们的某些性质(例如溶解度)可能差别较大。利用这种性质的差别,可以把[*R*-(A)]-[*S*-(B)]和[*S*-(A)]-[*S*-(B)]分离开;然后在适当条件下使它们重新分解,分别得到 *R*-(A)、*S*-(A)和 *S*-(B)。这样,*R*-(A)和 *S*-(A)就被拆分;拆分剂 *S*-(B)还可以回收使用。

寻找合适的化学拆分剂并非易事,手性混合物拆分的研究还在进行中。

6.4.5　对映异构体的转化

拆分得到有效的对映异构体后，另一半无效的对映体如何处置也是一个问题，资源浪费和环境污染都需要避免。如果能够把无效的异构体转变成有效的异构体，也就是使异构体发生构型转变，无疑是很有意义的。

从图 6-15 所示消旋化过程容易理解，对映体的构型转化是可能的。

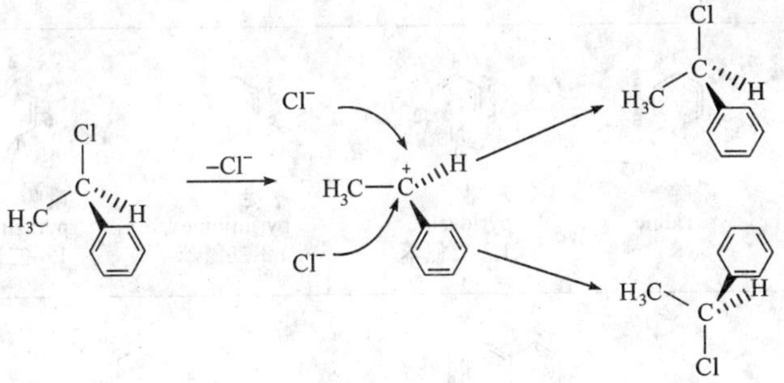

图 6-15　消旋化过程示意图

根据杂化轨道理论，如果破坏某一基团(例如 Cl 原子)与手性碳原子间的化学键，则手性碳原子由 sp^3 杂化方式转变成 sp^2 杂化方式，分子成为平面 Y 形结构。如果让 Cl 原子重新与 Y 形分子中的 C 原子成键，由于 Cl 原子同时可以从平面上下两个方向接近 C 原子，得到的产物就包含了两种不同构型，其中一种是有效的。这样，理论上可使 50% 的无效异构体转变成有效异构体。

6.5　杂环化合物

在环状化合物中，参与成环的原子中如果有非碳原子，则称为杂环化合物，其中的非碳原子叫杂原子。常见的杂原子有氧原子、氮原子、硫原子。

杂环化合物数量众多，约占已知有机化合物的 1/3。

6.5.1　杂环化合物的分类

杂环化合物可按不同的方式进行分类。例如，可按所含杂原子的种类分类，也可按杂原子的数目分类，还可按环的大小分类。

五元杂环化合物和六元杂环化合物是最常见的两类杂环化合物。

表 6-3 列出了一些常见杂环化合物的分类与名称。

表 6-3 一些常见杂环化合物的分类与名称

分类	杂环名称
单杂环	呋喃 furan 氧茂；噻吩 thiophene 硫茂；吡咯 pyrrole 氮茂；噻唑 thiazole 1,3-硫氮茂；咪唑 imidazole 1,3-二氮茂
	吡啶 pyridine 氮苯；哒嗪 pyridazine 1,2-二氮苯；嘧啶 pyrimidine 1,3-二氮苯；吡嗪 pyrazine 1,4-二氮苯
稠杂环	喹啉 quinoline 1-氮萘；异喹啉 isoquinoline 2-氮萘
	吲哚 indole 氮茚；苯并呋喃 benzofuran 氧茚；嘌呤 purine 1,3,7,9-四氮茚

6.5.2 典型杂环化合物举例

1）呋喃

呋喃是五元杂环化合物，环上有一个氧杂原子。

呋喃的 5 个成环原子都采取 sp^2 方式进行杂化，彼此以 σ 键连接，形成平面的分子结构。每一碳原子还有 1 个电子在 p_z 轨道上，氧原子则有两对电子分别在 p_z 轨道和 sp^2 杂化轨道上。5 个 p_z 轨道垂直于环所在的平面，相互重叠形成闭合的共轭体系，杂原子的孤对电子参与了六电子大 π 键体系的形成（图 6-16），所以呋喃具有芳香性。

呋喃的衍生物在自然界广泛存在。合成药物中呋喃类化合物不少，如抗菌药物呋喃唑酮（痢特灵）等。

图 6－16　呋喃的六电子大 π 键示意图

呋喃唑酮(痢特灵)

呋喃加氢可得四氢呋喃。四氢呋喃的环不具有平面结构,五元环的结构像个翻开口的信封。四氢呋喃是一种优良的溶剂,也是一种重要的合成原料。核糖等五碳糖都可以看成是四氢呋喃的衍生物。

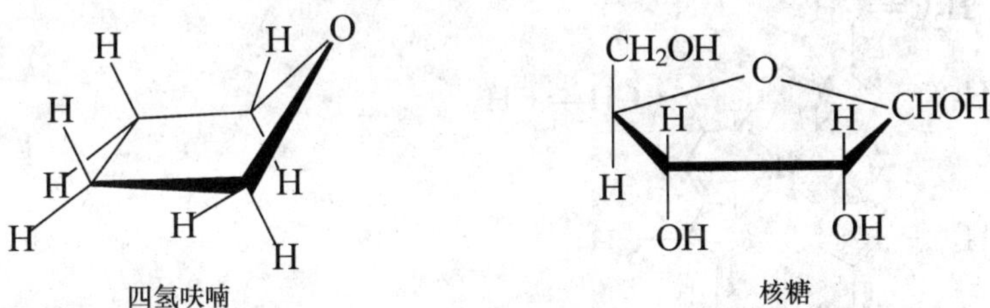

四氢呋喃　　核糖

2）吡咯

吡咯是五元杂环化合物,环上有一个氮杂原子。

吡咯的衍生物在自然界分布很广,植物中的叶绿素和动物中的血红素都是吡咯的衍生物。此外,还有胆红素、维生素 B_{12} 等天然物质的分子中都含有吡咯或四氢吡咯环,它们在动植物的生理上起着重要的作用。

吡咯　　卟吩

叶绿素和血红素的基本结构是由 4 个吡咯环与 N 相连的碳原子通过 4 个次

甲基(—CH ═)相连而成的平面共轭体系,称为卟吩。

卟吩的取代物则称为卟啉。卟吩本身在自然界并不存在,但卟啉却广泛存在。卟啉容易和金属原子形成配合物(见 7.5 节)。血红蛋白中担任输送氧气和二氧化碳的血红素,就是卟啉和铁的配合物;叶绿素是卟啉和镁的配合物;维生素 B_{12}则是卟啉和钴的配合物。

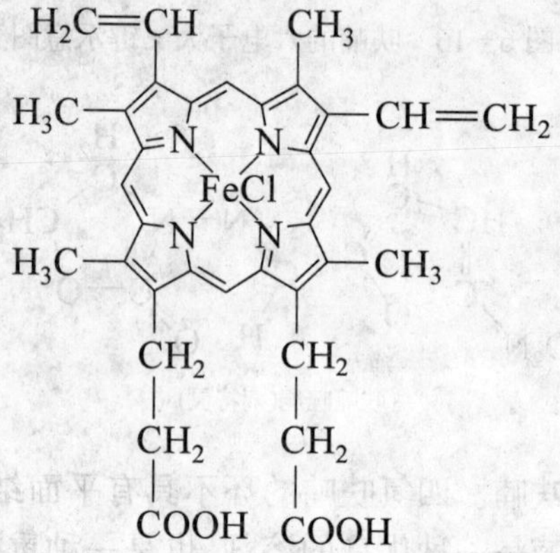

氯化血红素

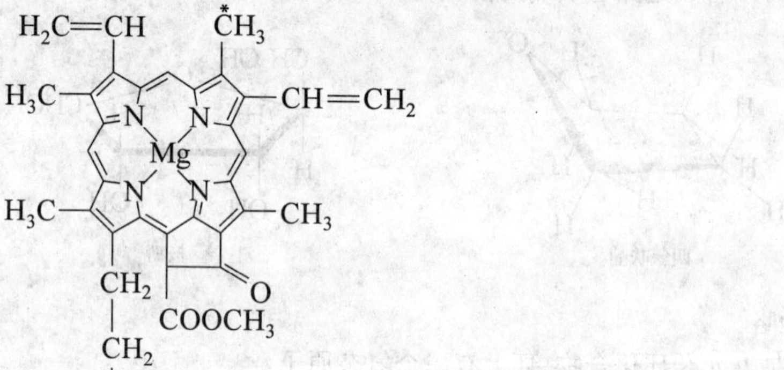

叶绿素 a

植物中的叶绿素与动物中的血红素这两个对生命极其重要的化合物,有着如此相似的结构,引起了人们对生命奥秘无限的遐想。

3) 咪唑

咪唑是五元杂环化合物,环上有 2 个氮杂原子。

咪唑中 5 个成环原子也都是 sp^2 杂化,处于同一平面上,但两个氮原子在形成大 π 键时的作用不同。1 位氮原子的 p_z 轨道上有一对孤对电子,而 3 位氮原子在 p_z 轨道上只有一个电子,在 sp^2 杂化轨道上则有一对电子。5 个 p_z 轨道垂直于环所在的平面,相互重叠形成闭合的共轭体系。1 位氮原子在形成大 π 键时提供一对电子,而 3 位氮原子只提供一个电子。

咪唑是组氨酸的侧链,组氨酸是人体蛋白质中不可或缺的一种氨基酸。

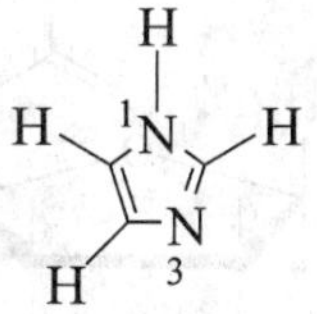

H H ¹N H N 3 H

咪唑

N(3) C(6) C(5) C(4) N(2) C(3) C(2) N(1) O(2) C(1) O(1)

HN N CH₂ HOOC—HC—NH₂

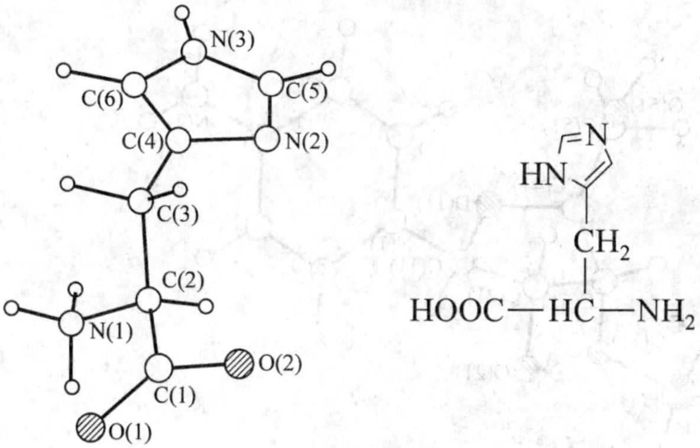

组氨酸

咪唑环上含有 2 个 N 原子,在脱去 1 位上的质子之后,咪唑可以作为桥配体连接相邻的金属原子,构成多核配合物(见 7.1 节)。

生物体中具有清除超氧化物功能的歧化酶,其活性中心就含有咪唑。

4）吡啶

吡啶是六元杂环化合物,环上有 1 个氮原子。氮原子上有一对孤对电子处于 sp^2 杂化轨道上,能与质子结合,具有弱碱性和较强的配位能力。

3-吡啶甲酸俗称烟酸,是 B 族维生素之一。烟酸的许多衍生物是很好的药物,其衍生物异烟肼(商品名叫雷米封)是抗结核病的特效药。

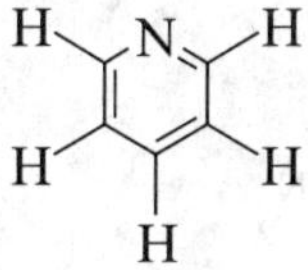

H N H H H H

吡啶

H N OH H C O H H

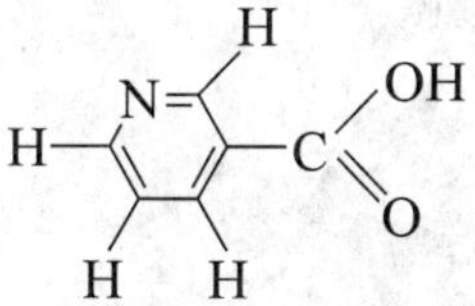

烟酸(3-吡啶甲酸)

5）嘧啶

嘧啶是六元杂环化合物,环上有 2 个氮原子。

虽然嘧啶本身并不存在于自然界中,但嘧啶的衍生物广泛分布于生物体内。例如,尿嘧啶、胸腺嘧啶及胞嘧啶都是嘧啶的衍生物。

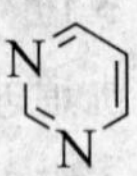

嘧啶 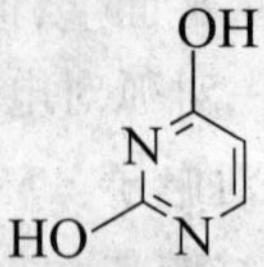　尿嘧啶 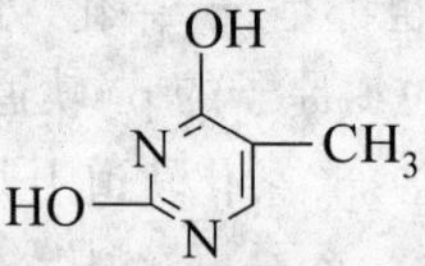　胸腺嘧啶 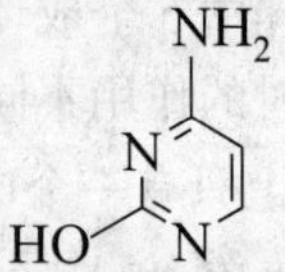　胞嘧啶

嘧啶衍生物可以与核糖组成核苷酸，核苷酸是核酸的重要成分。核苷酸的分子结构如下

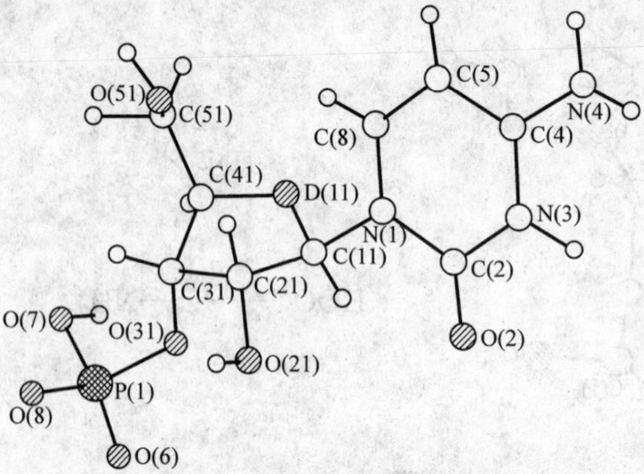

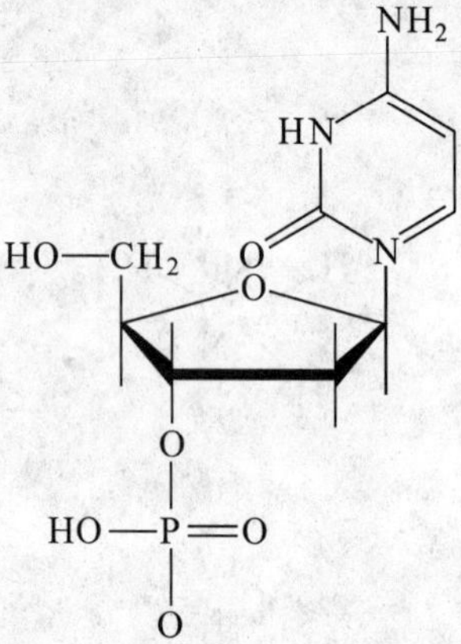

6）嘌呤

嘌呤是由 1 个嘧啶环和 1 个咪唑环稠合而成。

嘌呤本身不存在于自然界中，但其衍生物在自然界分布很广。例如，腺嘌呤和鸟嘌呤都是嘌呤的衍生物。这些嘌呤衍生物也可以与核糖组成嘌呤核苷酸。

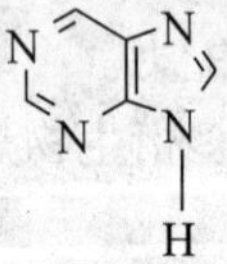

嘌呤 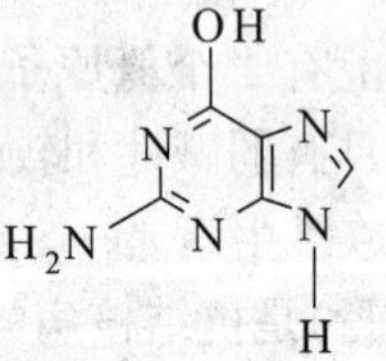　鸟嘌呤 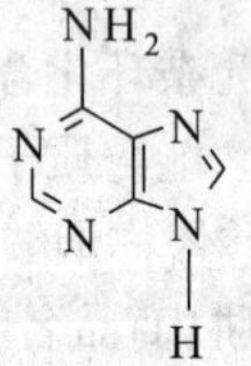　腺嘌呤

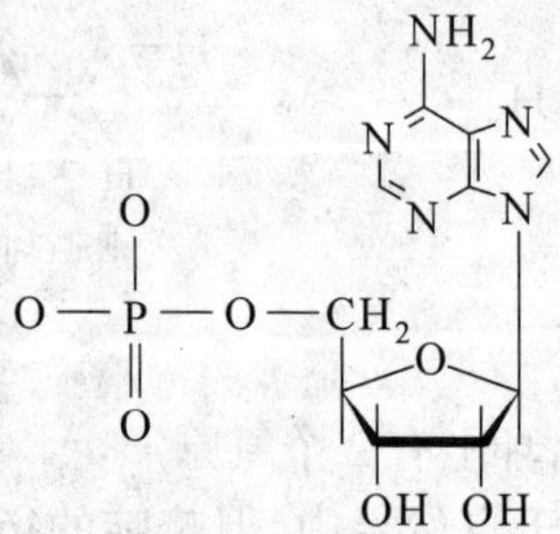

嘌呤核苷酸

核苷酸聚合,形成重要的生命物质——核酸。核酸分子结构(片段)如下

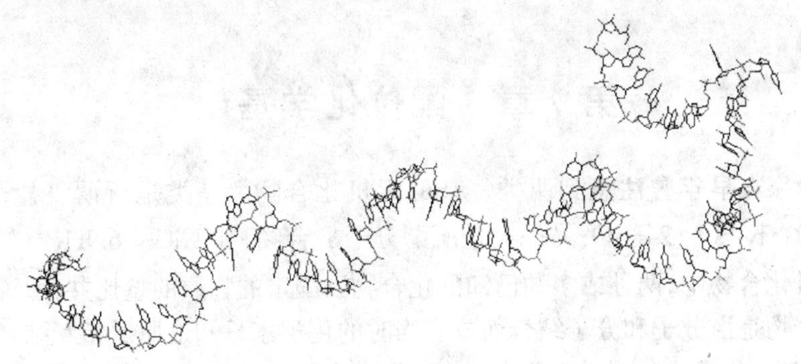

习　　题

1. 简述有机化合物的分类。

2. 解释下列名词:

(1) 同分异构体;(2) 手性碳原子;(3) 手性分子;(4) 旋光性;(5) 外消旋体。

3. 用 *R-S* 标记法标记下列手性化合物的构型:

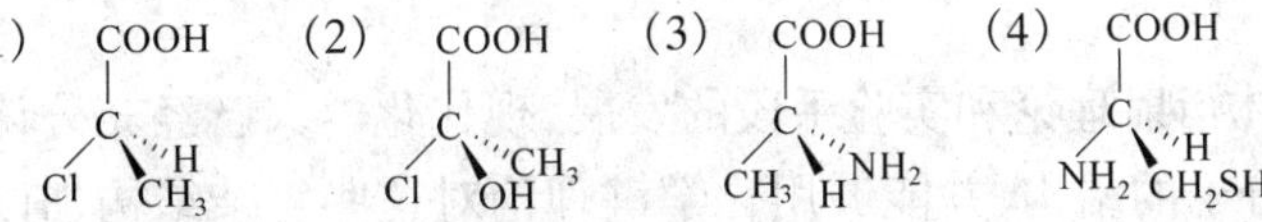

4. 下列化合物各有几种立体异构存在?

(1) $CH_3\underset{HO}{CH}\underset{OH}{CH}CH_3$　　(2) $CH_3\underset{Cl}{CH}\underset{OH}{CH}CH_3$

5. 判断下列化合物哪些有芳香性。

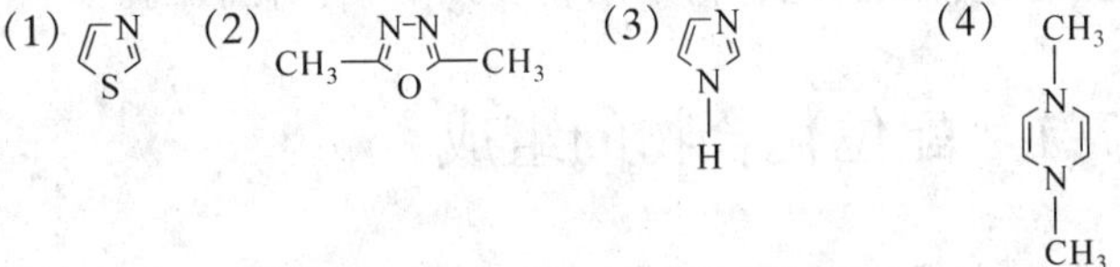

6. 某烯烃 A(C_6H_{12})具有旋光性,经催化加氢后生成无旋光性的 B(C_6H_{14}),试写出 A、B 的结构式。

7. 简述化学拆分法拆分外消旋体的原理。

8. 试比较下列化合物的碱性强弱。

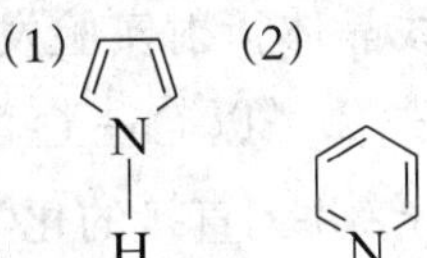

第7章　配位化学基础

化学家在早年曾注意到两类复杂的无机化合物。一类是所谓复盐,如明矾 $Al_2(SO_4)_3 \cdot K_2SO_4 \cdot 24H_2O$;另一类是所谓分子加合物,如 $NiCl_2 \cdot 6NH_3$。在这些复杂的无机化合物中,两种或多种已知的化合物以固定的物质的量比共存,说明复杂无机化合物是由分子和分子结合而成。当时的化学家只知道原子相互结合能形成化合物,对于分子结合而形成的化合物感到有点不好理解,所以就选了 complex 一词来表示这种复杂的无机化合物。complex 一词的原意为"复杂、难懂",我们从中也许能体会到当时化学家的心情。

随着对 complex 研究的深入,化学家逐渐认识到 H_2O、NH_3 等分子和 $NiCl_2$、K_2SO_4 等分子之间存在着一种使它们相互紧密联系的"协调"(coordination)作用,这种特别的作用被称为 coordinate bond,而 complex 则被改称为 coordinate compound。

伴随着 X 射线晶体衍射理论和实验手段的发展,现代化学家已经充分认识了这些复杂无机化合物分子的结构,并能够用化学键理论对这些复杂结构加以合理的解释。过去认为复杂的物质,现在已经不再使人感到复杂了。

现在,上述复杂无机化合物的中文译名统一为配位化合物,简称配合物。研究配位化合物的化学称为配位化学。

配位化学属于无机化学领域,配位化合物是比较复杂的无机化合物。

7.1　配位化合物的组成

配合物分子由配体和中心离子(或原子,下文中不再重复)组成。中心离子主要是金属离子;配体是指与中心离子有化学键作用的分子或离子。配体与中心离子间的化学键称为配位键。例如,在配合物 $NiCl_2 \cdot 6NH_3$ 分子中,Ni^{2+} 是中心离子,NH_3 分子是配体。配体与中心离子间存在化学键,这可以从晶体衍射实验得到证实。例如,大家熟悉的五水硫酸铜 $CuSO_4 \cdot 5H_2O$,X 射线晶体衍射实验发现,晶体中 5 个水分子性质很不相同,其中 4 个 H_2O 分子与 Cu^{2+} 离子以 Cu—O 配位键结合,另一个水分子以结晶水的形式存在于晶体中,与 Cu^{2+} 并无直接的化学键作用;每个 SO_4^{2-} 通过 Cu—O 配位键连接 2 个 Cu^{2+},形成无机聚合物的大分子,五水硫酸铜晶体结构如图 7-1 所示。

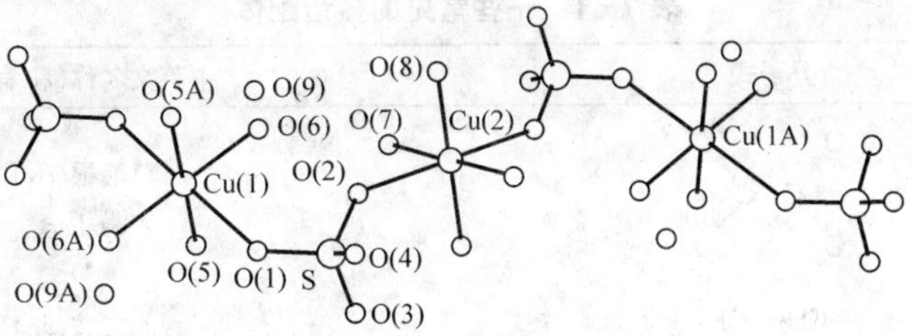

图 7－1　五水硫酸铜晶体结构

五水硫酸铜的晶体结构使得化学家清楚地认识到，它的化学式写成$[Cu(H_2O)_4SO_4]\cdot H_2O$更合适。同时也使化学家知道，在五水硫酸铜晶体中，除了结晶水分子以外，其余的水分子和硫酸根都是配体。每个Cu^{2+}通过配位键结合了2个硫酸根配体和4个水分子配体；每个硫酸根配体则同时与2个Cu^{2+}配位。像这种同时与两个或多个中心离子配位的配体，称为桥配体；意思显然是指它像桥梁连接着相邻的中心离子。

在配体中，与中心离子直接形成配位键的原子称为配原子（配位原子）。例如，在$[Cu(H_2O)_4SO_4]\cdot H_2O$中，O原子是配原子，每个$Cu^{2+}$周围有6个配位O原子，2个来自硫酸根离子，4个来自水分子。在配合物$NiCl_2\cdot 6NH_3$晶体中，氨分子是配体，N原子是配原子；Cl^-与Ni^{2+}之间并未形成化学键。

在以金属离子为中心的配合物中，配原子主要是N、O、S和卤素原子等。原因将在本章7.2节中讨论。

配体通常是含N、O、S和卤素原子的化合物，其中大多数是有机化合物。配体本身可以是中性分子，也可以是带电荷的阴离子。有些配体的分子（或离子）中只有一个配原子，这种配体称为单齿配体。例如，NH_3、H_2O、Br^-和杂环化合物吡啶、咪唑等都是单齿配体。有些配体分子（或离子）中有两个或多个配原子，这种配体称为多齿配体，如乙二胺、草酸根等。能提供多齿配体的物质称为螯合剂。表7－1列举了一些常见的多齿配体。

双齿配体中有2个配原子，它们可能与同一个金属离子形成配位键，这种配位方式称为螯合，如图7－2所示。螯合的配位方式，显然能使配体与金属离子之间的化学结合作用更强烈，形成的配合物更稳定，所以螯合是比较常见的一种配位方式。

有些多齿配体中不同的配原子，能分别与多个中心离子形成配位键，使得一个配体同时与多个中心离子形成配位键。这样的配体称为桥配体。硫酸根就是一种桥配体。由桥配体配位形成的配合物，分子中总包含两个或多个中心（核心）离子，称为多核配合物。五水硫酸铜就是一种多核配合物。

表 7-1　一些常见的多齿配体

分子式	中英文名称(和缩写)
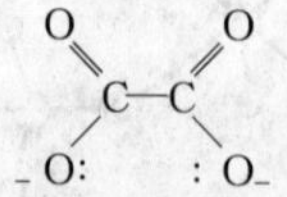 $^{-}\ddot{O}-C(=O)-C(=O)-\ddot{O}^{-}$	草酸根(ox) oxalato
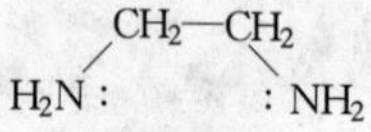 $H_2\ddot{N}-CH_2-CH_2-\ddot{N}H_2$	乙二胺(en) ethylenediamine
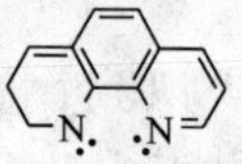 (1,10-菲绕啉结构式，两个 N 原子各带孤对电子)	1,10-菲绕啉(phen) *o*-phenanthroline
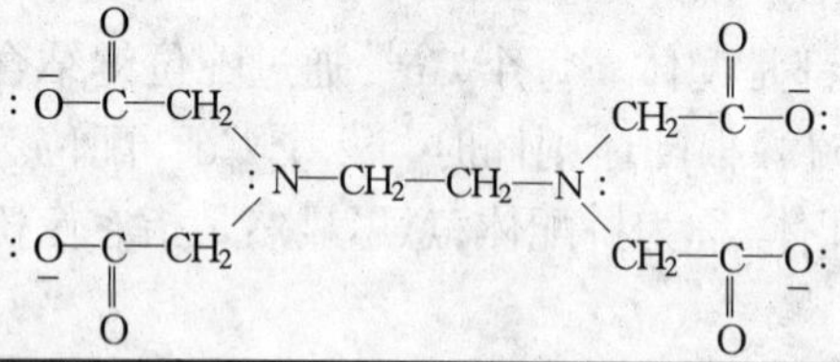 $(^{-}\ddot{O}-C(=O)-CH_2)_2\ddot{N}-CH_2-CH_2-\ddot{N}(CH_2-C(=O)-\ddot{O}^{-})_2$	乙二胺四乙酸(EDTA) ethylenediaminetetraacetic acid

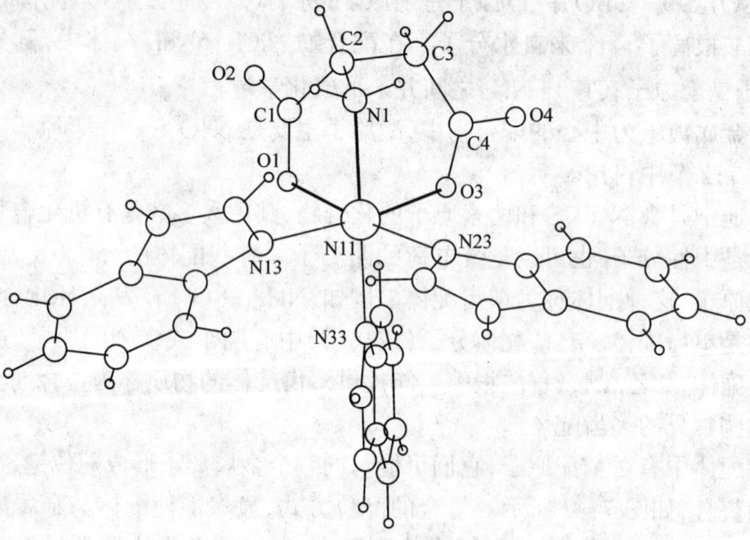

图 7-2　螯合配位方式

有些单齿配体也可以与两个或多个中心离子同时形成配位键,形成桥联的多核配合物。图 7-3 就是这样一个例子。在该配合物中,水分子同时与两个 Cd 原子配位,形成了复杂的聚合结构。

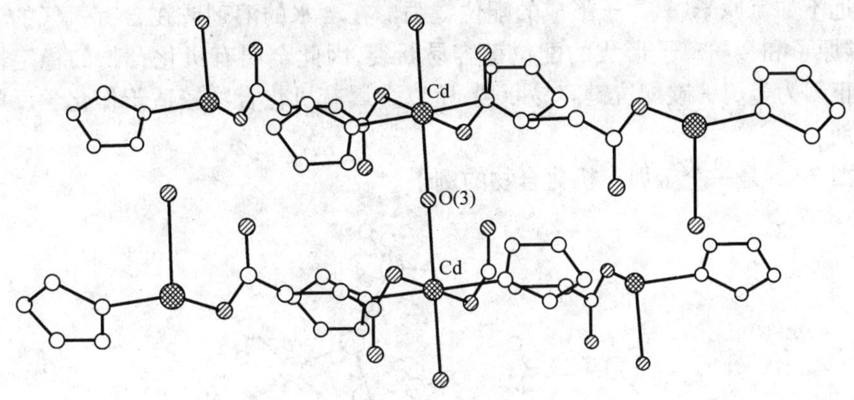

图 7－3　水分子桥联的配位聚合物结构示意图

在大多数配合物中，中心离子是金属阳离子。在这样的配合物晶体中，总存在着阴离子，以达到正负电荷平衡。阴离子可能与中心离子配位，也可能不与中心离子配位。例如，在$[Cu(H_2O)_4SO_4]\cdot H_2O$中，$SO_4^{2-}$与$Cu^{2+}$配位；在配合物$[Ni(NH_3)_6]Cl_2$（图 7－4）中，6 个$NH_3$分子与$Ni^{2+}$配位，但$Cl^-$与$Ni^{2+}$间没有配位键，两个$Cl^-$通过氢键与配位阳离子连接。阴离子若不与中心金属离子配位，被称位处于配位的外界。

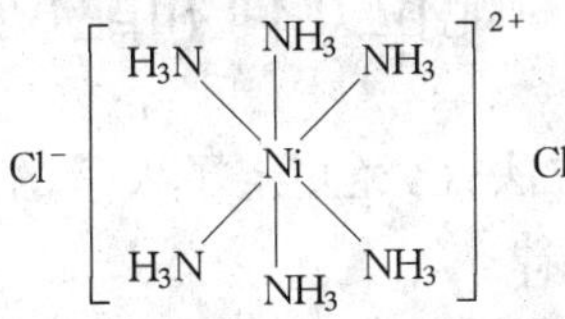

H_3N　NH_3　NH_3
Cl^-　Ni　Cl^-　$2+$
H_3N　NH_3　NH_3

图 7－4　配合物$[Ni(NH_3)_6]Cl_2$的结构

配合物中，与一个中心离子以配位键结合的配原子数目，称为该中心离子的配位数。元素周期表中第一过渡系金属的 2 价离子，在配合物中经常同时和 4 个、5 个或 6 个配原子结合，所以这些金属离子常见的配位数为 4、5 和 6。在稀土元素为中心离子的配合物中，一个稀土离子可与多达 12 个配原子以配位键结合，所以配位数可高达 12。配位数取决于中心离子和配体的性质，如中心离子核外电子排布的方式、中心离子的半径、配体的大小等。配位数还与合成配合物的实验条件有关。

可用作配体的化合物种类繁多，配体与中心离子配位的方式也是多种多样，所以配合物的数量非常庞大。

碳原子也可以作为配原子，和金属离子结合形成配合物。这类配合物称为金属有机化合物，通常被归入有机化学领域进行研究。碳原子与金属离子形成的配位键远不如氮原子、氧原子形成的配位键强。在含水的溶剂或在含有氧气的气氛中,碳原子和金属离子形成的配位键容易断裂,因此金属有机化合物的稳定性较弱。正因为金属－碳配位键容易断裂,所以金属有机化合物较适于作化学反应的催化剂。

图 7－5 是一个金属有机化合物的例子。

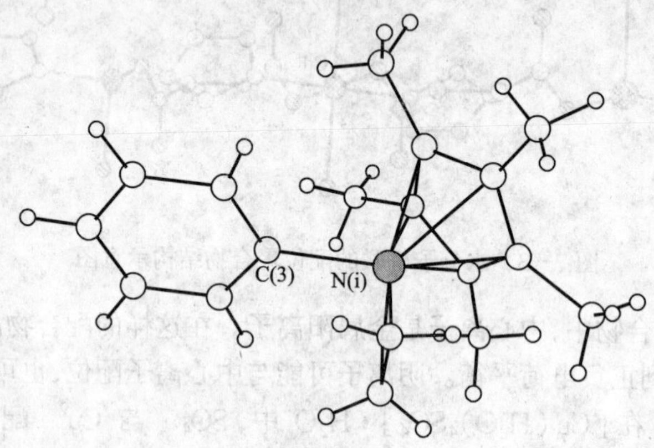

图 7－5　金属有机化合物

7.2　配位几何和配位键

利用 X 射线晶体衍射的方法,已经测定了大量的配合物晶体结构,从而使人们认识了配合物分子的结构规律。

配合物中配原子的空间位置被确定后,将相邻的配原子用线连接,就得到围绕中心离子的配位几何图形。图 7－6 列举了几种常见配离子的电子排布、杂化轨道类型、空间构型与配位数。

配合物的配位几何与配位数是密切相关的。

以第一和第二过渡系金属离子为中心的配合物中,常见的配位数有 4、5 和 6。四配位的配合物,配位几何通常是四方形或者四面体;五配位的配合物,配位几何通常是三角双锥或四方锥;六配位的配合物,最常见的配位几何是八面体。这些配位几何,经常会有一定程度的畸变。

稀土元素为中心离子的配合物中,常见的配位数在 7～12 之间,相应的配位几何更为复杂。

过渡金属配位物中规则的配位几何,可以用配位键共价理论来解释。

配位键就是中心离子(原子)与配原子之间的化学键。配位键被分为电价配位键和共价配位键两类。前者相当于离子键,后者相当于共价键。

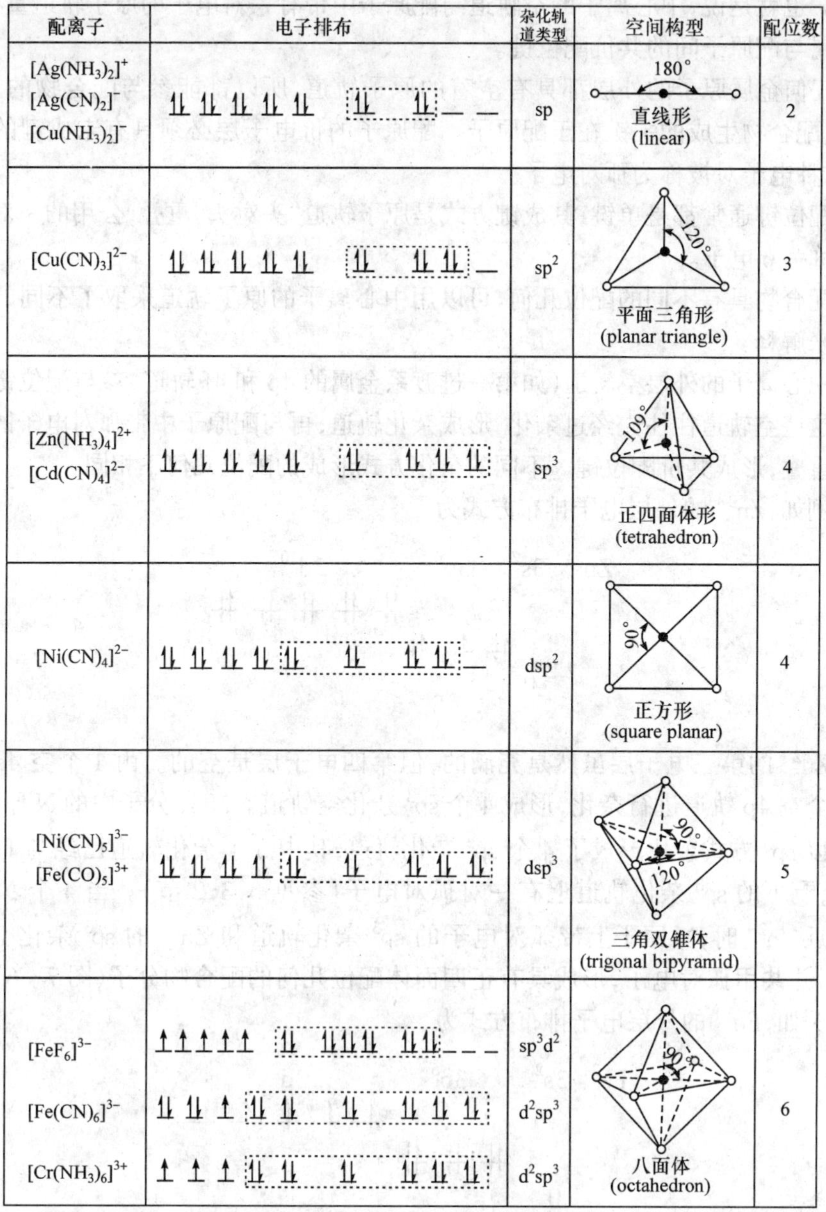

配离子	电子排布	杂化轨道类型	空间构型	配位数
$[Ag(NH_3)_2]^+$ $[Ag(CN)_2]^-$ $[Cu(NH_3)_2]^-$	↑↓ ↑↓ ↑↓ ↑↓ ↑↓ [↑↓ ↑↓] __ __	sp	180° 直线形 (linear)	2
$[Cu(CN)_3]^{2-}$	↑↓ ↑↓ ↑↓ ↑↓ ↑↓ [↑↓ ↑↓ ↑↓] __	sp^2	120° 平面三角形 (planar triangle)	3
$[Zn(NH_3)_4]^{2+}$ $[Cd(CN)_4]^{2-}$	↑↓ ↑↓ ↑↓ ↑↓ ↑↓ [↑↓ ↑↓ ↑↓ ↑↓]	sp^3	109° 正四面体形 (tetrahedron)	4
$[Ni(CN)_4]^{2-}$	↑↓ ↑↓ ↑↓ ↑↓ [↑↓ ↑↓ ↑↓ ↑↓] __	dsp^2	90° 正方形 (square planar)	4
$[Ni(CN)_5]^{3-}$ $[Fe(CO)_5]^{3+}$	↑↓ ↑↓ ↑↓ ↑↓ [↑↓ ↑↓ ↑↓ ↑↓ ↑↓]	dsp^3	90° 120° 三角双锥体 (trigonal bipyramid)	5
$[FeF_6]^{3-}$ $[Fe(CN)_6]^{3-}$ $[Cr(NH_3)_6]^{3+}$	↑ ↑ ↑ ↑ ↑ [↑↓ ↑↓↑↓↑↓ ↑↓↑↓] __ __ __ ↑↓ ↑↓ ↑ [↑↓ ↑↓ ↑↓ ↑↓ ↑↓ ↑↓] ↑ ↑ ↑ [↑↓ ↑↓ ↑↓ ↑↓ ↑↓ ↑↓]	sp^3d^2 d^2sp^3 d^2sp^3	90° 八面体 (octahedron)	6

图 7-6　几种常见配离子的电子排布、杂化轨道类型、空间构型与配位数

配合物中的共价配位键，是通过中心离子和配原子的原子轨道相互重叠、两原子共用一对电子而形成的。与有机化合物中的共价键不同，在配合物共价配位键中，共用的电子对是由配原子单方面提供的。中心离子只提供没有电子的空原子

轨道。也就是说,中心离子的空轨道与配原子中带有一对电子的原子轨道重叠,形成金属与配原子间的共价配位键。

任何金属原子的外层都具有空着的原子轨道,所以都能参与配合物的形成。所以,配合物生成的关键在于配原子。配原子的价电子层必须具有未成键的电子对,这种电子对被称为孤对电子。

配位键通常都是单键,其成键方式是原子轨道“头对头”重叠,公用的一对电子通常称为 σ 电子。

配合物具有不同的配位几何,可以用中心离子的原子轨道采取了不同的杂化方式来解释。

中心离子的外层空轨道(如第一过渡系金属的 4p 和 4f 轨道)参与配位键的形成。这些空轨道往往先经过杂化,形成杂化轨道,再与配原子中带孤对电子的轨道相互重叠,形成共价配位键。不同的杂化方式形成的配位几何不相同。

例如,Zn^{2+} 的外层电子排布方式为

Zn^{2+} $3s^2$ $3p^6$ $3d^{10}$

⇅ ⇅ ⇅ ⇅ ⇅

⇅ ⇅ ⇅

⇅

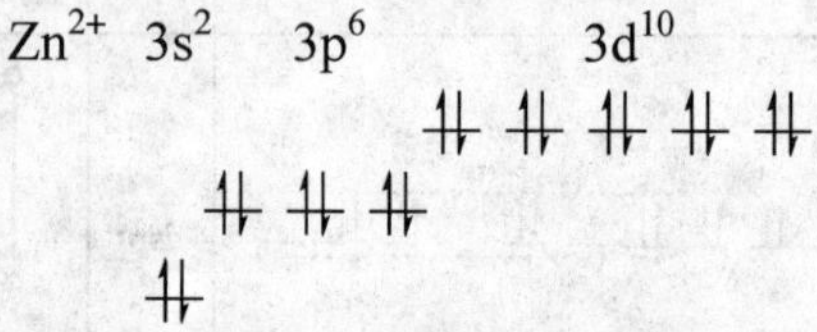

Zn^{2+} 的第三电子层虽然是充满的,但第四电子层是空的。由 1 个空 4s 轨道和 3 个空 4p 轨道进行杂化,形成 4 个 sp^3 杂化空轨道。NH_3 分子中的 N 原子,本来就以 sp^3 方式杂化形成了 4 个 sp^3 杂化轨道,其中 3 个杂化轨道已经与 H 原子成键,剩下的 sp^3 杂化轨道上有一对孤对电子(参见 5.3.2 节)。当 4 个 NH_3 分子接近 Zn^{2+} 时,N 原子上带孤对电子的 sp^3 杂化轨道和 Zn^{2+} 的 sp^3 杂化空轨道重叠,并共用孤对电子,形成具有正四面体配位几何的配合物分子(图 7-6)。

例如,Fe^{3+} 的外层电子排布方式为

Fe^{3+} $3s^2$ $3p^6$ $3d^5$

↑ ↑ ↑ ↑ ↑

⇅ ⇅ ⇅

⇅

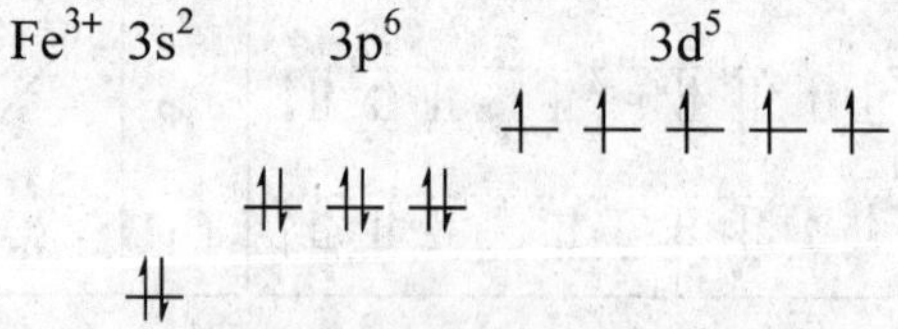

如果 Fe^{3+} 的 1 个 4s 轨道、3 个 4p 轨道和 2 个 4d 轨道进行杂化,就可以形成 6 个 sp^3d^2 杂化空轨道。

这 6 个杂化轨道角度分布函数的最大值方向互相垂直，如图 7－7 所示。当六个配原子从这六个不同方向接近 Cu^{2+} 并形成共价配位键，就生成了具有八面体配位几何的配合物分子。

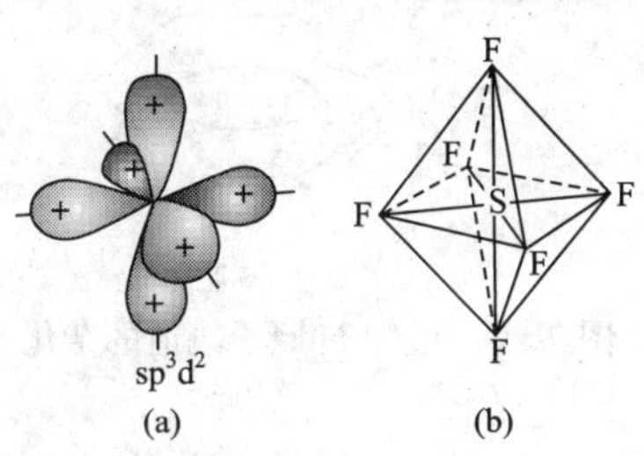

图 7－7　sp^3d^2 杂化轨道

Fe^{3+} 还可以采取另一种杂化方式。先让原先分布在 5 个 3d 轨道上的电子重新排布，集中占据 3 个 3d 轨道，空出 2 个 3d 轨道。这样做虽然不符合电子排布的能量最低原则，但可在后续的成键过程中得到能量降低的补偿。空出的 2 个 3d 轨道和原本就空的 1 个 4s 和 3 个 4p 轨道杂化，形成 6 个 d^2sp^3 杂化空轨道，用来和配原子形成配位共价键。d^2sp^3 杂化轨道角度分布函数的最大值方向互相垂直，所以形成的配合物也具有八面体形的配位几何。

上述两种 Fe^{3+} 配合物虽然都具有八面体形的配位几何，但是由于 Fe^{3+} 杂化不同，使得前者的分子中有 5 个未成对的电子(高自旋状态)，而后者分子中只有 1 个未成对电子(低自旋状态)。分子中未成对电子数的不同，可在磁性质上表现出明显的差异。用测量磁性能的仪器测量上述两种 Fe^{3+} 配合物，已经证实了两者的差别。

根据配位键的共价理论，含有孤对电子的原子能够与金属离子发生配位。氧原子、氮原子等是常见的配原子。在讨论杂化轨道时(参见 5.3.2 节)我们已经知道，水分子的氧原子和氨分子的氮原子，它们的 sp^3 杂化轨道上都有孤对电子，所以水和氨都是常用的配体。

含氮杂环化合物，如吡啶、咪唑和卟啉等，也经常被当成配体与金属离子形成配合物。在这些杂环化合物中，N 原子的 1 个 2s 轨道和 2 个 2p 轨道形成 3 个 sp^2 杂化，其中 2 个 sp^2 杂化轨道上各有 1 个电子，这 2 个杂化轨道与相邻 C 原子的轨道重叠成键，另一杂化轨道上则带有孤对电子，能参与配位键的形成。N 原子上还保留 1 个 p 轨道未参与杂化，该 p 轨道上有未成对 1 个电子，参与环上离域大 π 键的形成，吡啶 N 原子轨道的杂化如图 7－8 所示。

在金属有机化合物中，碳原子也可以用一对 π 电子参与形成金属-碳之间的配位键。例如，在乙烯分子与金属形成的配合物中，乙烯的 2 个碳原子上的一对 p 轨道与金属的空轨道重叠,乙烯分子单方面提供一对 π 键上的电子与金属配位,乙烯的 π 电子配位如图 7-9 所示。

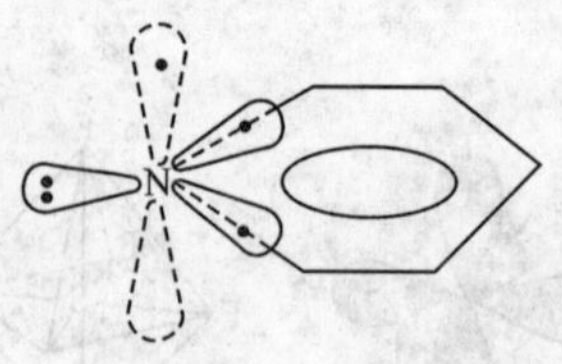

图 7-8　吡啶 N 原子轨道的杂化

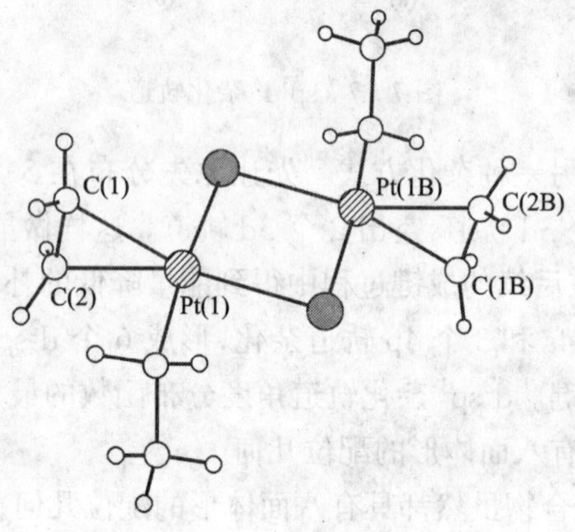

图 7-9　乙烯的 π 电子配位

配位键的共价理论,很好地解释了过渡金属配合物中常见的四面体、八面体等配位几何。但是在稀土配合物中,配位键基本没有方向性,所以难以用共价理论来解释稀土配合物复杂的配位几何。

通常认为,稀土配合物中的配位键是具有离子键性质的电价键,配体和中心离子的结合主要靠的是静电作用。中心离子周围如果有空的位置允许配体靠近,那么,当配体靠近到一定程度时,就在配体和金属离子间形成了静电性质的配位键。所以,在稀土配合物中,配位数和配位键方向,主要由稀土离子半径和配体体积决定。

中心金属离子与配体之间的作用,有时用共价键解释,有时用离子键解释。两种解释都只是人们对客观规律的近似理解。事实上,化学家们并无足够的证据来断言某一化学键是离子键或者是共价键,有时会认为某一配位键既有离子键成分,也有共价键成分。

为了解释配合物的性质,化学家还提出了晶体场理论、配位场理论等化学键理论。在结构化学课程中将做较详细讨论。

7.3　配体交换和配位平衡

金属原子的外层轨道是空着的，只要有合适的配体存在，总能与金属离子形成配位键。金属盐(如 $CuSO_4$)在溶剂中的溶解过程，大多是金属离子与溶剂分子形成配位键的过程。如果溶剂分子含有孤对电子，该溶剂就可能是金属盐的良好溶剂。大多数金属盐都能溶解在水、乙醇等含有氧原子的溶剂中，但难溶解在四氯化碳、苯等液体中。这种溶解性能的差别，可以用氧原子对金属离子的配位来解释。

虽然配体与金属离子形成共价配位键的原理是一样的，但是不同的配体对不同金属离子的配位能力是不同的。例如，$CuSO_4$ 在水中的溶解度比在乙醇中的大，说明了 Cu^{2+} 与水的配位能力强，与乙醇的配位能力较弱。

是什么因素导致配体配位能力的差异？我们用配位平衡的原理来说明。

配体分子能够与金属离子形成配位键，同时，形成了的配位键也可以断裂。在任何配合物溶液中，同时存在着配合物生成和分解这两个相反过程。例如，在含 $[Cu(NH_3)_4]^{2+}$ 离子的溶液中，存在以下各相反的过程

$$[Cu(NH_3)_4]^{2+} \rightleftharpoons [Cu(NH_3)_3]^{2+} + NH_3$$

$$[Cu(NH_3)_3]^{2+} \rightleftharpoons [Cu(NH_3)_2]^{2+} + NH_3$$

$$[Cu(NH_3)_2]^{2+} \rightleftharpoons [Cu(NH_3)]^{2+} + NH_3$$

$$[Cu(NH_3)]^{2+} \rightleftharpoons Cu^{2+} + NH_3$$

上面正方向过程是 $[Cu(NH_3)_4]^{2+}$ 分级分解的过程，反方向是逐步生成的过程。当生成和分解达到平衡时，配合物和配体的浓度关系可用反应平衡常数 K 来表示，即

$$\frac{[[Cu(NH_3)_3]^{2+}][NH_3]}{[[Cu(NH_3)_4]^{2+}]} = K_1 = 5 \times 10^{-3}$$

$$\frac{[[Cu(NH_3)_2]^{2+}][NH_3]}{[[Cu(NH_3)_3]^{2+}]} = K_2 = 9 \times 10^{-4}$$

$$\frac{[[Cu(NH_3)]^{2+}][NH_3]}{[[Cu(NH_3)_2]^{2+}]} = K_3 = 2 \times 10^{-4}$$

$$\frac{[Cu^{2+}][NH_3]}{[[Cu(NH_3)]^{2+}]} = K_4 = 5 \times 10^{-5}$$

以上的 K 值是配合物逐级分解的平衡常数。各平衡常数的数值，表示相应配合物的不稳定程度。数值越大，表示分解的能力越大。所以，上述平衡常数称为配合物各级的不稳定常数。

将以上各级不稳定常数相乘，可以得到配合物的总不稳定常数，用 $K_{不稳}$ 表示。

$$K_{不稳} = K_1 \times K_2 \times K_3 \times K_4 = 4.5 \times 10^{-14}$$

从以上讨论可知，当 Cu^{2+} 进入氨水溶液时，会形成各级铜氨配合物离子，使得溶液中 Cu^{2+} 浓度变得很小。但是，若溶液中 Cu^{2+} 因某种原因（例如电解）而消耗掉，各级铜氨配合物离子会因平衡移动而分解，以维持 Cu^{2+} 浓度不会迅速降低。这种配位平衡的性质，使得配合物在工业上有实际应用的价值。

作为一种化学反应的平衡常数，$K_{不稳}$ 与反应过程的自由能增量有关。

$$RT \ln K_{不稳} = -\Delta G^{\ominus}$$

不同反应的 $\Delta G^{\ominus}$ 不同，所以不同配合物具有不同的 $K_{不稳}$ 常数。$K_{不稳}$ 常数越大，表示该配合物的分子越不稳定，容易分解；$K_{不稳}$ 常数越小，表示该配合物越稳定。

溶液中若存在多种配体，各种配体都可与中心金属离子配位。配位键的生成与断裂这两个相反的过程是随时存在的。当一种配体的分子从配合物上解离下来时，另一种配体的分子有可能占据金属离子上的这个空位，形成新的配位键。这种现象称为配体交换。

配合物的合成，基本上就是利用配体交换而得到新的配合物分子（离子）。例如，把 $[Cu(H_2O)_4SO_4] \cdot H_2O$ 晶体溶解在氨水中，氨分子就会与水分子发生配体交换，形成水和氨同时配位的不同的 Cu^{2+} 配合物，如 $[Cu(H_2O)_2(NH_3)_2]SO_4$、$[Cu(H_2O)_3(NH_3)]SO_4$ 等。

多种配体与同一金属配位而形成的配合物，称为多元配合物。大多数配合物都是多元配合物。

7.4 配合物的异构现象

异构现象在配合物中是很普遍的。配合物的异构现象，主要指的是与配位键相关的异构现象。与配位键相关的异构现象，大致可分为两类。

一类是空间异构现象，表现在配体相互配位位置的差异。例如，具有平面四方配位几何的 Pt^{2+} 配合物 $[Pt(NH_3)_2]Cl_2$，由于两个 Cl^- 与 Pt^{2+} 形成配位键的相对位置不同，生成顺式（*cis-*）与反式（*trans-*）两种异构体。顺式配合物中，两个相同的配体处于相邻的配位位置；反式配合物中，它们处于相对的位置，配合物 $[Pt(NH_3)_2]Cl_2$ 的顺、反异构体如图 7－10 所示。这两种异构体分别被称为顺铂和反铂，都已经得到 X 射线晶体衍射实验的证实。顺铂和反铂这两种异构体性质上有很大差异。前者是一个好的抗癌药物，进入人体后能够与 DNA 结合称为 *cis*-DNA 加合物，它能抑制癌细胞 DNA 的复制，阻止癌细胞的再生。反铂虽然也能与 DNA 形成 *trans*-DNA，但是由于结构的原因，能够被细胞识别而排除，所以没有抗癌作用。

Cl
|
$H_3N—Pt—Cl$（顺式）
|
NH_3

Cl
|
$H_3N—Pt—NH_3$（反式）
|
Cl

图 7-10　配合物$[Pt(NH_3)_2]Cl_2$ 的顺、反异构体

六配位配合物通常具有八面体配位几何。当配合物中含有多种不同的配体时，由于不同种类的配体可占据八面体上不同的顶点位置，所以能够形成种类繁多的异构体。这些异构体常常表现出不同的性质。例如，Cr^{3+} 的两种配合物(图 7-11)，*cis*-$[Cr(NH_3)_4Cl_2]$显紫色，而 *trans*-$[Cr(NH_3)_4Cl_2]$显绿色。又如，图 7-12 所示的两个手性异构体，形成互为镜像的关系，而且互相不能重叠，成为一对手性异构体。这样的异构体，也表现出旋光性质的差异。

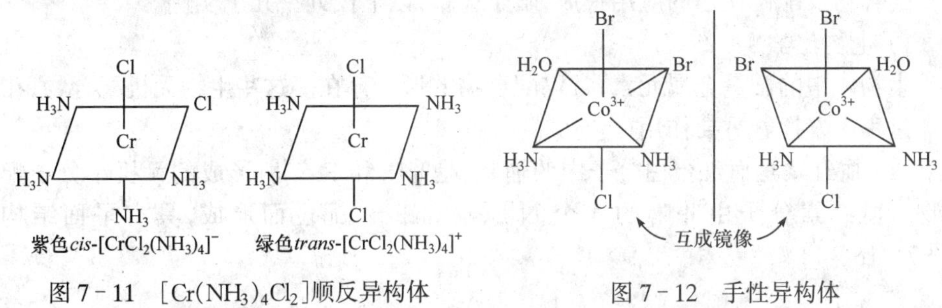

图 7-11　$[Cr(NH_3)_4Cl_2]$顺反异构体　　　图 7-12　手性异构体

另一类异构现象是由于配位键的不同而造成的配位异构。

多种配体同时存在时，由于配位竞争的原因，可形成配位异构体。例如，具有八面体配位几何的 Co^{3+} 配合物$[Co(NH_3)_5Br]SO_4$和$[Co(NH_3)_5SO_4]Br$ 是一对异构体，它们都有 5 个相同的 $Co—NH_3$ 配位键。所不同的是，前者 Br^- 与 Co^{2+} 配位，SO_4^{2-} 处于外界不配位；在后者中 SO_4^{2-} 与 Co^{2+}配位，但 Br^-处于外界不配位。

有些多齿配体含有不同种类的配原子，在与中心金属离子配位时，可以用不同的配原子配位，也能形成配位异构体。例如，硝基 NO_2 中 O 原子和 N 原子都有可能与金属离子配位，在图 7-13 硝基的配位异构体中，一个是硝基的 N 原子与 Co^{2+}配位，另一个是硝基的 O 原子与 Co^{2+}配位。二者颜色不同，稳定性也不同。

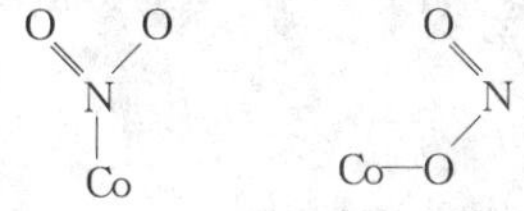

图 7-13　硝基的配位异构体

此外，由于配体本身存在异构现象也会形成化学式相同但结构不同的配合物异构体。例如，对于甲基吡啶而言，根据甲基与吡啶环上 N 原子的相对位置不同，

具有邻位、间位、对位三种不同的甲基吡啶异构体(图 7-14)。这三种异构体作配体形成的配合物,即使配位键完全相同,它们仍属于异构体。

图 7-14　三种甲基吡啶异构体

7.5　配合物及配位化学的应用

配合物及配位化学的应用很广,限于篇幅,以下仅列举几个实例。

1) 生物化学

生物体中的微量金属元素,常以配合物的形式存在。这些生物无机配合物,在生命过程中发挥着重要作用。

(1) 血红素是血红蛋白分子中的辅基,是卟啉和 Fe^{2+} 所形成的无机小分子配合物。血红素分子由卟啉的 4 个 N 原子和 Fe^{2+} 配位而形成,具有平面结构[图 7-15(a)]。

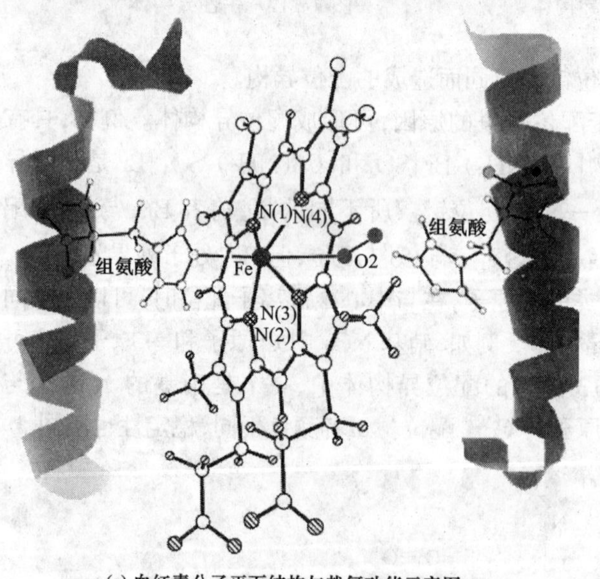

(a) 血红素分子平面结构与载氧功能示意图

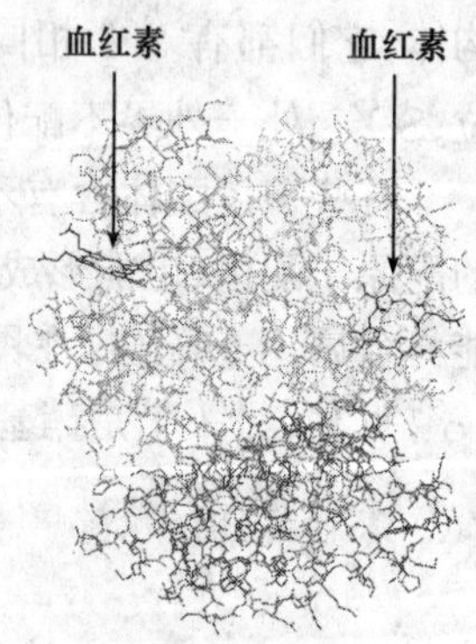

(b) 血红蛋白分子结构

图 7-15　血红蛋白中血红素的结构与作用

血红蛋白晶体的X射线结构研究发现,血红素分子存在于血红蛋白中比较靠近蛋白质分子表面的地方[图7-15(b)]。在血红蛋白中,血红素中的Fe^{2+}除了与卟啉配位以外,还与血红蛋白中组氨酸上的咪唑配位,形成四方锥的配位几何结构,使得Fe^{2+}偏向咪唑而偏离卟啉环平面。在四方锥结构的与第五配原子相对的位置处,存在着单分子的另一个组氨酸,但是该组氨酸上的咪唑距离Fe^{2+}较远,没有能形成配位键。这样,在Fe^{2+}的第六配位处留着一个较大的空间,可以容纳CO_2这样大小的分子。当血液中的O_2、CO_2或CO分子扩散到这里时,这些分子的氧原子能够和Fe^{2+}配位形成八面体结构的配位物,随着血液流动而在器官间输运。形成八面体配位的结构后,中心Fe^{2+}回到卟啉环平面上,使得第六配位处的空间显得狭窄,O_2或CO_2分子的配位较弱。由于CO分子比O_2和CO_2分子都小,所以CO分子和血红蛋白中血红素Fe^{2+}的结合能力很强,配位后就难以从血红素上脱落,使得O_2的输运受阻。这就是人们在分子水平上认识到的CO中毒原因。

(2) 叶绿素是卟啉和Mg^{2+}所形成的配合物,存在于具有光合作用能力的蛋白质分子中。

图7-16是光合细菌细胞膜蛋白质的分子结构示意图,一个这样的蛋白质分子中存在着多个叶绿素分子,其中有两个叶绿素分子的卟啉环,相互之间部分重叠排列,卟啉环之间距离只有0.32nm,比通常状态下的卟啉环厚度小得多。叶绿素分子这样紧密的堆积排列,引起体系能量的升高,大π键体系中电子状态的不稳定。当太阳光的能量被植物吸收并传递到上述重叠堆积的叶绿素分子处,就能够激发出1个电子。这个电子通过蛋白质复合体中的一系列传递,引起了光合作用中最初的还原反应。

随着对各种功能蛋白质分子结构的深入研究,人们正在逐步揭示生命奥秘,在分子水平上理解各种生命过程的本质。

2) 化学工业

20世纪50年代,齐格勒-纳塔(Zigler-Nata)发明了用于烯烃聚合反应的配位催化剂,促进了高分子科学和产业的蓬勃发展。齐格勒-纳塔催化剂的催化机理虽然很复杂,但其中最关键的步骤涉及到烯烃与$TiCl_3$形成的金属有机化合物(图7-17)在烯烃的溶液中,烯烃分子首先用π电子和Ti原子发生配位,然后与处于相邻位置的烷基反应。如此反复,逐渐连接成高分子聚合物。

多核的聚合配合物也许会成为具有特殊性能的功能材料。例如,利用吡嗪分子作为桥配体,可以合成如图7-18所示的一维聚合配合物。由这样的长链分子形成的晶体,也许在沿着分子链的方向上有一定的导电能力;但在与分子链垂直的方向,分子链之间只存在范德华作用,所以可能对电是绝缘的。因此,这类配合物可能会成为未来的一维分子导体材料,用于分子电子器件的制备。

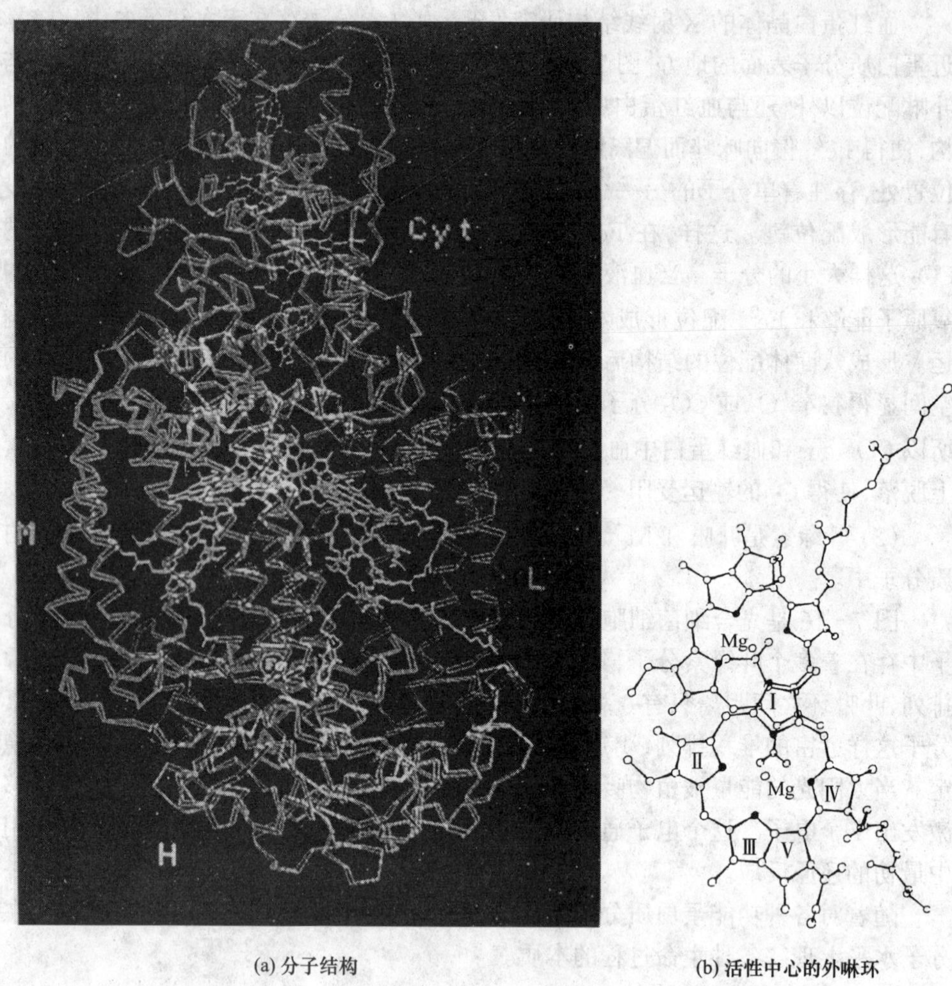

(a) 分子结构　　(b) 活性中心的外啉环

图 7-16　光合细菌细胞膜蛋白质分子结构示意图

3) 电镀工业

配合物在电镀工业中也有广泛的应用。在电镀铜的工艺中，通常并不直接使用 $CuSO_4$ 溶液做电镀液，而在 $CuSO_4$ 溶液中加入配位剂焦磷酸钾 $K_4P_2O_7$，使与中心离子 Cu^{2+} 形成配合物离子 $[Cu(P_2O_7)_2]^{6-}$。该配合物离子在溶液中存在解离平衡，即

$$[Cu(P_2O_7)_2]^{6-} \rightleftharpoons Cu^{2+} + 2(P_2O_7)_2^{4-}$$

使得游离的 Cu^{2+} 浓度大大降低，有利于得到均匀光滑的镀层。当电镀过程中随着 Cu^{2+} 消耗，配合物离子的分解平衡发生移动，产生出新的游离 Cu^{2+}，使电镀过程平稳进行。

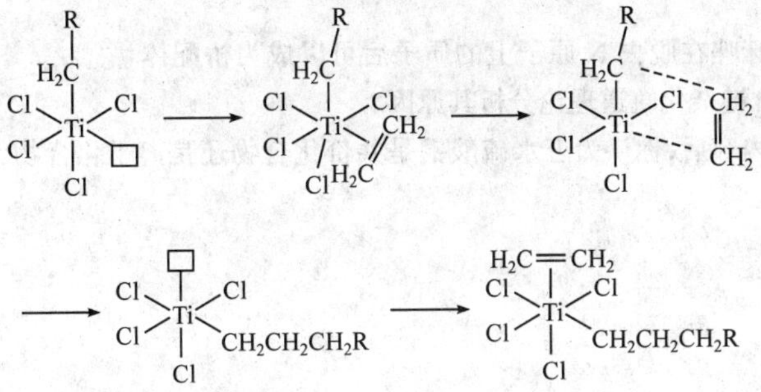

图 7－17　配位催化机理

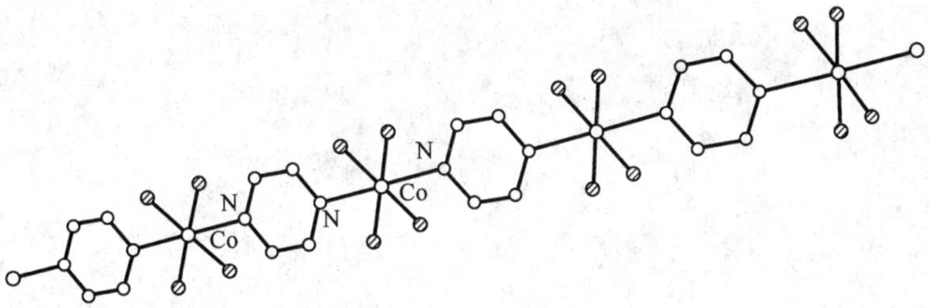

图 7－18　一维聚合配合物

4) 医药工业

在医学上,应用 EDTA(乙二胺四乙酸)的钠盐 Na＝[Ca(EDTA)$_2$]作为人体铅中毒的解毒剂。由于 EDTA 具有强配位能力,可与 Pb^{2+} 发生如下反应

$$Pb^{2+} + [Ca(EDTA)]^{2-} = [Pb(EDTA)]^{2-} + Ca^{2+}$$

生成的$[Pb(EDTA)]^{2-}$及剩余的$[Ca(EDTA)]^{2-}$均可随尿液排出体外,因而达到解铅毒的目的。

由于配合物应用的广泛,配位化学已经成为无机化学的重要研究领域。

习　　题

1. 因为$[Ag(NH_3)_2]^+$配合物离子能够溶解在水中,所以氨水可以溶解 AgCl 沉淀。如果用 2.0mL 氨水来溶解 0.10mmol AgCl,氨水的浓度至少应是多少?

2. 请指出下列配合物可能的异构体。用结构图表示。

(1) $[Cr(OH)_2(NH_3)_4]^+$;(2) $[CoBrCl(NH_3)_4]^+$;(3) $CrCl_3(NH_3)_3$。

3. 试分析配合物离子$[Pt(NH_3)_2(OH)_2Cl_2]^{2-}$可能形成的异构体由多少种?用结构图表示这些异构体。

4. 用共价键杂化轨道理论分析,硫原子、氯原子是否能作为配原子。

5. 呋喃是五元氧杂环化合物(第 6.5 节)。试用杂化轨道理论分析呋喃是否能与金属配位。

6. 实验发现咪唑在脱去 N 原子上的质子后可以成为桥配体(右图)。试用共价键杂化轨道理论分析其原因。

---Zn—N⌒N—Cu---

7. 学习本章内容后,你认为五水硫酸铜是共价化合物还是离子化合物?并简述你对离子晶体的认识。

附　录

附录Ⅰ　一些基本物理常量

物理量	符号	数值
真空中的光速	c	$2.997\,924\,58\times10^{8}\mathrm{m\cdot s^{-1}}$
元电荷(电子电荷)	e	$1.602\,177\,33\times10^{-19}\mathrm{C}$
质子质量	m_{p}	$1.672\,623\,1\times10^{-27}\mathrm{kg}$
电子质量	m_{e}	$9.109\,389\,7\times10^{-31}\mathrm{kg}$
摩尔气体常量	R	$8.314\,510\mathrm{J\cdot mol^{-1}\cdot K^{-1}}$
阿伏伽德罗(Avogadro)常量	N_{A}	$6.022\,136\,7\times10^{23}\mathrm{mol^{-1}}$
里德伯(Rydberg)常量	$R\infty$	$1.097\,373\,153\,4\times10^{7}\mathrm{m^{-1}}$
普朗克(Planck)常量	h	$6.626\,075\,5\times10^{-34}\mathrm{J\cdot s}$
法拉第(Faraday)常量	F	$9.648\,530\,9\times10^{4}\mathrm{C\cdot mol^{-1}}$
玻耳兹曼(Boltzmann)常量	h	$1.380\,658\times10^{-23}\mathrm{J\cdot K^{-1}}$
电子伏	eV	$1.602\,177\,33\times10^{-19}\mathrm{J}$
原子质量单位	u	$1.660\,540\,2\times10^{-27}\mathrm{kg}$

附录Ⅱ　标准电极电势

电极(氧化态/还原态)	电极反应	标准电极电势 $\varphi^{\ominus}$/V
K^{+}/K	$K^{+}+e^{-}=K$	−2.931
Ca^{2+}/Ca	$Ca^{2+}+2e^{-}=Ca$	−2.868
Na^{+}/Na	$Na^{+}+e^{-}=Na$	−2.71
Mg^{2+}/Mg	$Mg^{2+}+2e^{-}=Mg$	−2.372
Al^{3+}/Al	$Al^{3+}+3e^{-}=Al$	−1.662
Mn^{2+}/Mn	$Mn^{2+}+2e^{-}=Mn$	−1.185
Zn^{2+}/Zn	$Zn^{2+}+2e^{-}=Zn$	−0.7618
Fe^{2+}/Fe	$Fe^{2+}+2e^{-}=Fe$	−0.447
$Cr^{3+}, Cr^{2+}/Pt$	$Cr^{3+}+e^{-}=Cr^{2+}$	−0.407
Cd^{2+}/Cd	$Cd^{2+}+2e^{-}=Cd$	−0.4030
Co^{2+}/Co	$Co^{2+}+2e^{-}=Co$	−0.28

续表

电极(氧化态/还原态)	电极反应	标准电极电势 $\varphi^{\ominus}$/V
Ni^{2+}/Ni	$Ni^{2+}+2e^{-}=\!=\!=Ni$	−0.257
AgI/Ag	$AgI+e^{-}=\!=\!=Ag+I^{-}$	−0.152 24
Sn^{2+}/Sn	$Sn^{2+}+2e^{-}=\!=\!=Sn$	−0.1375
Pb^{2+}/Pb	$Pb^{2+}+2e^{-}=\!=\!=Pb$	−0.1262
H^{+}/H_2	$2H^{+}+2e^{-}=\!=\!=H_2$	0
$AgBr/Ag$	$AgBr+e^{-}=\!=\!=Ag+Br^{-}$	+0.071 33
$S_4O_6^{2-}/S_2O_3^{2-}$	$S_4O_6^{2-}+2e^{-}=\!=\!=2S_2O_3^{2-}$	+0.08
S/H_2S	$S+2H^{+}+2e^{-}=\!=\!=H_2S$	+0.142
Sn^{4+}, Sn^{2+}/Pt	$Sn^{4+}+2e^{-}=\!=\!=Sn^{2+}$	+0.151
SO_4^{2-}/H_2SO_3	$SO_4^{2-}+4H^{+}+2e^{-}=\!=\!=H_2SO_3+H_2O$	+0.172
$AgCl/Ag$	$AgCl+e^{-}=\!=\!=Ag+Cl^{-}$	+0.222 33
Hg_2Cl_2/Hg	$Hg_2Cl_2+2e^{-}=\!=\!=2Hg+2Cl^{-}$	+0.268 08
Cu^{2+}/Cu	$Cu^{2+}+2e^{-}=\!=\!=Cu$	+0.3419
O_2/OH^{-}	$O_2+2H_2O+4e^{-}=\!=\!=4OH^{-}$	+0.401
Cu^{+}/Cu	$Cu^{+}+e^{-}=\!=\!=Cu$	+0.521
I_2/I^{-}	$I_2+2e^{-}=\!=\!=2I^{-}$	+0.5355
Fe^{3+}, Fe^{2+}/Pt	$Fe^{3+}+e^{-}=\!=\!=Fe^{2+}$	+0.771
Ag^{+}/Ag	$Ag^{+}+e^{-}=\!=\!=Ag$	+0.7996
Hg^{2+}/Hg	$Hg^{2+}+2e^{-}=\!=\!=Hg$	+0.851
NO_3^{-}/NO	$NO_3^{-}+4H^{+}+3e^{-}=\!=\!=NO+2H_2O$	+0.957
HNO_2/NO	$HNO_2+H^{+}+e^{-}=\!=\!=NO+H_2O$	+0.983
Br_2/Br^{-}	$Br_2+2e^{-}=\!=\!=2Br^{-}$	+1.066
MnO_2/Mn^{2+}	$MnO_2+4H^{+}+2e^{-}=\!=\!=Mn^{2+}+H_2O$	+1.224
O_2/H_2O	$O_2+4H^{+}+4e^{-}=\!=\!=2H_2O$	+1.229
$Cr_2O_7^{2-}$, Cr^{3+}/Pt	$Cr_2O_7^{2-}+14H^{+}+6e^{-}=\!=\!=2Cr^{3+}+7H_2O$	+1.232
Cl_2/Cl^{-}	$Cl_2+2e^{-}=\!=\!=2Cl^{-}$	+1.358 27
MnO_4^{-}, Mn^{2+}/Pt	$8MnO_4^{-}+H^{+}+5e^{-}=\!=\!=Mn^{2+}+4H_2O$	+1.507
H_2O_2/H_2O	$H_2O_2+2H^{+}+2e^{-}=\!=\!=2H_2O$	+1.776
Co^{3+}, Co^{2+}/Pt	$Co^{3+}+e^{-}=\!=\!=Co^{2+}$	+1.83
$S_2O_8^{2-}/SO_4^{2-}$	$S_2O_8^{2-}+2e^{-}=\!=\!=2SO_4^{2-}$	+2.010
F_2/F^{-}	$F_2+2e^{-}=\!=\!=2F^{-}$	+2.866

附录Ⅲ　标准热力学函数($p^\ominus=100kPa, T=298.15K$)

物质(状态)	$\Delta_f H_m^\ominus$ /(kJ·mol^{-1})	$\Delta_f G_m^\ominus$ /(kJ·mol^{-1})	$S_m^\ominus$ /(J·mol^{-1}·K^{-1})
Ag(s)	0.0	0.0	42.55
Ag^+(aq)	105.58	77.12	72.68
$[Ag(NH_3)_2]^+$(aq)	−111.3	−17.2	245
AgCl(s)	−127.07	−109.80	96.2
AgBr(s)	−100.4	−96.9	107.1
Ag_2CrO_4(s)	−731.74	−641.83	218
AgI(s)	−61.84	−66.19	115
Ag_2O(s)	−31.1	−11.2	121
Ag_2S(s,α)	−32.59	−40.67	144.0
$AgNO_3$(s)	−124.4	−33.47	140.9
Al(s)	0.0	0.0	28.33
Al^{3+}(aq)	−531	−485	−322
$AlCl_3$(s)	−704.2	−628.9	110.7
α-Al_2O_3(s)	−1676	−1582	50.92
B(s,β)	0.0	0.0	5.86
B_2O_3(s)	−1272.8	−1193.7	53.97
BCl_3(g)	−404	−388.7	290.0
BCl_3(l)	−427.2	−387.4	206
B_2H_6(g)	35.6	86.6	232.0
Ba(s)	0.0	0.0	62.8
Ba^{2+}(aq)	−537.64	−560.74	9.6
$BaCl_2$(s)	−858.6	−810.4	123.7
BaO(s)	−548.10	−520.41	72.09
$Ba(OH)_2$(s)	−944.7	—	—
$BaCO_3$(s)	−1216	−1138	112
$BaSO_4$(s)	−1473	−1362	132
Br_2(l)	0.0	0.0	152.23
Br^-(aq)	−121.5	−104.0	82.4
Br_2(g)	30.91	3.14	245.35
HBr(g)	−36.40	−53.43	198.59
HBr(aq)	−121.5	−104.0	82.4
Ca(s)	0.0	0.0	41.2
Ca^{2+}(aq)	−542.83	−553.54	−53.1
CaF_2(s)	−1220	−1167	68.87
$CaCl_2$(s)	−795.8	−748.1	105

续表

物质(状态)	$\Delta_f H_m^{\ominus}$ /(kJ·mol^{-1})	$\Delta_f G_m^{\ominus}$ /(kJ·mol^{-1})	$S_m^{\ominus}$ /(J·mol^{-1}·K^{-1})
CaO(s)	−635.09	−604.04	39.75
$Ca(OH)_2$(s)	−986.09	−898.56	83.39
$CaCO_3$(s,方解石)	−1206.9	−1128.8	92.9
$CaSO_4$(s,无水石膏)	−1434.1	−1321.9	107
C(石墨)	0.0	0.0	5.74
C(金刚石)	1.987	2.900	2.38
C(g)	716.68	671.21	157.99
CO(g)	−110.52	−137.15	197.56
CO_2(g)	−393.51	−394.36	213.6
CO_3^{2-}(aq)	−667.14	−527.90	−56.9
HCO_3^-(aq)	−691.99	−586.85	91.2
CO_2(aq)	−413.8	−386.0	118
H_2CO_3(aq,非电离)	−699.65	−623.16	187
CCl_4(l)	−135.4	−65.2	216.4
CH_3OH(l)	−238.7	−166.4	127
C_2H_5OH(l)	−277.7	−174.9	161
HCOOH(l)	−424.7	−361.4	129.0
CH_3COOH(l)	−484.5	−390	160
CH_3COOH(aq,非电离)	−485.76	−396.6	179
CH_3COO^-(aq)	−486.01	−369.4	86.6
CH_3CHO(l)	−192.3	−128.2	160
CH_4(g)	−74.81	−50.75	186.15
C_2H_2(g)	226.75	209.20	200.82
C_2H_4(g)	52.26	68.12	219.5
C_2H_6(g)	−84.68	−32.89	229.5
C_3H_8(g)	−103.85	−23.49	269.9
C_4H_6(g,丁二烯-1,2)	165.5	201.7	293.0
C_4H_8(g,丁烯-1)	1.17	72.04	307.4
n-C_4H_{10}(g)	−124.73	−15.71	310.0
C_6H_6(g)	82.93	129.66	269.2
C_6H_6(l)	49.03	124.50	172.8
Cl_2(g)	0.0	0.0	222.96
Cl^-(aq)	−167.16	−131.26	56.5
HCl(g)	−92.31	−95.30	186.80
ClO_3^-(aq)	−99.2	−3.3	162
Co(s)(α,六方)	0.0	0.0	30.04
$Co(OH)_2$(s,桃红)	−539.7	−454.4	79
Cr(s)	0.0	0.0	23.8

续表

物质(状态)	$\Delta_f H_m^{\ominus}$ /(kJ·mol^{-1})	$\Delta_f G_m^{\ominus}$ /(kJ·mol^{-1})	$S_m^{\ominus}$ /(J·mol^{-1}·K^{-1})
Cr_2O_3(s)	−1140	−1058	81.2
$Cr_2O_7^{2-}$(aq)	−1490	−1301	262
CrO_4^{2-}(aq)	−881.2	−727.9	50.2
Cu(s)	0.0	0.0	33.15
Cu^+(aq)	71.67	50.00	41
Cu^{2+}(aq)	64.77	65.52	−99.6
$[Cu(NH_3)_4]^{2+}$(aq)	−348.5	−111.3	274
Cu_2O(s)	−169	−146	93.14
CuO(s)	−157	−130	42.63
Cu_2S(s,α)	−79.5	−86.2	121
CuS(s)	−53.1	−53.6	66.5
$CuSO_4$(s)	−771.36	−661.9	109
$CuSO_4·5H_2O$(s)	−2279.7	−1880.06	300
F_2(g)	0.0	0.0	202.7
F^-(aq)	−332.6	−278.8	−14
F(g)	78.99	61.92	158.64
Fe(s)	0.0	0.0	27.3
Fe^{2+}(aq)	−89.1	−78.87	−138
Fe^{3+}(aq)	−48.5	−4.6	−316
Fe_2O_3(s,赤铁矿)	−824.2	−742.2	87.40
Fe_3O_4(s,磁铁矿)	−1120.9	−1015.46	146.44
H_2(g)	0.0	0.0	130.57
H^+(aq)	0.0	0.0	0.0
H_3O^+(aq)	−285.85	−237.19	69.96
Hg(g)	61.32	31.85	174.8
HgO(s,红)	−90.83	−58.56	70.29
HgS(s,红)	−58.2	−50.6	82.4
$HgCl_2$(s)	−224	−179	146
Hg_2Cl_2(s)	−265.2	−210.78	192
I_2(s)	0.0	0.0	116.14
I_2(g)	62.438	19.36	260.6
I^-(aq)	−55.19	−51.59	111
HI(g)	25.9	1.30	206.48
K(s)	0.0	0.0	64.18
K^+(aq)	−252.4	−283.3	103
KCl(s)	−436.75	−409.2	82.59
KI(s)	−327.90	−324.89	106.32
KOH(s)	−424.76	−379.1	78.87

续表

物质(状态)	$\Delta_f H_m^\ominus$ /(kJ·mol^{-1})	$\Delta_f G_m^\ominus$ /(kJ·mol^{-1})	$S_m^\ominus$ /(J·mol^{-1}·K^{-1})
$KClO_3$(s)	−397.7	−296.3	143
$KMnO_4$(s)	−837.2	−737.6	171.7
Mg(s)	0.0	0.0	32.68
Mg^{2+}(aq)	−466.85	−454.8	−138
$MgCl_2$(s)	−641.32	−591.83	89.62
$MgCl_2·6H_2O$(s)	−2499.0	−2215.0	366
MgO(s,方镁石)	−601.70	−569.44	26.9
$Mg(OH)_2$(s)	−924.54	−833.58	63.18
$MgCO_3$(s,菱镁石)	−1096	−1012	65.7
$MgSO_3$(s)	−1285	−1171	91.6
Mn(s,α)	0.0	0.0	32.0
Mn^{2+}(aq)	−220.7	−228.0	−73.6
MnO_2(s)	−520.03	−465.18	53.05
MnO_4^-(aq)	−518.4	−425.1	189.9
$MnCl_2$(s)	−481.29	−440.53	118.2
Na(s)	0.0	0.0	51.21
Na^+(aq)	−240.2	−261.89	59.0
NaCl(s)	−411.15	−384.15	72.13
Na_2O(s)	−414.2	−375.5	75.06
NaOH(s)	−425.61	−379.53	64.45
$NaCO_3$(s)	−1130.7	−1044.5	135.0
NaI(s)	−287.8	−286.1	98.53
Na_2O_2(s)	−510.87	−447.69	94.98
HNO_3(l)	−174.1	−80.79	155.6
NO_3^-(aq)	−207.4	−111.3	146
NH_3(g)	−46.11	−16.5	192.3
$NH_3·H_2O$(aq,非电离)	−366.12	−263.8	181
NH_4^+(aq)	−132.5	−79.37	113
NH_4Cl(s)	−314.4	−203.0	94.56
NH_4NO_3(s)	−365.6	−184.0	151.1
$(NH_4)_2SO_4$(s)	−901.90	—	187.5
N_2(g)	0.0	0.0	191.5
NO(g)	90.25	86.57	210.65
NOBr(g)	82.17	82.42	273.5
NO_2(g)	33.2	51.30	240.0
N_2O(g)	82.05	104.2	219.7
N_2O_4(g)	9.16	97.82	304.2
N_2H_4(g)	95.40	159.3	238.4

续表

物质(状态)	$\Delta_f H_m^{\ominus}$ /(kJ·mol^{-1})	$\Delta_f G_m^{\ominus}$ /(kJ·mol^{-1})	$S_m^{\ominus}$ /(J·mol^{-1}·K^{-1})
N_2H_4(l)	50.63	149.2	121.2
NiO(s)	−240	−212	38.0
O_3(g)	143	163	238.8
O_2(g)	0	0	205.03
OH^-(aq)	−229.99	−157.29	−10.8
H_2O(l)	−285.84	−237.19	69.94
H_2O(g)	−241.82	−228.59	188.72
H_2O_2(l)	−187.8	−120.4	—
H_2O_2(aq)	−191.2	−134.1	144
P(s,白)	0.0	0.0	41.09
P(红)(s,三斜)	−17.6	−12.1	22.8
PCl_3(g)	−287	−268.0	311.7
PCl_5(s)	−443.5	—	—
Pb(s)	0.0	0.0	64.81
Pb^{2+}(aq)	−1.7	−24.4	10
PbO(s,黄)	−215.33	−187.90	68.70
PbO_2(s)	−277.40	−217.36	68.62
Pb_3O_4(s)	−718.39	−601.24	211.29
H_2S(g)	−20.6	−33.6	205.7
H_2S(aq)	−40	−27.9	121
HS^-(aq)	−17.7	12.0	63
S^{2-}(aq)	33.2	85.9	−14.6
H_2SO_4(l)	−813.99	−690.10	156.90
HSO_4^-(aq)	−887.34	−756.00	132
SO_4^{2-}(aq)	−909.27	−744.63	20
SO_2(g)	−296.83	−300.19	248.1
SO_3(g)	−395.7	−371.1	256.6
Si(s)	0.0	0.0	18.8
SiO_2(s,石英)	−910.94	−856.67	41.84
SiF_4(g)	−1614.9	−1572.7	282.4
$SiCl_4$(l)	−687.0	−619.90	240
$SiCl_4$(g)	−657.0	−617.01	330.6
Sn(s,白)	0.0	0.0	51.55
Sn(s,灰)	−2.1	0.13	44.14
SnO(s)	−286	−257	56.65
SnO_2(s)	−580.7	−519.7	52.3
$SnCl_2$(s)	−325	—	—
$SnCl_4$(s)	−511.3	−440.2	259

续表

物质(状态)	$\Delta_f H_m^\ominus$ /(kJ·mol^{-1})	$\Delta_f G_m^\ominus$ /(kJ·mol^{-1})	$S_m^\ominus$ /(J·mol^{-1}·K^{-1})
Zn(s)	0.0	0.0	41.6
Zn^{2+}(aq)	−153.9	−147.0	−112
ZnO(s)	−348.3	−318.3	43.64
$ZnCl_2$(aq)	−488.19	−409.5	0.8
ZnS(s, 闪锌矿)	−206.0	−201.3	57.7